物业园林绿化养护管理从入门到精通

汪荣平　编

U0392192

化学工业出版社

·北京·

内容简介

　　本书从物业园林绿化概论、园林绿化基础知识、苗木繁殖技术、苗木种植技术、植物养护技术、植物病虫害防治、草坪管理、园林绿化工具、组织工作管理等方面，对物业园林绿化养护管理工作进行全方位的表述，力求普及园林绿化基础知识，指导操作技术，传授日常工作管理方法。本书适用于整个园林养护行业，希望对广大物业公司及园林部门提高园林景观管理水平能有所帮助。本书适合作为物业公司绿化主管、领班、绿化工人，市政园林部门绿化管理养护人员、园林工人培训用书。

图书在版编目（CIP）数据

　　物业园林绿化养护管理从入门到精通/汪荣平编 . ——
北京：化学工业出版社，2024.7
　　ISBN 978-7-122-44679-4

　　Ⅰ.①物… 　Ⅱ.①汪… 　Ⅲ.①园林植物-园艺管理
Ⅳ.①S688.05

　　中国国家版本馆 CIP 数据核字（2024）第 091218 号

责任编辑：张林爽	文字编辑：李　雪　李娇娇	
责任校对：田睿涵	装帧设计：关　飞	

出版发行　化学工业出版社
　　　　　（北京市东城区青年湖南街 13 号　邮政编码 100011）
印　　装：河北延风印务有限公司
710mm×1000mm　1/16　印张 14¼　彩插 2　字数 270 千字
2024 年 10 月北京第 1 版第 1 次印刷

购书咨询：010-64518888　　售后服务：010-64518899
网　　址：http://www.cip.com.cn

　　定　　价：68.00 元　　　　版权所有　违者必究

前 言

　　园林绿化对美化城乡面貌，营造绿色生态起着非常重要的作用。园林绿化应用很广，城市道路、工厂、学校、居民区、公园、风景区等许多地方都离不开它。有园林绿化的地方就需要有人养护，更需要专业队伍进行科学化管理。现在除了公园、风景区、园林公司等单位存在园林绿化专业人员外，出现最多的就是物业公司下属的绿化管理工人，其在全国汇聚成了一支庞大的工作队伍。这支队伍承担了物业公司所属的园林绿化养护任务，为维护花繁叶茂、景观优美的作息环境辛勤工作，并且做出了应有的贡献。

　　广大园林绿化养护人员是一个特殊的群体，他们大部分入行晚、年龄大，非常需要园林绿化专业知识培训和技术指导。笔者以积累四十年的绿化养护经验及系统的专业学习经历为基础，从理论基础知识、专业操作技能、工作管理方法三个方面对园林绿化养护进行全方位的表述，其中涵盖一些很实用的技术和管理方法，希望对广大园林绿化养护人员有所帮助，并且也希望本书能成为他们手上随时翻阅的工具书。

　　由于笔者水平有限，书中难免有不当之处，恳请广大读者、同行和专家批评指正，并深表感谢！

汪荣平

目 录

第一章

物业园林绿化概论

随着国家经济建设发展和人民生活水平提高，物业管理已经深入到社会各个领域，其中工业园区、写字楼、学校和居民小区已成为物业管理主要方向。物业管理包括客服、保安、维修、保洁、绿化五个方面。作为物业公司一员，不论在哪一个部门工作，都和物业管理有着非常紧密的联系，要牢固树立团队合作意识。物业公司每一个员工只有了解物业管理基本常识和基本要求，才会树立全局观念和提高服务意识，才能把本职工作做得更好。

第一节
物业管理常识

一、物业含义

物业是指已建成并已交付使用的住宅、写字楼、厂房等建筑物及其附属的设备、设施和相关场地。

二、物业管理含义

物业管理是指业主通过选聘物业管理企业，由业主和物业管理企业按照物业服务合同约定，对房屋及其配套的设施设备和相关场地进行维修、养护、管理以及维护相关区域内的环境卫生和秩序的活动。

物业管理已成为社会发展不可或缺的组成部分，其为人们提供了一个优美、舒适、高质量的作息环境，并能够为业主资产保值增值。

三、物业管理特点

物业管理是一种有别于以往房产管理的一种新型的管理模式，其管理的对象是物业，服务对象是物业产权人和物业使用人，是集管理、经营、服务于一体的有偿劳动，所以物业管理属于第三产业，其劳动是一种服务性行为。

物业管理具有市场化、专业化、社会化、服务性、综合性等特点。

四、物业管理类型

（1）按服务内容分为咨询服务、全面管理两种形式；
（2）按服务方式分为自主管理、委托管理两种形式。

五、物业管理宗旨

物业管理宗旨是优化环境、保值增值、增加效益。

六、物业管理原则

物业管理原则一共有 11 条：
（1）权责分明原则；（2）所有权与管理权分离原则；（3）业主主导原则；
（4）服务第一原则；（5）统一管理原则；（6）公平竞争原则；（7）权责对应原

则；（8）诚实守信原则；（9）合理收费原则；（10）建管结合原则；（11）依法行事原则。

七、物业管理理论基础

物业管理的理论基础是区分所有权。数人区分同一建筑物时，对各自的专有部分享有单独所有权，并对该建筑物及其附属物的共用部分按一定比例享有所有权，同时基于区分所有人之间的团体关系而拥有成员权。

所有权分为专有权、共有权、成员权三部分。专有权是基础，共有权和成员权是依附，三者不可分割，同时存在、转移或消失。

物业所有权的意义：物业管理人员要充分尊重业主专有权，不要轻易干扰或侵犯他们的利益；物业管理对象主要是共有权所属部分，对共有区域和设施进行管理和维护；广大业主对物业管理有权提出各种建议和批评，物业工作人员应当虚心听取他们的意见，不断改进服务质量，提高业主满意度。物业所有权解释见表1-1。

表 1-1　物业所有权分类表

专有权	共有权	成员权
指所有者独享、排他、处分、收益。专有权主要体现在个人居住室内，他人不能占有和使用	指按比例分享、使用、不可独占。共有权主要体现在小区内入户大厅、楼道、户外空间	成员权指共同管理、维护、被约束。成员权是小区购买房屋产权人具有的权利和义务

八、物业管理内容

物业管理内容分为三个方面：一是基本管理与服务，二是综合经营管理与服务，三是社区管理与服务，具体内容见表1-2。

表 1-2　物业管理内容分类表

基本管理与服务	综合经营管理与服务	社区管理与服务
房屋管理,设备管理,环境卫生管理,绿化管理,安全管理,消防管理,车辆道路管理等	主要有关业主工作和生活方面的增值服务,比如干洗衣服、送快餐、订牛奶、室内维修、室内保洁等	主要是协助街道、社区进行精神文明建设等管理活动,比如组织开展文体活动等

九、物业管理的作用

有利于创造优美和谐环境，有利于方便居民生活，有利于实现物业的保值增值，有利于克服传统住房管理的弊端，有利于扩大社会就业，有利于房地产业的发展。

十、物业管理主要阶段

物业管理阶段主要有前期阶段、启动阶段和日常运作阶段，具体内容见表 1-3。

表 1-3　物业管理主要阶段内容表

管理阶段		
前期阶段	启动阶段	日常运作阶段
物业招投标	接管验收	综合服务与管理
制定规章制度	入住管理	系统协调
管理机构设置	档案资料	—
前期介入管理	—	—

第二节
园林绿化简述

一、园林

园林指通过筑山、叠石、理水、构筑建筑和小品、种植花草树木等手段来营造的优美的自然环境和休憩环境。园林常见形式有公园、风景区、广场、街景、庭园等。

二、园林绿地

园林绿地指种植花草树木的地方。绿地有街道绿地、公共绿地、居住区绿地、专有绿地、生产绿地、防护绿地等。

三、绿地率

绿地率是绿化用地占总土地面积的比例。绿地率越高，说明建设项目中绿化面积越大，绿化效果也好。政府规定新建小区绿地率一般不能低于 30％。

四、园林景观

园林景观分为软质景观和硬质景观两大部分。

软质景观指以植物、水体为主的造景部分，其中植物是我们园林绿化养护的重点对象。

硬质景观指园路铺装和小品设施等的造景部分，分为道路环境、活动场所、景观设施和仿古建筑四大类，具体内容如下：

（1）道路环境又分步行环境和车辆环境两部分，其中步行环境包括园路铺装、踏步、坡道、挡土墙、背景墙、围栏、栏杆等；车辆环境包括车行道路、隐形消防通道、消防登高面、消防回车场、公共停车场等；

（2）活动场所包括游乐场、休闲广场、运动场地等；

（3）景观设施包括照明、座椅、垃圾箱、指示标志、花架、花箱、雕塑小品、喷泉、景观水池、自然水系驳岸等；

（4）仿古建筑包括亭台楼阁、假山等。

五、园林绿化功能

园林绿化功能主要归为保护环境、美化环境、文教游憩三大项。

保护环境体现在园林植物能净化空气，吸收二氧化碳和放出氧气，吸收有害气体和灰尘，调节气候，减低噪声等。美化环境指园林绿化营造出绿树成荫、花繁叶茂的自然景观，让人们赏心悦目和心情舒畅。文教游憩是为广大老百姓提供休息、娱乐、展览、宣传的公共场所。

六、园林绿化养护

园林绿化养护是指由专业人员通过完成浇水、施肥、修剪、除草、补苗、防治病虫害、防寒保暖等日常工作，保证植物健康生长，保护绿地不受破坏，以满足美化环境、净化空气、调节气候、降低噪声的绿化功能的一项工作。

园林绿化养护一般分为工程养护和日常养护两大类。工程养护是园林绿化工程竣工后的质保期养护，以确保植物成活为主，一般时间较短，不超过两年。日常养护是园林绿化工程移交给专业管理单位后的养护工作，以确保植物长期健康生长和整齐美观，一般时间较长，需要长期养护管理。

园林绿化养护作为物业管理的一个专项工作，工作人员应当具有团队合作意识，如果发现设备、管线、卫生等公共设施出现问题，应积极主动向上级汇报，绝不能不闻不问。

第三节
园林绿化工作礼仪

礼仪是指人们在交往过程中体现相互尊重友好的行为规范，涉及言谈举止、穿着等内容。礼仪是我们在生活中不可缺少的一种能力，是一个人内在修养和素质的外在表现。在平常生活和工作中主要表现在举止文明、动作优雅、手势得当、表情自然、仪表端庄等。

园林绿化养护属于服务行业，要有"客户至上，服务第一"的思想，在工作中要讲究礼貌、礼节。作为一名园林绿化养护工作人员，一言一行都代表着物业管理企业的形象，关系到物业管理企业的声誉。因此，讲礼仪是物业管理公司对每位员工的基本要求，也是体现物业管理公司服务宗旨的具体表现，更是赢得客户信任和好评的重要一环。

园林绿化养护人员天天在住宅小区、办公区、生产区等公共场所工作，难免要和较多人员接触，因此有必要注意工作礼仪，自觉规范自己的言行，为他们留下良好印象。园林绿化养护工作礼仪主要包括以下内容：

（1）上班要穿工作服和工作鞋，并且保持整齐干净，工号牌要戴在左胸前；

（2）工作前，在作业范围外要放好告示牌，提醒业主小心避让；

（3）工作中如果存在干扰业主行进的情况时，要主动放下手头工作，让业主先行；

（4）所有工具要放在作业区的安全位置，不能随处乱放，更不能影响交通；

（5）遇到业主询问事情，要面带微笑，热情回答或解释，不能发脾气，更不能骂人；

（6）机械作业有噪声时要主动避让业主休息时间；

（7）喷洒农药时要提前告知广大业主，预防中毒；

（8）工作场合禁止大声喧哗、讲粗话、打闹；

（9）工作时间禁止喝酒、打牌、干私活；

（10）不允许随地吐痰。

第四节
园林绿化保护规定

城市园林绿化具有美化环境、调节气候等作用，各地政府对占用公共绿地和砍伐树木都有严格的审批规定，任何单位和个人都无权任意破坏绿地，情节严重者将受到相应处罚。

受到政府保护的绿地指城区范围内现有和规划的公共绿地、单位附属绿地、居住区绿地、防护绿地、生产绿地、道路绿地、公园、风景园林等。绿地保护主管部门是市、区园林绿化行政部门。市级机关通常是园林局或城建局，区级机关是区绿化管理所。

城市绿地保护规定一般包含以下几条：

（1）城市绿地不得被侵占、买卖和破坏，不得擅自砍伐、移植树木；

（2）城市绿地未经批准，不得进行经营性开发；

（3）城市公共绿地、防护绿地、生产绿地、风景绿地不得出租和抵押；

（4）任何人和单位都有保护城市绿地的义务，有权制止和举报损害城市绿地的行为；

（5）已建成的城市绿地监督和管理工作由城市园林主管部门负责；

（6）新建项目配套绿化工程必须与主体工程同时设计、同时施工、同时验收；

（7）因工程施工和地质勘察，需要临时占用城市绿地的，需向城市园林绿化主管部门提出申请，签订绿地恢复保证书，经批准后实施，临时占用城市绿地的时间一般不超过一年；

（8）城市中的古树名木和大树应设置保护范围，古树名木保护范围以树冠垂直投影以外 5m，胸径在 50cm 以上，大树保护范围以树干为中心以外 7m；

（9）任何单位和个人都不得损害古树名木和大树，对已经死亡的古树名木，须经市园林主管部门确认并注销登记后，方可处理。

注：城市中百年以上的树木为古树，稀有、珍贵树木和具有历史价值、重要纪念意义的树木为名木。

禁止下列损害城市绿地的行为：

（1）在树上刻画或张贴、悬挂物品；

（2）在施工等作业时借用树木作为支撑物或固定物；

（3）剥损树皮、树干或任意采摘果实、种子；

（4）践踏、毁损花草；

（5）在绿地内堆放物料或倾倒有害污水、污物垃圾；

（6）在绿地内或树木旁动用明火；

（7）在绿地内设置广告牌和搭建临时建筑；

（8）在绿地内采石、采砂、取土、建坟；

（9）损坏绿化设施；

（10）其他损害绿地的行为。

存在以上损害城市绿地行为的将被勒令停止伤害行为，除对已造成损害给予赔偿外，还可以对负有责任的公民、法人和其他社会组织给予经济处罚。

园林绿化养护人员处在园林绿化植物和园林景观设施保护的第一线，应当具有很强的园林保护意识，并且熟知园林保护有关规定，能够及时发现损害园林植物、损害园林景观设施的人和事，要敢于制止违法或违规行为，同时向上级报告无法处理的重大事件。

园林绿化养护人员要带头做好园林绿化保护工作，坚持每天巡检，精心呵护园林植物生长，爱护园林景观设施。

第二章
园林绿化基础知识

第一节
植物学知识

植物学是生物学的分支学科，是研究植物的形态、分类、生理、生态、分布、发生、遗传、进化的学科。它的主要分科有植物形态学、植物分类学、植物生理学、植物生态学等。植物学是园林绿化工作者认识植物、利用植物、保护植物、指导相关工作的理论基础。

一、植物形态

1. 植物概念

植物指能进行光合作用，将无机物转化为有机物，并且能独立生活的自养型生物。植物具有细胞壁和叶绿素。

2. 植物主要器官

植物主要器官有根、茎、叶、花、果实、种子。根、茎、叶是营养器官，花、果实、种子是生殖器官。除了这些主要器官，还有一些植物内部组织需要我们去了解。

（1）根　根的外形通常由主根、侧根、毛细根、根尖组成。根尖位于主根或侧根尖端，是根的最幼嫩、生命活动最旺盛的部分，也是根的生长、伸长及吸收水分的主要部分，广大毛细根也是吸收土壤中水和养分的组织。植物的根还具有向地生长、向肥生长和向水生长等特性。植物根系通常分为直根系、须根系、不定根三大类，它们的特点见表2-1。

表2-1　植物根系分类及特点

序号	根系分类	根系特点
1	直根系	主根明显比侧根粗而长，从主根上生出侧根，主次分明，如香樟、国槐等
2	须根系	主根和侧根无明显区别，如棕榈、小麦等
3	不定根	植物茎或叶上所发生的根，没有固定的位置，扦插和组织培养中广泛使用

根在长期的进化发展过程中，为了适应环境的变化，形态构造产生了许多变态，已经与普通根不一样，具有特殊作用。常见的根有下列几种变态形式，见表2-2。

表2-2　根变态形式

序号	根变态形式	变态根特点	变态根范例
1	贮藏根	具有贮藏营养物质功能的块根，膨大后呈纺锤状或块状	红薯、何首乌等
2	攀缘根	植物茎上具有攀附作用的不定根	常春藤、络石等
3	寄生根	植物茎上产生的起寄生作用的不定根	菟丝子等

序号	根变态形式	变态根特点	变态根范例
4	气生根	茎上产生不定根,悬垂于空气中,具有在潮湿空气中吸收和储蓄水分的能力	石斛、吊兰等
5	支持根	茎的基部节上产生不定根,深入土中,增强支持茎干的力量	榕树、薏苡等
6	水生根	根漂浮在水中,呈须状	浮萍等

(2)茎　茎是根与叶之间起输导和支持作用的重要营养器官,是植物的中轴,常直立或匍匐。茎具有输送营养物质和水分以及支持叶、花、果实在一定空间的作用。有的茎还能进行光合作用,可以贮藏营养物质。茎还有一个重要功能就是繁殖作用,称为无性繁殖,例如扦插繁殖。

为了扩大树冠,使得枝叶茂盛,茎会不断分枝。分枝形式有单轴分枝(如杨树)、合轴分枝(如枣树)、二叉分枝(如蕨类植物)、假二叉分枝(如丁香)。

茎的横切面外形大多数为圆形,也有少数植物有其他形状,如莎草科植物的茎横切面呈三角柱形,唇形科植物为方形,有些仙人掌科植物的茎横切面为扁圆形或多角形。

茎根据自身生长特点会有很多种表现形式,分类方法见表2-3。

表 2-3　茎的分类

分类依据	类别
按茎的外形分类	直立茎,植物茎直立地面向上生长,例如向日葵
	攀缘茎,利用吸盘、卷须、气生根攀附支持物向上生长,例如爬墙虎
	缠绕茎,植物茎沿着其他物体螺旋状缠绕生长,例如牵牛花
	匍匐茎,植物茎长而平卧地面,茎节和分枝处生根,例如草莓
按茎的变态分类	茎须,例如葡萄
	茎刺,例如刺槐
	根茎,例如荷花
	块茎,例如马铃薯
	鳞茎,例如百合花
	球茎,例如荸荠

(3)叶　叶子是植物进行光合作用和制造有机养分的主要载体,是形成树冠的重要部分,能进行光合作用、蒸腾作用,还能提供根系从外界吸收水和矿质营养的动力。叶子是我们辨认植物的重要依据,要认真记住叶子各种特点,这样才容易识别不同植物。叶子一般由叶片、叶柄、托叶组成,见图2-1。

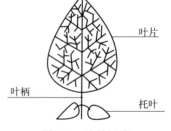

图 2-1　叶子组成

叶子有很多形状,有圆形、倒卵形、椭圆形、卵形、倒披针形、长椭圆形、披针形、扇形、线形、剑形等等。叶子上还会有缺

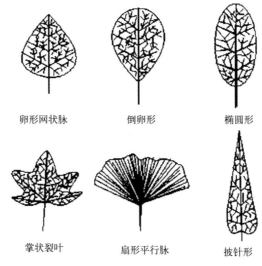

| 卵形网状脉 | 倒卵形 | 椭圆形 |

| 掌状裂叶 | 扇形平行脉 | 披针形 |

图 2-2　叶子形状及叶脉

裂，有掌状深裂、掌状浅裂、羽状深裂、羽状浅裂等。叶子形状见图 2-2。

叶子边缘有全缘、锯齿、细锯齿、重锯齿等。叶子表面有许多纹脉，如平行脉、网状脉等。平行脉主要以单子叶植物为代表，如水稻、竹子；网状脉主要以双子叶植物为代表，如樱花、杨树。叶脉类型见图 2-2。

叶子因为薄厚软硬不同而表现不同的质地，常见类型有：

① 革质。叶片质地较厚而坚韧，如广玉兰。

② 膜质。叶片薄而半透明，如黄麻。

③ 草质。叶片质地较薄而柔软，如薄荷。

④ 肉质。叶片肥厚多汁，如芦荟。

叶在茎或枝上着生不是杂乱无章的，有其独特排列方式及规律，我们称为叶序。叶序有互生、对生、轮生、簇生（丛生）四种形式。叶序类型见图 2-3。

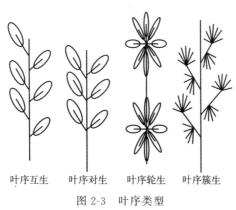

| 叶序互生 | 叶序对生 | 叶序轮生 | 叶序簇生 |

图 2-3　叶序类型

① 叶序互生。茎上每节有一片叶子，且各节叶子交互长出，例如女贞叶子。

② 叶序对生。茎上每节长出两边相对的叶子，例如紫薇。

③ 叶序轮生。茎上每节有三片或三片以上叶子辐射状排列，如夹竹桃叶子。

④ 叶序簇生（丛生）。在植物短枝上丛生 2～5 片叶子，例如五针松。

叶子有单叶和复叶之分。单叶由一个叶柄和一张叶片组成，叶柄连接枝条，如香樟的叶子属于单叶。复叶在总叶柄或叶轴上生着许多小叶，各小叶常具小叶柄，小叶柄着生在总叶柄或叶轴上，不会与枝条相连接，只有总叶柄或叶轴才会与枝条相连。复叶有一回奇数羽状复叶、一回偶数羽状复叶、二回奇数羽状复叶、二回偶数羽状复叶等，还有三出、五出掌状复叶等，槐树、合欢等就是复叶的形式。二回羽状复叶指总叶柄两侧羽状分枝，分枝两侧再着生羽状复叶，以此类推，就有三回乃至多回羽状复叶。

（4）花　花是植物的重要生殖器官，多为植物的观赏器官。花由花梗、花托、花萼、花冠（一朵花中所有花瓣的总称）、雄蕊、雌蕊几部分组成。花梗是花与枝条连接部分，具有支持和输导作用。花托是花梗顶端膨大部分，托着花萼、花冠部分。花萼是花最外轮的变态叶，由若干萼片组成，保护未开放的花朵。花瓣是花中最鲜艳、最好看的部分，具有引诱昆虫传粉作用。雄蕊由花丝、花药组成，具有花粉传播功能。雌蕊位于花的中央，由花柱、柱头、子房三部分组成，具有繁殖下一代作用。子房位于花的雌蕊下面，一般略为膨大，里有胚珠，胚珠受精后可以发育为种子。花的构造见图 2-4。

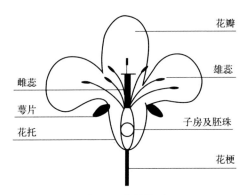

图 2-4　花的构造

许多小花可以组成花序。常见的花序有以下几种：

① 总状花序。花序轴长，其上着生许多花梗长短大致相等的花，如油菜花。

② 穗状花序。长花序轴着生许多无梗或花梗甚短的两性花，如车前、小麦的花序。

③ 肉穗状花序。花序轴肉质肥厚，其上着生许多无梗单性花，花序外具有总苞，称佛焰苞，因而也称佛焰花，如马蹄莲花。

④ 柔荑花序。花序轴长而细软，常下垂（有少数直立），其上着生许多无梗的单性花，花缺少花冠或花被，花后或结果后整个花序脱落，如柳、杨、栎的雄花序。

⑤ 伞房花序。花序轴较短，其上着生许多花梗长短不一的两性花。下部花的花梗长，上部花的花梗短，整个花序的花几乎排成一平面，如梨、苹果的花序。

⑥ 伞形花序。花序轴缩短，花梗几乎等长，聚生在花轴的顶端，呈伞骨状，如韭菜及五加科等植物的花序。

⑦ 头状花序。花序上各花无梗，花序轴常膨大为球形、半球形或盘状，花序基部常有总苞，常称篮状花序，如向日葵；有的花序下面无总苞，如喜树；也有的花轴不膨大，花集生于顶端，如三叶草、紫云英等的花序。

⑧ 隐头花序。花序轴顶端膨大，中央部分凹陷呈囊状。内壁着生单性花，花序轴顶端有一孔，与外界相通，为虫媒传粉的通路，如无花果等桑科榕属植物的花序。

⑨ 复伞房花序。花序轴上每个分枝为一伞房花序，如石楠、光叶绣线菊的花序。

⑩ 复伞形花序。许多小伞形花序又呈伞形排列，基部常有总苞，如胡萝卜、芹菜等伞形科植物的花序。

（5）果实　果实是被子植物储藏种子的地方，是植物大量繁殖后代的生命源泉。被子植物的雌蕊经过传粉受精，由子房或花的其他部分（如花托、萼片等）参与发育而成果实。果实一般包括果皮和种子两部分。

果实分类方法也是多种多样的：

① 依果实来源与发育的不同，可以分为单果、聚合果和复果三大类；

② 根据果实的发育部位，可以分为真果和假果；

③ 根据成熟果实的果皮是脱水干燥还是肉质多汁而分为干果与肉果；

④ 根据干果成熟后是否开裂，又分为裂果与闭果等；

⑤ 根据果实结构，分为仁果、核果、坚果、浆果、柑果。

单果指一朵花中仅有一个雌蕊所形成的果实，如桃、李、杏。聚合果指一朵花中具有许多离生雌蕊聚生在花托上，以后每一雌蕊形成一个小果，许多小果聚生在花托上形成的果实，如草莓。复果指由整个花序形成的果实，如无花果、桑椹。

（6）种子　种子是裸子植物、被子植物特有的繁殖体，由胚珠经过传粉受精形成，一般由种皮、胚和胚乳三部分组成。胚是种子中最主要的部分，萌发后长成新的个体，由子叶、胚芽、胚轴、胚根组成。胚乳含有营养物质。种子构造见图2-5。

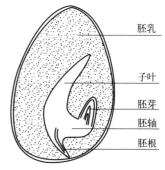

图 2-5　种子构造

如果植物种子内只有一枚子叶，则称它为单子叶植物，种子内有两枚子叶则称为双子叶植物。单子叶植物主根不发达，多为须根系，叶子为平行脉，代表植物有小麦、水稻、竹子等。双子叶植物主根发达，多为直根系，叶子为网状脉，代表植物有香樟、樱花、榆树等。

种子的大小、形状、颜色、表面纹理因种类不同而异，有圆形、椭圆形、肾形、卵形、圆锥形、多角形等。

3. 植物内部组织

（1）细胞　是生物体结构和功能的基本单位。细胞体积很小，只有在显微镜下才能看见形状。细胞主要由细胞核与细胞质构成，表面有细胞膜。高等植物细胞膜外有细胞壁而动物细胞没有细胞壁。细胞有运动、营养和繁殖等机能。植物细胞通过分裂进行繁殖，包括有丝分裂、减数分裂和无丝分裂。

（2）分生组织　分为顶端分生组织、侧生分生组织和居间分生组织。顶端分生组织位于根、茎及其分枝顶端，能长出侧根、侧枝、新叶和生殖器官。侧生分生组织纵贯根和茎，使植物的根和茎得以不断增粗。居间分生组织主要存在于多种单子叶植物的茎和叶中，使茎节急剧伸长，以完成拔节和抽穗。

（3）输导组织　是植物体内长距离运输物质的组织，分为运输水分和无机盐的导管和管胞，运输有机同化物的筛管和筛胞两大类。导管和管胞一般存在于植物的木质部中，筛管和筛胞一般存在于植物的韧皮部中。

（4）维管束　是由木质部和韧皮部成束状排列形成的结构。维管束彼此交织连接，构成维管组织来输导水分、无机盐及有机物质，并兼有支持植物体的作用。

（5）木质部　是维管植物的运输组织，负责将根吸收的水分及溶解于水里面的离子往上运输，以供其他器官组织使用，另外它还具有支持植物体的作用。木质部由导管、管胞、木纤维和木薄壁组织细胞以及木射线组成。

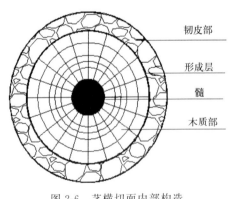

图 2-6　茎横切面内部构造

韧皮部
形成层
髓
木质部

（6）韧皮部　被子植物的韧皮部由筛管和伴胞、韧皮纤维和韧皮薄壁细胞等组成，位于树皮和形成层之间。主要是输送有机物质，这一过程是通过筛管来达到的。筛管起输导作用，向下运输有机物。筛管在树木的"皮"内。俗话说"树怕剥皮"，树剥了皮，就等于切断了运输食物的道路，植物就要饿死。韧皮部位置见图 2-6。

（7）形成层　是植物中纵向贯穿根和茎的一层组织，位于木质部和韧皮部之间，它向内形成木质部，向外形成韧皮部。形成层使得植物的根和茎能不断地生长加粗，一般存于裸子植物和被子植物的双子叶植物中，在单子叶植物中通常没有形成层，因此其根和茎的生长不能不断地加粗。形成层位置见图 2-6。

（8）筛管　存于韧皮部，是运输叶子制造的有机物质（如糖类和其他可溶性有机物质）的一种输导组织，由一些管状活细胞纵向连接而成。

（9）导管　指维管植物木质部由柱状细胞构成的水分与无机盐长距离运输系统，次生壁厚薄不均匀地加厚，端壁穿孔或完全溶解，从而形成纵向连续通道。

（10）气孔　是叶、茎及其他植物器官上皮上许多小的开孔之一，是植物表皮所特有的结构。气孔通常存于叶表皮上，在碳同化、呼吸、蒸腾作用等气体代谢中，成为空气和水蒸气的通路。

（11）皮孔　指树木的枝干表面、肉眼可见的一些裂缝状的突起，为茎与外界交换气体的孔隙。皮孔具有不同的形状，有的像点状，有的像扁点状，有的像横断线状。

（12）叶绿素　是与植物光合作用有关的最重要的色素。光合作用是通过合成一些有机化合物将光能转变为化学能的过程。叶绿素从光中吸收能量，然后能量被用来将二氧化碳转变为碳水化合物。

二、植物分类

世界上的植物约有 50 万种，纷繁复杂。为了容易认识和利用这些植物，有必要按照植物的各种特点分类，常用的分类方法如下。

（1）植物学分类　按照植物学分类方法，我们把植物依次分为界、门、纲、目、科、属、种七个级别。种（物种）是基本单元，近缘的种归合为属，近缘的属归合为科，科隶于目，目隶于纲，纲隶于门，门隶于界。

植物界主要有种子植物门、蕨类植物门、苔藓植物门、藻类植物门、菌类植物门、地衣植物门。园林绿化最常用的是种子植物门植物。我们把种子植物、蕨类植物、苔藓植物称为高等植物，把藻类植物、菌类植物、地衣植物称为低等植物。

举例，桃树植物学分类如下：

植物界 → 种子植物门 → 双子叶植物纲 → 蔷薇目 → 蔷薇科 → 李属 → 桃种

种子植物门是个庞大的体系，因此又分为被子植物亚门和裸子植物亚门。

裸子植物不形成果皮，种子是裸露的，多数为乔木，少数为灌木或藤木，通常常绿，叶为针形、线形、鳞形。裸子植物没有真正意义上的花，只有孢子叶球。园林绿化常用裸子植物主要有银杏、铁树、松、柏、杉等。

被子植物的种子外面有果皮，种子是在果实之中，有真正的花，非常好看，是区别于裸子植物及其他植物的显著特征。被子植物有乔木、矮小的灌木及一些草本植物，有常绿植物也有落叶植物。

被子植物又分为单子叶植物纲和双子叶植物纲。双子叶植物重要特点是种子有 2 片子叶，根系为直根，叶脉为网状。双子叶植物多数为木本，也有草本。单子叶植物特点是种子具 1 片子叶，根系为须根，叶脉为平行脉。单子叶植物中绝大多数为草本，极少数为木本。单子叶植物有小麦、黑麦草、狗牙根等。双子叶植物有菊花、梅花、香樟等。

一般来说，同科同属同种的植物亲缘关系比较接近。种是分类学上的基本单位，是具有相同的形态学、生理学特征和一定自然分布区的生物群，种内个体间能自然交配产生正常可育的后代。种下面还有亚种、变种。

（2）按植物外形和生长特点分　有乔木、灌木、藤本、竹类、水生植物、花卉和草坪七大类。乔木一般指有明显的主干，树高多在 6m 以上，分支点 1.5m 以上的树木，比如香樟、柳树等。灌木一般指没有明显主干，呈丛生状态且比较矮小的植物，比如牡丹、月季等。藤本是攀缘植物，通常茎部细长，不能直立，只能通过卷须或吸盘依靠其他支撑体进行生长，比如爬墙虎、葡萄等。竹类为高大、生长迅速的禾本科植物，茎为木质，通常通过地下匍匐的根茎成片生长，如毛竹、箬竹等。水生植物是能够生活在水里的植物，比如荷花和睡莲等。花卉指用来观赏的植物，主要分露地花卉和室内花卉两大类。草坪是指人为种植的大面积观赏草种。

（3）按叶子形状分　有针叶树和阔叶树两大类。针叶树主要是乔木或灌木，以松科、柏科、杉科等植物为代表。叶多为针形、条形或鳞形，无托叶。球花单性，雌、雄同株或异株，胚珠裸露，不包于子房内，也就是俗称的裸子植物。阔叶树是针对针叶树而言，一般指多年生木本植物，具有扁平、较宽阔叶片，叶脉呈网状，叶常绿或落叶。阔叶树在园林绿化中最为常见，也运用最广。针叶树叶面都附有一层油脂层，所以大都比较耐旱。

（4）按生长季节分　有常绿和落叶两大类，例如香樟、桂花是常绿树，柳树、紫薇是落叶树。

三、植物生理

研究植物生理目的在于认识植物的物质代谢、能量转化和生长发育等的规律与机理，进而调节与控制植物体内外环境条件对其生命活动产生影响。包括光合作用、植物代谢、植物呼吸、植物水分生理、植物矿质营养、植物体内运输、生长与发育、抗逆性和植物运动等研究内容。

1. 光合作用

光合作用指植物中的叶绿素通过吸收太阳光把水和二氧化碳转变成有机物，

同时放出氧气的生化过程。光合作用能把无机物变成有机物，蓄积太阳能量，维持大气中氧气和二氧化碳的相对平衡。

2. 呼吸作用

呼吸作用是植物体吸收氧气，将有机物转化成二氧化碳和水并释放能量的过程。该过程为植物的各种生命活动提供能量。了解植物呼吸作用，就能知道植物不但能吸收二氧化碳、放出氧气，也能吸收氧气、放出二氧化碳，因此封闭的室内不宜放置太多植物。

3. 蒸腾作用

蒸腾作用指水分从活的植物体表面（主要是叶子）以水蒸气状态扩散到空气中，同时植物从根部吸收水分，水分在植物体内不断被运输的过程。该过程可满足植物不同部位对水分的需求。可以说没有蒸腾拉力作用，植物地上部分就吸收不到土壤中水分。影响植物蒸腾作用的外部因素有温度、大气湿度、光照、风、土壤条件等。影响植物蒸腾作用的内部因素有内部阻力、气孔大小、叶片面积大小等。

4. 植物代谢

植物代谢指植物利用太阳能和无机物，形成体内的有机物，并用于生命活动，同时排出废弃物的过程。植物废弃物主要是二氧化碳和水。代谢是动植物共有的生命活动现象，但植物代谢活动是自养型的，与动物不同。

5. 水分生理

根系是植物吸水的主要器官，主要在根尖进行。在根尖中，根毛区的吸收能力最强，根其他部分吸收能力较弱。根系吸水分为主动吸水和被动吸水两种方式。主动吸水是植物生理活动产生根压的吸水过程，被动吸水是植物叶子蒸腾散失水分后产生拉动的吸水过程。

影响根系吸水的因素有自身因素和土壤因素。根系吸水的有效性取决于根系密度及根表面的透性。土壤水分状况、土壤通气状况、土壤温度、土壤溶液浓度都会影响植物根系吸水能力的大小。

植物生活需要大量的水分，其中只有一小部分用于光合作用和代谢过程，绝大部分是在阳光照射下，气孔开放、进行蒸腾作用时，从叶面蒸发出去的。

植物根系从土壤中不断吸水，叶片通过气孔蒸腾失水，这样在植物生命活动中形成吸水与失水的连续运动过程。

根据植物对水的耐受能力分为耐旱植物、水中性植物、抗涝植物三大类。不同植物对水分需求量不同，同一植物在不同生理时期对水分需求量也不同。因此需要掌握植物水分生理特点，有针对性地进行浇水或排涝。

6. 植物矿物质营养

除 CO_2 和水外，植物生长发育还需要多种化学元素。需要量较大的有氮（N）、磷（P）、钾（K），其次为钙（Ca）、硫（S）、镁（Mg）、铁（Fe），还有一些微量元素，如锰（Mn）、锌（Zn）、硼（B）、铜（Cu）、钼（Mo）等。我们可以采用施肥等措施来提高土壤养分的含量。

7. 植物体内运输

植物为了适应地上部分与地下部分之间和各种器官之间物质运输的需要，形成了输送水和矿物质元素的木质部导管，以及主要输送有机物的韧皮部中的筛管。

8. 植物激素

植物没有神经系统，各器官间的生理活动主要是通过一些特殊的化学物质来相互协调和控制的。这种化学物质称为植物激素，如生长素、脱落酸、赤霉素、细胞分裂素、乙烯等。

9. 抗逆性

不同植物对不良环境的耐性和抗性的差异很大，有的能在干旱或者潮湿的条件下生存，有的能抵抗低温或病虫害。了解植物抗逆性原理，有助于我们提高植物的抗性，如通过遗传育种、嫁接来改变植物的生存能力等。

10. 顶端优势

顶端优势指植物顶芽优先于侧芽生长，侧芽受到抑制。了解顶端优势原理，我们就能通过剪除顶芽，促进侧芽生长，使植物分叉生长。

11. 生命周期

生命周期指植物由种子发芽，经历幼年期、青年期、壮年期、老年期直至衰老死亡的过程。世界上寿命最长的生物是树木。一般树木寿命长于灌木，灌木寿命长于藤本，针叶树寿命长于阔叶树。针叶树寿命可以达到三四百年，阔叶树也能达到一百年以上。

幼年期指由种子发芽到第一次开花之前的时间段。青年期是从第一次开花到大量开花的时间段，期间特点是生长旺盛、开花结果逐步增多。壮年期从生长发育旺盛大量开花到开始衰退为止，期间特点是生长发育到达鼎盛时期，并有很强的遗传保守性。老年期从生长发育出现衰退到植物死亡的时间段，期间特点是生长量总体下降，抗性大大降低，出现逐步衰老现象。

12. 植物休眠期

植物休眠期指植物自身暂时停止生长发育的一个阶段，也是植物为适应环境条件而产生的一种生理反应。

13. 种子发芽

种子发芽需要三个条件：温度、水分、氧气。

14. 光周期现象

在一天当中，光照期和暗期长短的交替变化称为光周期。光周期对诱导花芽形成有着极为显著的影响。很多植物在开花前，有一段时间要求每天有一定的光照或黑暗长度才能开花。这种植物成花对光周期的反应称为光周期现象。光周期除了诱导开花外，还影响了植物的许多发育过程如休眠、落叶、地下贮藏器官的形成等。

根据植物开花对光周期的要求，将植物分为以下主要类型：

（1）长日照植物　在 24 小时昼夜周期中，日照必须长于一定时间才能开花的植物，如小麦、油菜、杜鹃花等。

（2）短日照植物　在 24 小时昼夜周期中，日照必须短于一定时间才能开花的植物，如玉米、大豆、菊花等。

（3）日中性植物　在任何日照条件下都可以开花的植物，如棉花、向日葵、月季等。

15. 春化作用

需经过一定时间的低温诱导植物才能开花的现象，称为春化作用。例如，小麦秋播后经过冬天低温才能在次年初夏开花，若改为春播，当年就不能开花结实。

四、植物生态

1. 环境因子

植物生存环境因子主要指光照、温度、水分、空气、土壤五个方面。

（1）光照　植物进行光合作用，需要光照才能合成有机物，但不同的植物对光照有不同的要求，所以分为阴性植物和阳性植物以及长日照和短日照植物。实践中，一般落叶树多为阳性植物，常绿树中多耐阴植物。

（2）温度　对植物的生长发育和生理活动有明显的影响。植物生长发育是有适宜温度范围的，温度过低过高都会影响植物正常生长，甚至导致死亡。温度影响植物的休眠和地理分布。园林植物对温度的不同要求与原产地的温度有关，常见到南方树种北移后会遭受冻害，北方树种南移后会被灼伤的现象，其中绝大数与温度不适应有关。针对这些现象，我们可以通过设置风障、包扎枝干、枝干涂白等手段来保护北移植物，通过喷雾、遮阴等手段来保护南移植物。

（3）水分　是植物生存的重要因子，是组成植物体的重要成分。植物体内的生理活动只有在水分的参与下才能正常进行，离开了水，植物就会死亡，但是水多了也会导致植物窒息。一般来说，植物幼苗期需要较多的水分，随着年龄增长，对水分多少的适应能力会越来越强。在树木的生长周期中，早春萌芽时需要水分少，生长旺盛时需要水分多；花芽分化时需要水分少，开花结果时需要水分多。

（4）空气　主要由氮气、氧气组成，另有一部分其他气体及不固定成分。植物根系在土壤里需要空气，植物地上部生长空间也需要优良空气。如果土壤水分长期过多，必然挤占一部分空气的空间，造成植物根部缺氧后烂根。如果环境空气有毒有害，也会对大部分植物造成伤害，但也有一部分植物具有吸收有毒有害气体功能。

（5）土壤　是植物栽培的基础，是植物所需水分和营养元素的重要来源。土壤按照质地分为砂土、壤土、黏土、砂砾土，其中壤土是最好的栽培土。根据植物对土壤酸碱性的要求可分为酸性植物、碱性植物和中性植物。

土壤的温度、水分、空气、养分、酸碱度都会直接影响植物的生长发育。土壤是可以改良的，也可以按照栽培要求配制各种营养土，但适地适树是园林绿化的最佳选择。

2. 生物因子

生物有机体不是孤立生存的，在其生存环境中甚至其体内都有其他生物的存在，这些生物便构成了影响生物有机体的生物因子。生物有机体与生物因子之间存在各种相互关系，这种相互关系既表现在种内个体之间，也存在于不同种间。

根瘤菌作为生物因子与豆科植物共生，是形成根瘤并固定空气中的氮气供给植物营养的一类杆状细菌。豆科植物有了根瘤菌就相当于有一个肥料工厂，因此不施肥也能生长良好。虽然空气成分中约有 78% 的氮，但一般植物无法直接利用。花生、大豆等豆科植物，可以通过与根瘤菌的共生固氮作用，把空气中的氮气转变为植物可以利用的氨氮。

施用根瘤菌剂具有培肥地力、改良土壤结构、养地之功能，所以根瘤菌接种技术在豆科作物种植中具有十分重要的地位。

生产实践中，可以先种植豆科植物一段时间来增加土壤养分，然后再种植其他需要的植物。

3. 植物群落

植物群落指生活在一定区域内所有植物的集合，虽然它们之间有竞争，但也有互补，各自都能找到适合自己的生存空间，是相互适应的结果。例如一片森林中有各种类型、大小的植物等。每一相对稳定的植物群落都有一定的种类组成和结构。植物群落也反映出生物的多样性和地域性。

了解植物生态学相关知识，我们在绿化种植养护当中应做到适地适树，创造适合植物生长的环境条件，让植物正常生长。

五、植物遗传

植物遗传学是研究植物遗传和变异规律性的科学，即研究亲子代之间传递和继承的科学。

1. 遗传

遗传是指遗传物质的世代相传。亲代性状通过遗传物质传给子代的能力，称为遗传性。"种瓜得瓜，种豆得豆"这句民间谚语说出了遗传固有现象，也就是说，自然界的生物都是遵循着一定的规律来繁衍后代的。各类生物只能产生同种的后代，并继承前代的基本特征。目前已知地球上现存的生命主要是以 DNA 作为遗传物质。除了遗传之外，决定生物特征的因素还有环境，以及环境与遗传的交互作用。

2. 基因

带有遗传信息的 DNA 片段称为基因，其他的 DNA 序列，有些直接以自身构造发挥作用，有些则参与调控遗传信息的表现。基因控制着生物的某个或某些性状，具有相对的稳定性。组成简单生命最少要 $265 \sim 350$ 个基因。

3. 变异

变异一般指亲子代之间及子代个体之间的性状差异。有了变异，物种才会不断进化。

不是所有的变异都可以遗传。我们把能够遗传的变异称为可遗传变异，把不能遗传的变异称为不可遗传变异。

生物在繁衍过程中，不断地产生各种有利变异，这对于生物的进化具有重要的意义。地球上的环境是复杂多样、不断变化的。生物如果不能产生变异，就不能适应不断变化的环境。如果没有可遗传的变异，就不会产生新的生物类型，生物就不能由简单到复杂、由低等到高等不断地进化。由此可见，变异为生物进化提供了原始材料。生物的变异有利于同种生物的进化，因为各种有利的变异会通过遗传不断地积累和加强，不利的变异会被淘汰，使生物群体更加适应周围的环境。

了解植物遗传和变异知识后，我们可以从变异植物中筛选或通过杂交来培育优良品种。

4. 植物繁殖

植物繁殖后代主要有种子繁殖、营养繁殖和组织培养几种繁殖方式。

（1）种子繁殖　就是通过播种繁殖后代的方法。由种子培养出来的苗木称为实生苗，种子繁殖优点是种子来源广、易于大量繁殖、植株根系发达、生命力旺盛，缺点是容易变异。

（2）营养繁殖　利用植物营养器官根、茎、叶的一部分，通过一定技术处理，促使细胞分裂和组织器官分化，形成一个新的完整植物。营养繁殖方法主要有扦插、分株、压条和嫁接，优点是能很好地继承母本优良特性，缺点是繁殖方法比较复杂，也不能大量繁殖新苗。

（3）组织培养　就是在无菌的情况下，将植物体内的某一部分器官或组织，如茎尖、芽尖、根尖、胚芽组织等从植物体上分离下来，放在适宜培养基上培养，经过一段时间的生长、分化，最后长成一个完整的植株。组织培养是加速植物繁殖、创造优良品种的一种行之有效的方法。组织培养可以为农林生产提供许多优良的新品种，也为农林生产工厂化提供了广阔的前景。

但组织培养技术比较复杂，对操作环境要求高。

5. 遗传育种

遗传育种是一门复杂的科学技术，需要花费很多精力和时间学习。这里，我们了解一下引种和杂交两个概念，其他就不再叙述。

（1）引种驯化　是指通过人工栽培，自然选择和人工选择，使野生植物、外来（外地或外国）的植物能适应本地的自然环境和栽种条件，成为生产或观赏需要的本地植物。引种驯化的原理主要有两个：遗传学原理和生态学原理。

（2）杂交育种　是基因重组的过程。通过杂交可以把亲本双方控制不同性状的有利基因综合到新的杂种个体中，使杂种个体不仅具有双亲的优良性状，而且在生长势、抗逆性等方面超过亲本，从而获得需要的新品种。杂交育种经历选种、采集花粉、授粉、养护、收种几个过程。

园林绿化养护人员不需要掌握遗传育种技能，但在平时工作中只要认真仔细观察，就有可能发现一些植物与平时看到的不一样，也就是说它们的形态特征发生了特殊变化，在遗传学上称为植物变异。例如，"一串红"草花原来只有红色，但园林绿化养护人员在长期工作中发现了几株紫色，后来又发现了几株白色，他把这个重要信息反馈到园林科技部门，后来经过园林绿化专家筛选和培养，就有了"一串紫"和"一串白"草花的新品种。这个园林绿化养护工人就为丰富草花品种做出了重要贡献。

第二节
土壤学知识

土壤学是以地球表面能够生长绿色植物的疏松层为对象，研究其中的物质运动规律及其与环境间关系的科学，是农林科学的基础学科之一。本节学习目的就是认识土壤，了解如何合理利用土壤、提高土壤肥力。

一、土壤概念

土壤是指地球表面的一层疏松的物质，由各种颗粒状矿物质、有机物质、水分、空气、微生物等组成，能使植物生长。

二、土壤构成

土壤里的物质可以概括为三个部分：固体部分、液体部分和气体部分。它们互相联系、互相制约，为植物提供必需的生活条件，是土壤肥力的物质基础。

1. 土壤固体物质

土壤固体物质包括土壤矿物质、有机质和微生物等。

土壤矿物质是岩石经过风化作用形成的不同大小的矿物颗粒。土壤矿物质种类很多，化学组成复杂，它直接影响土壤的物理、化学性质，是作物养分的重要来源之一。

有机质含量的多少是衡量土壤肥力高低的一个重要指标，它和矿物质紧密地结合在一起。土壤有机质按其分解程度分为新鲜有机质、半分解有机质和腐殖质。

腐殖质是指新鲜有机质经过微生物分解转化形成的灰黑土色胶体物质，是土壤有机质的主要组成部分。

腐殖质的作用主要有以下几点：

（1）为植物提供养分；

（2）增强土壤的吸水、保肥能力；

（3）帮助形成土壤团粒结构，可以提高黏重土壤的疏松度和通气性；

（4）促进作物生长发育。

2. 土壤液体物质

土壤中的水分主要由地表进入土中，其中包括许多溶解物质。

3. 土壤气体物质

土壤气体中绝大部分是由大气层进入的氧气、氮气等，小部分为土壤内的生命活动产生的二氧化碳和水汽等。

土壤积水容易导致植物根部缺少空气，造成植株烂根死亡。

三、土壤理化性质

土壤的物理和化学性质主要包括土壤的容重、密度、通气性、透水性、养分状况、黏结性、黏着性、可塑性、耕性、磁性、酸碱性等。知道土壤的理化性质，我们就能知道在这块土地上适宜栽种什么植物。

四、土壤分类

1. 按土壤质地分

土壤可分为砂质土、黏质土、壤土三大类。其中壤土比较适合植物种植，经过改良会变成肥沃土地。砂质土、黏质土、壤土特点见表2-4。

表 2-4　土壤类型及特点

土壤类型	土壤特点
砂质土	含砂量多,颗粒粗糙,渗水速度快,保水性能差,通气性能好
黏质土	含砂量少,颗粒细腻,渗水速度慢,保水性能好,通气性能差
壤土	含砂量适中,颗粒大小适中,渗水速度适中,保水性能适中,通气性能适中

2. 按土壤结构分

土壤按结构类型分为块状结构、片状结构、柱状或棱状结构、团粒结构。团粒结构土壤是最适宜植物生长的类型，它在一定程度上标志着土壤的肥力水平和利用价值。

3. 按园林绿化应用分

土壤按园林绿化中应用分为栽培土、客土、营养土三大类。

栽培土指理化性状好，适宜园林植物生长的土壤。客土指非当地原生的，用来置换原生土壤栽植园林植物的外来土壤。营养土指为了满足幼苗生长发育而专门配制的含有多种营养成分，疏松通气，保水保肥能力强，无病虫害的土壤。

五、土壤耕层

土壤耕层是对于耕作的土壤来说的，对于仍处于自然形态的土壤来说是没有这个概念的。土壤耕层是土壤表层0~20cm。土壤耕层以下的层次称为耕底层。

六、土壤污染

凡是妨碍土壤正常功能，影响植物健康生长的物质，叫做土壤污染物。当土壤中含有害物质过多，超过土壤的自净能力，就会引起土壤的组成、结构和功能发生变化，微生物活动受到抑制，有害物质或其分解产物在土壤中逐渐积累，然后危害植物、危害人类、污染环境，这就是土壤污染。

1. 土壤污染的形成因素

固体废物不断向土壤表面堆放和倾倒，有害废水不断向土壤中渗透，大气中的有害气体及飘尘也不断随雨水降落在土壤中，导致了土壤污染。

2. 土壤污染特点

土壤污染具有隐蔽性和滞后性；土壤污染具有累积性；土壤污染很难治理。

3. 土壤污染物分类

第一类是病原体，包括肠道致病菌、肠道寄生虫、破伤风杆菌、霉菌和病毒等，它们主要来自做肥料的人畜粪便和垃圾，或直接用生活污水灌溉农田，都会使土壤受到病原体的污染。

第二类是有毒化学物质，如镉、铅等重金属以及化肥、农药等。它们主要来自工业生产过程中排放的废水、废气、废渣以及农业生产中大量施用的农药和化肥。

第三类是放射性物质，它们主要来自核爆炸的大气散落物以及工业、科研和医疗机构产生的液体或固体放射性废弃物，其释放出来的放射性物质进入土壤，能在土壤中积累，形成潜在的威胁。

七、土壤改良

土壤改良是针对土壤的不良质地和结构，采取相应的物理、生物或化学措施，改善土壤性状，提高土壤肥力，增加作物产量，以及改善人类生存土壤环境的过程。

我们应当在平时工作中合理运用耕作、施肥、灌溉、排水等措施，使土壤结构、微生物、有机质保持较好状态。在生产实践中，经常中耕除草可以保持土壤疏松，增加透气、透水、保肥功能；多施有机肥，少用化肥，提倡根外追肥，可以减少土壤板结，也能提供氮、磷、钾等多种元素；通过喷灌、喷雾、滴灌，可以使水分慢慢渗透到植物根系周围，同时减少水土流失现象；慎用通过土壤作用的农药，减少杀害地下有益微生物的可能；谨慎使用微量元素肥料，施用微量元素肥料一定不要过量。

八、土壤酸碱性

土壤的酸碱度对各种植物的生长发育影响很大。土壤中必需营养元素的可给性，土壤微生物的活动，根部吸水、吸肥的能力以及有害物质对根部的作用等，都与土壤酸碱性有关。土壤的酸碱程度通常以 pH 值表示，pH 值 7.0 为中性，以 pH 值 7.0 为分界点，数值越小酸性越强，数值越大碱性越强。园林绿化种植土 pH 值应符合当地栽培土标准或按 pH 值 5.6～8.0 进行选择。

植物有的喜欢微酸性土壤，有的喜欢微碱性土壤。我们可以人工调节土壤的酸碱性以适应不同植物需要。土壤过酸时可加入磷肥、适量石灰来调节；土壤偏碱时宜加入适量的硫酸亚铁。

九、土壤检测

在绿化植物种植过程中，我们常常遇到各种类型土壤，如果不检测，就不能清楚知道这些土壤是否适合植物生长，是否有必要采取土壤置换和土壤改良，因此，各种种植土在使用前必须经过严格的检测。土壤检测应由专业检测机构进行。

第三节
园林植物概述

适用于园林绿化的植物种类很多，包括观花、观叶、观果植物以及防护与经济植物，其中有常绿的，也有落叶的；有阔叶的，也有针叶的；有乔木的，也有灌木的；有木本的，也有草本的。下面分类进行简要介绍。

一、针叶乔灌木

针叶乔灌木主要以松科、柏科、杉科等植物为代表，多为常绿树种，少数为落叶树。针叶树种多生长缓慢，寿命长，适应范围广，是园林绿化主要树种。园林绿化常见的针叶乔灌木见表 2-5。

表 2-5　针叶乔灌木常见树种

序号	植物名称	科属	形态特征	生长习性	病虫害
1	雪松	松科雪松属	常绿大乔木；树冠塔形；叶针形，短枝上簇生	喜光，也能耐阴；耐寒、耐旱，不耐水湿	蓑蛾、红蜡蚧、松毒蛾等
2	五针松	松科松属	常绿乔木；树皮灰褐色，鳞片状剥裂；叶短硬，5 针一束，丛生于短枝上	喜温暖湿润环境，喜光，怕积水，喜排水良好的肥沃土壤	锈病、煤污病、根腐病、红蜘蛛、介壳虫、蚜虫等
3	黑松	松科松属	常绿乔木；树皮黑色，开裂；叶 2 针一束，粗硬	喜光、耐旱、耐瘠薄，不耐水涝和严寒	松大蚜、松毛虫、松干蚧、枝枯病
4	马尾松	松科松属	常绿乔木；树皮红褐色；针叶 2 针一束，细柔	喜光，不耐阴；喜温暖环境	赤枯病、松毛虫、线虫、袋蛾等

序号	植物名称	科属	形态特征	生长习性	病虫害
5	白皮松	松科松属	常绿乔木;树皮片状脱落,嫩皮乳白色;叶3针一束,粗硬	喜光、喜凉爽气候,不耐高温高湿;耐寒、耐瘠薄	有松大蚜和黑霉病
6	柳杉	松科柳杉属	常绿乔木;枝条柔软下垂;叶锥形、螺旋状排列,花期4月,10月果熟	喜温暖湿润气候,较耐寒,不耐热;喜光,不耐干旱和水湿	有赤枯病、柳杉天牛、金龟子等
7	金钱松	松科金钱松属	落叶乔木;叶在短枝上轮状簇生,伞状平展、线形;花期4月,球果10月熟	喜光、喜湿润气候;有一定耐寒能力,不耐干旱,也不耐涝	茎腐病、落叶病、袋蛾等
8	龙柏	柏科圆柏属	常绿小乔木;枝条螺旋状,像盘龙姿态;叶鳞形	喜阳,稍耐阴;喜温暖、湿润环境,抗寒;抗干旱,忌积水	病虫害较少见
9	侧柏	柏科侧柏属	常绿乔木;小枝扁平,小叶鳞片状,紧贴小枝	喜光、耐干旱、耐瘠薄,不耐湿;宜干冷气候	病虫害较少见
10	罗汉松	罗汉松科罗汉松属	常绿乔木;叶螺旋状排列,条状披针形,两面中肋显著;花期4月~5月	喜欢温暖和半阴环境;不耐严寒	有叶斑病、炭疽病、红蜘蛛等
11	落羽杉	杉科落羽杉属	落叶乔木;干基膨大,有许多呼吸根;叶线形、羽状排列,扁平	阳性树种,喜温暖;耐水湿,能生长在沼泽中	病虫害较少见
12	池杉	杉科落羽杉属	落叶乔木;主干挺直,有呼吸根;叶为钻形,在小枝上螺旋状排列	强阳性树种,不耐阴;喜温暖湿润环境,稍耐寒;能耐涝,也能耐旱	大袋蛾、金龟子、红蜘蛛等
13	水杉	杉科水杉属	落叶大乔木;叶线形、羽状二列,秋天变金黄色	喜光,不耐阴;喜温暖湿润环境;较耐寒,耐水湿	有蠹蛾、叶蜂、锈病、叶蝉等
14	铁树	苏铁科铁树属	常绿灌木;羽状复叶从茎的顶部生出,小叶线形,呈"V"形排列,坚硬	喜光不耐阴;喜温暖湿润气候,不耐寒,−2℃就会受冻害	白斑病、煤污病、介壳虫、小灰蝶等

二、常绿阔叶乔灌木

常绿阔叶乔灌木通常来说四季常绿,没有明显的休眠期。常绿阔叶乔灌木的叶面宽阔,叶质较厚或较硬,随树种不同而有多种形状。园林绿化中常见的常绿阔叶乔灌木见表2-6。

表2-6　常绿阔叶乔灌木常见树种

序号	植物名称	科属	形态特征	生长习性	病虫害
1	香樟	樟科樟属	常绿乔木;叶卵形、离基三出脉;核果球形	喜温暖湿润气候,不耐寒,喜光,怕积水	叶蜂、樟巢螟和黄化病

序号	植物名称	科属	形态特征	生长习性	病虫害
2	广玉兰	木兰科木兰属	常绿乔木;叶椭圆形,革质;花白色,荷花状,花期5月~6月	喜温湿气候,有一定抗寒能力;喜光,怕积水	炭疽病、白藻病、干腐病、介壳虫
3	乐昌含笑	木兰科含笑属	常绿乔木;叶倒卵形,叶薄;花淡黄色,有香味,花期3月~4月	喜光;喜温暖湿润的气候,亦能耐寒	炭疽病、地老虎
4	深山含笑	木兰科含笑属	常绿乔木;叶革质,长椭圆形;花大、白色,花期2月~3月	喜光;喜温暖湿润环境,亦能耐寒	炭疽病、根腐病、蛴螬、地老虎、介壳虫等
5	高杆女贞	木樨科女贞属	常绿乔木;叶卵形、全缘、革质;圆锥花序,浆果蓝色	喜光,稍耐阴;喜温暖湿润气候,稍耐寒;萌芽力强,耐修剪	锈病、褐斑病
6	桂花	木樨科木樨属	常绿灌木;叶长椭圆形,花期9月~10月;常见有金桂、丹桂、银桂、四季桂	喜光,也能耐阴;喜温湿润环境;不耐干旱瘠薄,怕积水	褐斑病、枯斑病、炭疽病、红蜘蛛
7	金森女贞	木樨科女贞属	常绿灌木;叶片金黄色,质厚,椭圆形	喜光、耐旱、耐寒;萌发力强,耐修剪	锈病、蛴螬、地老虎
8	银姬小蜡	木樨科女贞属	常绿小乔木或灌木;叶椭圆形,叶缘有乳白色环,常修剪为球形	喜光,稍耐阴;喜湿,耐修剪	叶斑病
9	云南黄馨	木樨科素馨属	常绿灌木;枝条下垂、四棱形,三出复叶;花通常为黄色,花期3月~4月	喜光稍耐阴,喜温暖湿润气候,不耐寒	介壳虫、粉虱、叶斑病、根瘤病
10	椤木石楠	蔷薇科石楠属	常绿乔木;树干有刺,叶披针形,革质;伞房花序,花白色,果红色	喜光亦能耐阴,喜温暖湿润气候,耐寒、耐干旱,不耐水湿,耐修剪	叶斑病、灰霉病、介壳虫、粉虱等
11	红叶石楠	蔷薇科石楠属	常绿灌木;叶长椭圆形,夏季绿色,春季和秋季新叶亮红色	喜光,稍耐阴;喜温暖湿润气候;耐干旱瘠薄,不耐水湿,耐修剪	叶斑病、灰霉病、炭疽病、介壳虫
12	火棘	蔷薇科火棘属	常绿灌木;有短刺;叶倒卵状椭圆形,叶缘有锯齿;花期3月~4月,秋冬果红色	喜温暖和阳光充足环境,耐贫瘠,抗干旱	主要有蛀干害虫、红蜘蛛、白粉病
13	枇杷	蔷薇科枇杷属	常绿乔木;叶长椭圆形,多皱;花期10月~12月,果熟期为次年5月~6月	喜光,稍耐阴;喜温暖气候,不耐严寒,生长缓慢	叶斑病、污叶病、枝干褐腐病等
14	红果冬青	冬青科冬青属	常绿乔木;叶椭圆形,有锯齿;花期5月,果期10月~11月,红色	喜光,耐阴,不耐寒	白蜡蚧和煤污病

序号	植物名称	科属	形态特征	生长习性	病虫害
15	枸骨	冬青科冬青属	常绿灌木或小乔木;叶革质、四角有刺;花期4月~5月,果期10月~12月,果红色	喜阳光,也能耐阴、耐旱,能耐-5℃的短暂低温	主要是煤污病
16	无刺枸骨	冬青科冬青属	常绿灌木或小乔木;叶椭圆形,叶尖呈刺状;秋果红色	喜光,喜温暖,耐修剪,耐低温	煤污病
17	龟甲冬青	冬青科冬青属	常绿小灌木;叶小而密,倒卵形,厚革质;花白色,果球形	喜温湿气候,较耐寒,喜光,稍耐阴	主要有茎基腐病、枝枯病
18	木荷	山茶科木荷属	常绿乔木;叶椭圆形,秋季变红;花似荷花,花期6月~8月	喜光;适应亚热带气候	褐斑病危害严重
19	山茶花	山茶科山茶属	常绿灌木或小乔木;叶片革质、椭圆形;花枝顶生,冬春开花	喜半阴、忌烈日;喜温暖湿润气候	炭疽病、红蜘蛛及介壳虫类
20	茶梅	山茶科山茶属	常绿灌木;叶椭圆形,革质;花大小不一,冬春开花	喜阴湿,以半阴半阳最为适宜;喜温暖湿润气候;适生酸性砂质土	有灰斑病、煤污病、炭疽病、介壳虫、红蜘蛛等
21	杨梅	杨梅科杨梅属	常绿小乔木或灌木;叶长椭圆状;花期4月,果期6月~7月	喜湿,耐阴,适宜酸性土壤种植	介壳虫、卷叶蛾、袋蛾、褐斑病
22	杜英	杜英科杜英属	常绿乔木;叶长披针形,秋冬至早春多为红色,平时有红有绿	喜温暖湿润环境,不耐寒;喜酸性肥沃土壤;萌芽力强,耐修剪	尺蠖、蝼蛄、地老虎、红蜡蚧、日灼病、叶枯病
23	红花檵木	金缕梅科檵木属	常绿灌木;嫩枝红褐色,有星状毛;叶暗红色,卵形;花期4月~5月,紫红色	喜光,稍耐阴;喜温暖,耐寒冷、耐旱,耐修剪	蚜虫、尺蛾、夜蛾、大小地老虎、炭疽病、花叶病,枝条易受蜡蝉危害
24	蚊母	金缕梅科蚊母树属	常绿灌木或乔木;叶椭圆形,叶面有鼓起来的虫瘿	喜光,亦耐阴;喜温暖润气候,较耐寒	易遭介壳虫危害
25	香橼	芸香科柑橘属	常绿小乔木或灌木,茎多刺;叶椭圆形,叶柄有倒心形宽翅。花期4月~5月,果期10月~11月	喜温暖湿润气候,怕严霜,不耐严寒	煤污病、吹绵介壳虫、天牛、红蜘蛛、蚜虫
26	胡颓子	胡颓子科胡颓子属	常绿灌木,枝条有刺;叶椭圆形,叶背为银白色;花期10月~11月,果红色	喜光,耐半阴;喜温暖气候,稍耐寒,耐干旱贫瘠,耐水湿	叶斑病、锈病、红蜘蛛、介壳虫
27	法国冬青	忍冬科荚蒾属	常绿灌木;叶长椭圆形,叶表面光亮;花期5月~6月,秋结果	喜光,稍耐阴;喜温暖湿润气候,耐修剪	藻斑病、蚜虫、刺蛾、红蜘蛛

序号	植物名称	科属	形态特征	生长习性	病虫害
28	金叶大花六道木	忍冬科六道木属	常绿灌木;叶长椭圆形,金黄色;花期6月～10月,花后粉红色尊片宿存到冬季	喜光,稍耐阴;喜温暖湿润气候,也能耐热耐低温;耐修剪	煤污病、蚜虫
29	夹竹桃	夹竹桃科夹竹桃属	常绿灌木;叶轮生,窄披针形;花色较多,花期6月～10月	喜光,喜温暖湿润气候,不耐寒,耐旱	蚜虫、褐斑病、煤污病
30	栀子花	茜草科栀子属	常绿灌木;叶长椭圆形;花白色,大而芳香,花期5月～8月	喜光也能耐阴;喜温暖湿润气候,喜酸性土壤,耐修剪	有黄化病、煤污病、蚜虫、介壳虫、天蛾等
31	海桐	海桐科海桐属	常绿灌木;叶聚生枝端,倒卵形;花白色,种子暗红色,开裂	喜半阴环境,稍耐干旱,颇耐水湿	主要是叶斑病、介壳虫、红蜘蛛等
32	金边黄杨	卫矛科卫矛属	常绿灌木;小枝四棱形,叶倒卵形,叶缘具黄白色边;花期6月～7月,秋季结果	喜光,亦能耐阴;喜欢温暖湿润的环境,耐寒、耐旱	黄杨绢野螟、黄杨尺蠖、龟蜡蚧、桃粉蚜、叶斑病、茎腐病、白粉病
33	大叶黄杨	卫矛科卫矛属	常绿灌木;小枝四棱形,叶倒卵形,叶缘锯齿;花期6月～7月	喜光,较耐阴;喜温暖湿润气候,亦较耐寒,耐修剪	黄杨尺蠖、日本龟蜡蚧、桃粉蚜、叶斑病、白粉病
34	雀舌黄杨	黄杨科黄杨属	常绿灌木;小枝四棱形;叶匙形,中脉凸起	喜光,也能耐半阴;喜温暖湿润环境,较耐寒,耐干旱	炭疽病、叶斑病、介壳虫、螟蛾
35	瓜子黄杨	黄杨科黄杨属	常绿灌木;小枝四棱形,叶倒卵形	喜光,也能耐阴;耐修剪	黄杨绢野螟和黄杨叶枯病
36	桃叶珊瑚	丝缨花科桃叶珊瑚属	常绿灌木;小枝绿色;叶长椭圆形,果红色	喜温暖湿润环境,耐阴性强,不耐寒	炭疽病、褐斑病、红蜘蛛、介壳虫
37	八角金盘	五加科八角金盘属	常绿灌木;叶掌状深裂,有八个角,有时候边缘呈金黄色;秋天开花,花白色	喜阴湿温暖的气候,不耐严寒;不耐干旱,萌蘖力较强	介壳虫、炭疽病
38	熊掌木	五加科五角金盘属	常绿灌木或藤蔓植物,叶掌状五裂	喜半阴环境,喜温暖和冷凉环境	蚜虫、红蜘蛛
39	狭叶十大功劳	小檗科十大功劳属	常绿灌木;羽状复叶,小叶边缘有刺状;花黄色,果有白粉	喜温暖湿润气候,也较耐寒;耐阴、耐旱,怕水涝。	主要是白粉病
40	阔叶十大功劳	小檗科十大功劳属	除小叶比狭叶十大功劳大而圆,其他相同	喜温暖湿润和阳光环境,耐寒,耐阴、耐旱	叶斑病、炭疽病
41	南天竹	小檗科南天竹属	常绿小灌木;羽状复叶,秋季变红色;果期5月～11月,红色	喜温暖湿润环境,也能耐寒;耐阴、耐旱	红斑病、炭疽病

序号	植物名称	科属	形态特征	生长习性	病虫害
42	金丝桃	藤黄科金丝桃属	半常绿灌木；茎红色，叶长椭圆形；花期6月～7月，花金黄色	喜湿润半阴环境，不耐寒；萌芽力强，耐修剪	叶斑病、吹绵蚧
43	毛鹃	杜鹃花科杜鹃花属	常绿灌木；幼枝密生棕色绒毛，叶椭圆形；花期3月～4月	喜凉爽湿润，也耐寒，怕热；喜光，耐半阴；适宜酸性砂质壤土	虫害是冠网蝽和红蜘蛛；病害是叶斑病
44	夏鹃	杜鹃花科杜鹃花属	常绿灌木；叶比毛鹃小，有光泽；开花比毛鹃迟，花期5月～6月	喜光、喜温、喜湿；生长适温12～25℃；要求偏酸性疏松土壤	黑斑病、褐斑病和黄化病
45	凤尾兰	天门冬科丝兰属	常绿灌木；叶片剑形，较长较硬；花序高1m多，白色，夏开花	喜光，也耐阴；喜温暖湿润气候，也耐寒；耐旱、耐湿	褐斑病、叶斑病；介壳虫、粉虱、夜蛾
46	棕榈	棕榈科棕榈属	常绿乔木；树干有网状纤维；叶片近圆形、深裂，花期4月	喜光，稍耐阴；喜温暖湿润气候，耐寒	青霉病从叶柄基部发生，逐渐发生枯死；天牛和介壳虫
47	布迪椰子	棕榈科椰属	常绿乔木；叶片呈羽状叶，长约2m，叶柄具刺；花期3月～5月，果期10月～11月	喜阳光、耐旱、抗冻性强	主要有黑斑病
48	海枣	棕榈科刺葵属	常绿乔木；叶簇生干顶，叶长达6m，羽片呈针刺状；花期3月～4月，秋天结果	喜光、耐高温、耐水淹、耐干旱、耐盐碱、生长快	主要是黑点病，引起黄化干枯

三、落叶阔叶乔灌木

落叶阔叶乔灌木有界限分明的生长期和休眠期，休眠期通常开始于秋季落叶，然后进入冬季，在来年春季发芽进入生长期。落叶阔叶乔灌木叶面比较宽阔，随树种不同而有多种形状。园林绿化中常见的落叶阔叶乔灌木见表2-7。

表2-7 落叶阔叶乔灌木常见树种

序号	植物名称	科属	形态特征	生长习性	病虫害
1	悬铃木（法桐）	悬铃木科悬铃木属	落叶乔木；树皮片状脱落；叶阔卵形、掌状分裂；球果2～3个成串生长	喜光，喜湿润温暖气候，较耐寒，耐修剪	天牛、刺蛾、袋蛾、方翅网蝽
2	梧桐（青桐）	梧桐科梧桐属	落叶乔木；树皮绿色；叶卵形，3～5深裂	喜光，喜温湿气候，不耐寒，不耐修剪	大袋蛾、木虱
3	垂柳	杨柳科柳属	落叶乔木；枝条柔软下垂，叶披针形；柔荑花序	喜温暖湿润气候，较耐寒；喜光、耐水湿	蚜虫、柳叶甲、蓟马、天牛、溃疡病

序号	植物名称	科属	形态特征	生长习性	病虫害
4	朴树	大麻科朴属	落叶大乔木;叶卵形,三出脉;核果球形	喜光,耐旱、耐水湿;适宜温暖湿润气候	木虱、红蜘蛛、白粉病、煤污病
5	榆树	榆科榆属	落叶乔木;叶椭圆状卵形,有锯齿;翅果	喜光,耐旱,耐寒,耐瘠薄	有榆毒蛾、介壳虫、天牛等
6	榔榆	榆科榆属	落叶乔木;树皮开裂后片状脱落;叶卵形,边缘有锯齿;聚伞花序,翅果	喜光,耐干旱;喜温暖、土壤肥沃环境,喜排水良好中性土壤	介壳虫、天牛、刺蛾、袋蛾、根腐病、丛枝病
7	榉树	榆科榉属	落叶乔木;树冠伞形;叶卵形、边缘有锯齿,秋季变红色;花期4月,核果	喜温暖环境;喜光,忌积水,不耐旱和贫瘠;生长慢,寿命长	小地老虎、蚜虫、尺蠖、叶螨、毒蛾、袋蛾、金龟子等
8	杜仲	杜仲科杜仲属	落叶乔木;枝条和叶子有白色胶丝;叶椭圆形,有锯齿;翅果	喜阳光充足、温和湿润气候,耐寒	根腐病、叶枯病、豹纹木蠹蛾
9	重阳木	大戟科秋枫属	落叶乔木;三出复叶;顶生小叶通常较两侧的大,小叶片卵形	喜光,也略耐阴;耐干旱瘠薄,耐水湿,耐寒性较弱	丛枝病、吉丁虫、红蜡蚧、袋蛾、刺蛾
10	乌桕	大戟科乌桕属	落叶乔木;叶菱形,秋变红;种子有白色蜡质	喜光,耐水湿,但耐阴和耐寒性不强	褐斑病、毒蛾、刺蛾、袋蛾、叶甲
11	山麻杆	大戟科山麻杆属	落叶丛生小灌木;茎杆直立且呈紫红色;叶阔卵形,秋季变红	喜光照,稍耐阴;喜温暖湿润的气候环境,不耐寒	大蓑蛾、吹绵蚧
12	楸树	紫葳科梓属	落叶乔木;叶三角状卵形;花紫红色;果线形,很长,像豇豆状	喜光,较耐寒;不耐干旱、积水	毒蛾、夜蛾、霜天蛾
13	臭椿	苦木科臭椿属	落叶高大乔木;羽状复叶,叶柄基部有臭味腺点;圆锥花序,翅果	喜光性树种,不耐阴;喜温暖湿润的气候,耐寒耐旱,不耐水湿	白粉病、夜蛾、斑衣蜡蝉
14	黄连木	漆树科黄连木属	落叶高大乔木;羽状复叶,小叶披针形,秋变红	喜光;喜温暖,不耐寒;耐干旱和瘠薄	尺蛾、缀叶丛螟、毛根蚜、炭疽病
15	黄栌	漆树科黄栌属	落叶乔木或灌木;木质部黄色,树汁有异味;叶卵圆形,秋季变红	喜光,耐半阴;耐寒,耐涝、耐干旱,不耐水湿	蚜虫、白粉病等
16	枣树	鼠李科枣属	落叶乔木;枝有刺;叶卵形,亮绿色;秋天果熟	喜光,耐瘠薄、耐旱、耐涝	红蜘蛛、龟蜡蚧、尺蠖、枣疯病
17	喜树	蓝果树科喜树属	落叶乔木;叶长卵形,叶脉明显;球形头状花序,花期7月,果期11月	喜光,喜温暖湿润环境,不耐严寒干燥,较耐水湿	根腐病、黑斑病、角斑病、刺蛾、地老虎
18	国槐	豆科槐属	落叶乔木;羽状复叶,小叶卵状披针形;圆锥花序,花白色,荚果念珠状	喜阳光,稍耐阴;耐寒、耐旱、耐瘠薄	白粉病、溃疡病、蚜虫、尺蠖

序号	植物名称	科属	形态特征	生长习性	病虫害
19	龙爪槐	豆科槐属	落叶乔木;树冠如伞;羽状复叶;圆锥花序,花白色,花期7月~8月	喜光,稍耐阴,能适应干冷气候	烂皮病、槐花球蚧
20	合欢	豆科合欢属	落叶乔木;羽状复叶,小叶昼开夜合;头状花序,花淡红色,花期6月~7月	喜温暖湿润和阳光充足环境,耐寒、耐旱、耐瘠薄,但不耐涝	锈病、枯萎病、溃疡病、木虱、豆象
21	紫荆	豆科紫荆属	落叶灌木;叶近圆形,基部心形;花紫红色,簇生老枝上,早春开花,荚果	喜光和温暖湿润环境,稍耐阴,较耐寒,耐修剪	角斑病、枯萎病、叶枯病、刺蛾、蚜虫
22	白玉兰	木兰科木兰属	落叶乔木;叶宽倒卵形,先端突尖;早春开花,花白色,聚合果鲜红色	喜温暖、向阳、湿润环境,不能积水;有较强的耐寒能力	炭疽病、红蜡蚧、吹绵蚧、红蜘蛛、蓑蛾、天牛等
23	紫玉兰	木兰科木兰属	落叶丛生乔木,叶倒卵形,先端急尖;花紫色,先花后叶,聚合果紫色	喜光,不耐阴;较耐寒,忌水湿;根系发达,萌蘖力强	炭疽病、黄化病、蛴螬、介壳虫等
24	鹅掌楸(马褂木)	木兰科鹅掌楸属	落叶乔木;叶形似马褂,4月~5月开花	喜阳,耐干旱,喜温暖湿润气候;耐低温	叶斑病、炭疽病、圆盾蚧
25	栾树	无患子科栾属	落叶乔木;羽状复叶,小叶卵形;花序黄色,蒴果红褐色,像灯笼,花果期9月~10月	喜光,稍耐半阴;耐寒、耐旱;不耐水淹	蜡蝉、天牛、刺蛾
26	无患子	无患子科无患子属	落叶乔木;嫩枝绿色,羽状复叶;花开春季,夏秋结金黄色圆果	喜光,稍耐阴;耐寒、耐旱,不耐水湿	蜡蝉、天牛、刺蛾
27	白蜡	木樨科梣属	落叶乔木;羽状复叶,小叶椭圆形;圆锥花序,花期3月~5月,翅果	喜光,稍耐阴;喜温暖湿润气候,颇耐寒;喜湿涝,耐干旱	煤污病、褐斑病、卷叶虫、天牛
28	七叶树	无患子科七叶树属	落叶乔木;掌状复叶,小叶5~7片;花序圆筒形,种子像板栗;花期4月~5月,果期10月	喜光,稍耐阴;喜温暖气候,也能耐寒	叶斑病、白粉病、炭疽病、介壳虫、金龟子
29	柿树	柿科柿属	落叶乔木;叶大,椭圆形,叶背有绒毛;花期5月~6月,果期9月~10月	喜光,喜温暖气候,耐寒、耐瘠薄、耐旱	角斑病、炭疽病、柿蒂虫、介壳虫
30	北美枫香	金缕梅科枫香树属	落叶乔木;干挺直,小枝红褐色,通常有木质翅;叶掌状5~7裂,秋变黄、红色,落叶晚	喜光,稍耐阴;喜深厚、湿润、酸性土壤;生长快,萌芽力强	蛴螬、小地老虎、蝼蛄、红蜘蛛、刺蛾、蚜虫
31	梅花	蔷薇科李属	落叶乔木;干褐紫色,小枝绿色,叶片卵形;花多色,花开冬春,先花后叶	喜光,喜温暖、湿润气候;耐瘠薄、耐寒,怕积水	白粉病、缩叶病、炭疽病、蚜虫、介壳虫等

序号	植物名称	科属	形态特征	生长习性	病虫害
32	紫叶李	蔷薇科李属	落叶小乔木;小枝条暗红色;叶卵圆形、紫红色;花白色,春季开花	喜光也稍耐阴,耐寒、耐修剪,萌芽力强	红蜘蛛、蚜虫、袋蛾、刺蛾等
33	桃花	蔷薇科李属	落叶乔木;叶椭圆披针形;花色丰富,花期3月～4月,果期6月～9月	喜光,耐旱,耐寒,怕涝	蚜虫、红蜘蛛、天牛、褐斑病、缩叶病、树干流胶病等
34	红叶碧桃	蔷薇科李属	落叶小乔木;小枝红褐色,叶披针形,幼叶红色;春天开花,花桃红色	喜光,耐旱,耐寒,不耐水湿	蚜虫、红蜘蛛、天牛、褐斑病、缩叶病、树干流胶病等
35	樱花	蔷薇科樱属	落叶乔木,叶片椭圆卵形,先端渐尖;先花后叶,花白色或粉红色,单花瓣多,花期3月～4月	喜光、耐寒、抗旱,不耐盐碱,不耐水湿	流胶病、根瘤病、穿孔性褐斑病、蚜虫、介壳虫、梨花网蝽、透翅蛾等
36	日本晚樱	蔷薇科樱属	落叶乔木;叶椭圆状卵形,先端渐尖;花梗较长,重瓣,颜色鲜艳,花期4月～5月	喜阳光和深厚肥沃而排水良好的土壤,有一定的耐寒能力	根瘤病、炭疽病、穿孔褐斑病、蚜虫、介壳虫、梨花网蝽、透翅蛾等
37	垂丝海棠	蔷薇科苹果属	落叶小乔木;枝条开展,小枝弯曲;花梗细弱下垂,花期3月～4月	喜阳光,不耐阴;喜爱温暖湿润环境,怕水涝	角蜡蚧、苹果蚜、红蜘蛛、天牛、锈病等
38	西府海棠	蔷薇科苹果属	落叶小乔木;树枝直立性强,叶长椭圆形;花粉红色,花期4月～5月	喜光,耐寒、耐旱,忌水涝	金龟子、卷叶虫、蚜虫、袋蛾、红蜘蛛等
39	木瓜海棠	蔷薇科木瓜属	落叶灌木;枝条直立,具短枝刺;花淡红色或白色,花期3月～5月,果期9月～10月	喜温暖湿润和阳光充足的环境,耐寒、耐旱,但怕水涝	蚜虫、红蜘蛛、黄刺蛾等
40	皱皮木瓜(贴梗海棠)	蔷薇科木瓜海棠属	落叶灌木;枝上有刺;叶卵形,托叶大;花朵紧贴在枝干上,花期4月	喜光,耐寒,怕涝,对土壤要求不严	锈病、网蝽和蚜虫
41	绣线菊	蔷薇科绣线菊属	落叶灌木;枝条细长,叶卵形,有缺刻锯齿;花粉红色,花期6月～7月	喜光也能耐阴;喜温暖湿润气候,也耐寒;耐旱、耐修剪	叶蜂、蚜虫等
42	笑靥花	蔷薇科绣线菊属	落叶丛生灌木;枝条柔软;春季开花,花白色	喜光,也能耐阴;忌湿涝,较耐旱	病虫害较少
43	麻叶绣球	蔷薇科绣线菊属	落叶灌木;小枝细弱,叶片菱状披针形,先端急尖;花期4月～5月	喜阳光,稍耐阴;耐旱,忌水湿,较耐寒	早春防蚜虫危害
44	棣棠	蔷薇科棣棠花属	落叶小灌木;叶片卵状披针形;花黄色,花期4月～5月	喜温暖湿润和半阴环境,耐寒性较差	有枯枝病和褐斑病

序号	植物名称	科属	形态特征	生长习性	病虫害
45	丁香	木樨科丁香属	落叶灌木;叶卵形;花白色和紫色,花与叶同时开放	喜光,也耐半阴,耐寒、耐旱、耐瘠薄	褐斑病、煤污病、介壳虫
46	小叶女贞	木樨科女贞属	落叶或半常绿灌木;叶倒卵状长圆形,革质;圆锥花序,果球形	喜光照,稍耐阴,较耐寒,耐修剪	叶斑病、煤污病、枯萎病、褐斑病、蚧蟥、粉蚧等
47	金叶女贞	木樨科女贞属	落叶灌木;叶椭圆形,金黄色;花期5月~6月	喜光,耐寒,耐修剪,不耐高温高湿	叶斑病、煤污病、蚧蟥、粉蚧等
48	迎春花	木樨科素馨属	落叶灌木;小枝四棱形;三出复叶,小叶片长卵形;花金黄色,先花后叶	喜光,稍耐阴,耐旱不耐涝;适宜生长在温暖湿润的环境中	花叶病、褐斑病和灰霉病
49	金钟	木樨科连翘属	落叶灌木;茎丛生,枝拱形下垂;花先于叶开放,深黄色	喜光,喜温暖湿润环境,较耐寒;耐旱、耐湿	病虫害较少
50	雪柳	木樨科雪柳属	落叶灌木;叶绿形同柳叶;花如白雪,4月~6月开放	喜光,稍耐阴,喜温暖气候,也能耐寒	病虫害较少
51	荚蒾	忍冬科荚蒾属	落叶灌木;叶倒卵形,有绒毛;花冠白色,果实红色;花期5月~6月,果期9月~11月	喜光,也耐阴;喜温暖湿润气候,也耐寒	蚜虫、红蜘蛛类
52	琼花(木绣球)	忍冬科荚蒾属	落叶或半常绿灌木;叶卵形;春天开花,花大洁白,秋果红色	喜光,略耐阴;喜温暖湿润气候,较耐寒;萌芽、萌蘖力均强	病虫害较少
53	锦带花	忍冬科锦带花属	落叶灌木;幼枝有柔毛,叶椭圆形;花紫红色,花期4月~6月,果期10月	喜光,耐阴,耐寒,怕水涝	偶尔有蚜虫和红蜘蛛危害
54	溲疏	虎耳草科溲疏属	落叶灌木;小枝中空,红褐色;叶卵形有毛;花期5月~6月	喜光,稍耐阴,喜温暖湿润气候,耐寒、耐旱、耐修剪	红蜘蛛、蚜虫
55	八仙花	虎耳草科绣球属	落叶灌木;叶倒卵形,边缘具粗齿;花序球形,花期5月~7月	喜温暖、湿润和半阴环境,怕旱又怕涝,不耐寒	白粉病、叶斑病、蚜虫、盲蝽危害
56	蜡梅	蜡梅科蜡梅属	落叶灌木;叶卵状披针形,质粗糙;花期12月~次年1月,花黄色,有浓芳香	喜阳光,但稍耐阴;较耐寒,耐旱	蚜虫、介壳虫、刺蛾、卷叶蛾等
57	红枫	槭树科槭属	落叶小乔木;小枝条紫色;叶5~9掌状深裂,通常红色;翅果秋熟	喜光,怕烈日暴晒;喜温暖湿润气候,较耐寒、耐旱,不耐涝	褐斑病、白粉病、锈病、天牛、刺蛾、蚜虫等

序号	植物名称	科属	形态特征	生长习性	病虫害
58	鸡爪槭	槭树科槭属	落叶小乔木;树冠开展;叶5~9掌状分裂,通常绿色、翅果,秋天成熟	喜温暖气候,适生于半阴环境;不耐水涝,忌强光照射	蛴螬、蝼蛄、金龟子、刺蛾、蚜虫、天牛等
59	花石榴	石榴科石榴属	落叶小乔木;枝有刺,叶披针形;花钟形肉质,红色或白色;花期5月~10月,秋天结果	喜光,喜湿润肥沃的石灰质土壤,有一定的耐寒能力	炭疽病、刺蛾、蚜虫、椿象、介壳虫、斜纹夜蛾等
60	无花果	桑科榕属	落叶灌木;皮孔明显;叶卵圆形,通常3~5裂;榕果梨形,顶部下陷,花果期5月~7月	喜温暖湿润气候,不耐寒;耐瘠薄,抗旱,不耐涝	白粉病、褐斑病、煤污病、蚜虫、刺蛾
61	紫薇	千屈菜科紫薇属	落叶小乔木;树干光滑;叶椭圆形;花序粉红色较多,花期6月~9月	喜温暖潮润环境,喜光,喜肥,耐旱,怕涝	白粉病、褐斑病、煤污病、蚜虫、刺蛾
62	木槿	锦葵科木槿属	落叶灌木;叶三角形,有时有3裂;花期6月~9月,花色多,有单瓣和重瓣	喜温凉湿润环境,耐寒;喜光,耐干旱,忌涝,耐瘠薄	黄刺蛾、蚜虫、吹绵蚧、圆形盾蚧和煤污病等
63	木芙蓉	锦葵科木槿属	落叶灌木;小枝被星状毛;叶宽卵形,常5~7裂,上面有星状细毛;秋季开花,花较大	喜温暖湿润环境,不耐寒;忌干旱,耐水湿;生长较快,萌蘖性强	白粉病、蚜虫、介壳虫、红蜘蛛、叶蝉等
64	结香	瑞香科结香属	落叶灌木;枝条柔软,可以打结;叶长椭圆形,集生于枝端;花期3月~4月,花黄色	喜半阴,也耐日晒;喜温暖环境,耐寒性略差;根肉质,忌积水	白绢病、病毒性缩叶病
65	银杏	银杏科银杏属	落叶大乔木;叶扇形,秋天变金黄色;10月果熟	喜光,喜湿润而排水良好的壤土,怕积水	主要有茎腐病和枯叶病

四、地被植物及藤本

地被植物是指那些覆盖在园林地表,具有株丛密集、低矮,并且有一定观赏价值的植物。

藤本植物是指那些茎干细长,自身不能直立生长,必须依附他物而向上攀缘的植物。藤本植物依攀缘方式分为缠绕藤本、吸附藤本、卷须藤本、蔓生藤本。藤本植物通常可以用来作垂直绿化或覆盖地面。

园林绿化中常见地被及藤本植物见表2-8。

表 2-8　常见地被及藤本植物

序号	植物名称	科属	形态特征	生长习性	病虫害
1	扶芳藤	卫矛科卫矛属	常绿藤本;有不定根;叶椭圆形,革质,冬季变红;聚伞花序,白色	喜光又耐阴,喜温暖湿润环境,适生温度为15~30℃	炭疽病、茎枯病、蚜虫、夜蛾等
2	常春藤	五加科常春藤属	常绿藤本灌木;茎附生气生根,叶三角状卵形,叶柄较长	喜温暖湿润环境,生长适温为20~25℃,较耐寒,耐阴	叶斑病、介壳虫和红蜘蛛等
3	紫藤	豆科紫藤属	落叶藤本;羽状复叶;花紫色,荚果扁圆条形;花期4月~5月,果熟8月~9月	喜温暖湿润环境,耐寒、耐旱、耐阴;生长快,耐修剪	炭疽病、茎枯病、蚜虫、夜蛾等
4	木香藤	蔷薇科蔷薇属	半常绿攀缘灌木;树皮红褐色;羽状复叶;伞形花序,花白或黄色	喜阳光,较耐寒,忌积水,耐修剪;花期5月~6月	病虫害较少
5	蔷薇	蔷薇科蔷薇属	攀缘灌木;有皮刺;羽状复叶,小叶椭圆形;花色多,花期5月~9月	喜阳光,耐干旱,不耐水湿,耐修剪	黑斑病、白粉病、锈病、溃疡病、叶蜂、介壳虫、蚜虫等
6	葡萄	葡萄科葡萄属	木质藤本;卷须2叉分枝;叶卵圆形;花期4月~5月,果期8月~9月	喜光,喜温暖湿润环境,耐旱、耐修剪,怕涝	炭疽病、霜霉病、褐斑病、白粉病等
7	爬山虎	葡萄科爬山虎属	多年生落叶藤本;卷须有吸盘;叶掌状浅裂,秋季变为鲜红色	喜阴湿环境,耐寒、耐旱、耐贫瘠,怕积水	叶斑病、白粉病、炭疽病、蚜虫
8	凌霄	紫葳科紫葳属	多年生木质落叶藤本;羽状复叶;花冠漏斗状钟形,橘红色,肉质;花期7月~9月	喜阳,略耐阴;喜温暖湿润气候,不耐寒;较耐水湿,也耐干旱	白粉病、叶斑病、蚜虫、粉虱、介壳虫
9	金银花	忍冬科忍冬属	多年生半常绿缠绕及匍匐茎灌木;枝细长,叶卵形;花期4月~6月	喜阳、耐阴,耐寒性强,也耐干旱和水湿	主要有褐斑病
10	茑萝	旋花科茑萝属	一年生缠绕草本;叶卵形,裂片细长如丝;花深红色,像五角星	喜光和温暖湿润环境,耐旱,不耐寒	叶斑病、白粉病、金龟子
11	花叶络石	夹竹桃科络石属	常绿木质藤本;叶椭圆形,老叶绿色,新叶有多种色或花叶	喜光,稍耐阴,耐寒、耐旱;喜空气湿度较大的环境	有蛾类幼虫、线虫、蚜虫、红蜘蛛等
12	蔓长春花	夹竹桃科蔓长春花属	常绿蔓生亚灌木;营养茎偃卧或平卧地;叶椭圆形,先端急尖;花蓝色,花期4月~5月	喜温暖湿润环境,稍耐寒;喜阳光,也较耐阴	枯萎病、溃疡病、叶斑病、介壳虫和根结线虫等

序号	植物名称	科属	形态特征	生长习性	病虫害
13	麦冬	百合科沿阶草属	常绿多年生草本;肉质块根,叶丛生,线形;花序紫红色,花期5月~8月,浆果蓝色	喜温暖湿润、较荫蔽的环境,耐旱、耐寒,忌强光和高温	叶枯病、黑斑病、蛴螬、蝼蛄、金针虫、地老虎、根结线虫病等
14	吉祥草	百合科吉祥草属	常绿多年生草本;叶长披针形,质地较硬;花果期7月~11月	喜温暖、湿润、半阴的环境,以排水良好肥沃壤土为宜	炭疽病
15	玉簪	百合科玉簪属	多年生宿根草本;根状茎粗大;叶卵形至心形,具长柄;花期6月~9月,花夜间开放	耐寒冷,喜阴湿环境,不耐强光照射	斑点病
16	万年青	百合科万年青属	多年生常绿草本;叶基生莲座状,披针形;花期5月~6月,秋天结果	喜高温、高湿、半阴环境,不耐寒,忌强光直射	叶斑病、炭疽病和介壳虫
17	萱草	百合科萱草属	多年生宿根草本;叶基生线形;花漏斗形,橘红色,花期6月~7月	喜湿润也耐旱,喜阳光又耐半阴	以锈病为主
18	鸢尾	鸢尾科鸢尾属	多年生草本;叶宽线形;花蓝紫色,花形状似蝶,花期4月~5月	喜阳,也耐半阴,耐寒,耐干燥	芽腐病、根腐病、软腐病、灰霉病等
19	马兰花	鸢尾科鸢尾属	多年生宿根草本花卉;叶基生宽线形;花蓝色,花期5月~6月	喜阳光,适栽于背风向阳砂质土壤中	叶斑病、锈病、卷叶蛾、蚜虫等
20	葱兰	石蒜科葱莲属	多年生常绿草本;鳞茎;叶扁线形,像葱;花白色,花期7月~9月	喜阳光充足,耐半阴和低湿,较耐寒	炭疽病和夜蛾
21	石蒜	石蒜科石蒜属	多年生草本;鳞茎;秋季出叶,夏季枯萎,耐阴性强;花序红色,花期8月~9月	喜阴,喜湿润,耐寒、耐干旱,有夏季休眠习性	细菌性软腐、夜蛾、蓟马、蛴螬等
22	红花酢浆草	酢浆草科酢浆草属	多年生草本;球形根状茎;三小叶复叶,小叶倒心形;花红色,花期4月~10月	喜向阳温暖湿润的环境,夏季怕暴晒,耐旱	主要预防红蜘蛛
23	佛甲草	景天科佛甲草属	多年生常绿草本;三叶轮生,叶线形,肉质	喜光也能耐阴,耐热、耐寒、耐旱	病虫害较少
24	匍枝亮叶忍冬	忍冬科忍冬属	常绿灌木;小枝细长,横向生长;叶卵形,革质,亮绿色;花淡黄色	喜光也耐阴,耐高温、耐旱超强,耐修剪	病虫害较少

序号	植物名称	科属	形态特征	生长习性	病虫害
25	二月兰	十字花科 诸葛菜属	一、二年生草本;叶长圆形,有的羽状深裂;花期2月~5月,紫色	耐寒性强,喜光,耐阴,有自播能力	霜霉病、蚜虫、蜗牛、潜叶蝇等
26	大吴风草	菊科 吴风草属	多年生草本;叶基生莲座状,肾形;秋冬季开花,花黄色	喜半阴和湿润环境,耐寒,怕阳光直射	病虫害较少
27	地被石竹	石竹科 石竹属	常绿草本;茎匍匐状;三季有花,花色有深红、深粉、白、复色等	喜光、耐寒、耐旱、耐瘠薄	枯萎病、锈病、蚜虫、地老虎等
28	金叶过路黄	报春花科 珍珠菜属	多年生常绿蔓性草本;茎匍匐生长;叶圆形,早春到秋天金黄色	喜光也耐阴,耐旱、耐湿、耐寒	小地老虎和蜗牛
29	地肤	藜科 地肤属	一年生草本;茎直立圆柱状,叶为披针形	喜温、喜光、耐干旱,不耐寒	蚜虫
30	铺地柏	柏科 圆柏属	常绿匍匐灌木;枝干贴近地面,叶均为刺形	阳性树,稍耐阴,耐寒、耐瘠薄	锈病和红蜘蛛
31	粉黛乱子草	禾本科 乱子草属	多年生暖季型草本;叶片顶生云雾状粉色花絮,花期9月~11月	喜光照,耐半阴,耐水湿,耐干旱	病虫害较少

五、竹类及水生植物

竹子为高大、生长迅速的禾本科植物,竹叶形状呈狭披针形,平行脉,四季常青。竹子多生长在我国南方,大都喜温暖湿润的气候,适宜生长在深厚肥沃、富含有机质和矿物元素的偏酸性土壤中,春天出笋,开花少见。竹子品种繁多,大约有1000种,分为丛生型、散生型和混生型三大类,当然还有许多其他分类方法。竹子多采用分株、埋枝、移鞭、播种法繁殖。其挖掘和移栽方法与乔灌木有点区别,要在实践中注意观察和学习。

水生花卉泛指生长于水中或沼泽地的观赏植物,对水分的要求和依赖远远大于其他各类植物,因此也具有其独特的习性。水生植物突出特点是具有很发达的通气组织,莲是最典型的例子,它的叶柄和根状茎(藕)中有很多孔眼,这就是通气道。由于水生植物具有通气组织,所以不怕土壤含水多。

水生植物分为沉水植物、浮水植物、挺水植物三大类。水生植物一般采用播种法和分株繁殖法。栽植水生植物的容器有水缸、布袋、砌筑池。

园林绿化中常见竹类及水生植物见表2-9。

表 2-9 常见竹类及水生植物

序号	植物名称	科属	形态特征	生长习性	病虫害
1	毛竹	禾本科刚竹属	地下茎为单轴散生,秆高达 20m,粗可达 20cm;叶片较小较薄,披针形,花枝穗状	喜温暖湿润环境,适宜生长在肥沃、湿润、排水和透气性良好的酸性砂质土或砂质壤土	竹枯梢病、黄脊竹蝗、竹镂舟蛾等
2	紫竹	禾本科刚竹属	秆高 4～8m;秆径可达 5cm;秆紫黑色	喜温暖湿润气候,喜光也耐阴,耐寒,怕积水	丛枝病、秆茎腐病、夜蛾等
3	淡竹	禾本科刚竹属	秆高 5～12m,秆直径 2～5cm,节间长 40cm,叶舌紫色	耐寒、耐旱、耐阴,喜温暖湿润环境	锈病和丛枝病
4	早园竹	禾本科刚竹属	秆高 6～8m,粗秆秆径 2.5～5cm;叶舌强烈隆起,节紫褐色	喜温暖湿润气候,耐旱力和抗寒性强	丛枝病、竹秆锈病、蚜虫、竹螟、竹小蜂、金针虫
5	凤尾竹	禾本科簕竹属	丛生竹,株型矮小;叶细小,似羽状	喜光,喜温暖湿润气候,耐寒性较差	叶枯病、锈病、介壳虫、蚜虫
6	孝顺竹	禾本科刺竹属	丛生竹,秆高 2～7m,秆径 1～3cm;叶表面深绿色,叶背粉白色	适生于温暖湿润、背风、土壤深厚的环境中	枯梢病、竹秆锈病、蚜虫、竹象
7	箬竹	禾本科箬竹属	灌木状竹子,生长低矮;叶长圆状披针形,叶缘有细锯齿	喜光,喜温暖湿润气候,耐寒性较差	丛枝病、竹秆锈病、红蜘蛛、蚜虫
8	荷花	睡莲科莲属	多年生挺水植物;根茎肥大多节;叶较大,盾状圆形;花出水面,花期 6 月～9 月	喜光,不耐阴,适于生长在相对稳定的浅水池塘	黑斑病、腐烂病、蚜虫、斜纹夜蛾等
9	睡莲	睡莲科	多年生浮水花卉;根状茎;叶浮水面,圆形;花浮水;花期 5 月～9 月	喜光,适宜水深不超过 80cm;冬季休眠枯萎,春季重新萌发新叶	黑斑病、褐斑病、螟蛾等
10	水生鸢尾	鸢尾科鸢尾属	常绿水生草本;叶基生细长、厚革质;花茎高出叶丛,花期 5 月份	喜光,能生长在 20cm 深的浅水中,适应冷凉性气候,不耐高温	细菌腐烂病和蚜虫
11	花菖蒲	鸢尾科鸢尾属	多年生宿根挺水型花卉;叶基生线形,叶中脉凸起;花期 6 月～7 月,果期 8 月～9 月	喜温暖湿润环境,喜光,耐寒	叶斑病、锈病、卷叶蛾、蚜虫等
12	水菖蒲	天南星科菖蒲属	多年生挺水型植物,有香气;叶剑状线形;花期 6 月～9 月,浆果红色	喜水湿,适宜 20～25℃ 生长环境,常生于浅水处	病虫害较少
13	黄菖蒲	鸢尾科鸢尾属	多年生湿生草本;叶子长剑形,中肋明显;花黄色,花期 5 月～6 月	喜光,也较耐阴,喜温凉气候,耐寒性强	白绢病、叶枯病、根腐病、花叶病和线虫

序号	植物名称	科属	形态特征	生长习性	病虫害
14	香蒲	香蒲科香蒲属	多年生水生草本;叶片条形,横切面半圆形;花果期5月~8月	喜高温高湿环境,生长适宜温度15~30℃,适宜水深20~60cm	蚜虫
15	再力花	竹芋科竹芋属	多年生挺水草本;叶片长椭圆形,又长又大,叶柄较长	喜温暖和阳光充足环境,耐半阴,不耐寒冷和干旱	叶斑病、介壳虫和粉虱
16	水葱	莎草科水葱属	多年生宿根挺水草本;茎秆高大通直,像大葱;叶片线形,花果期6月~9月	最佳生长温度15~30℃,10℃以下停止生长,能耐低温	紫斑病、葱锈病、葱蓟马
17	风车草(旱伞草)	莎草科莎草属	多年生常绿湿生草本;总苞片叶状,呈螺旋状排列在茎秆的顶部,向四面开展如伞状	喜温暖湿润和半阴条件,不耐寒,生长适宜温度为20~25℃	叶枯病和红蜘蛛
18	千屈菜	千屈菜科千屈菜属	多年生草本;多分枝,叶披针形;花紫色,花期7月~8月	喜光,喜温暖,喜水湿,比较耐寒,在浅水区生长良好	红蜘蛛
19	红蓼	蓼科蓼属	一年生湿生性草本;茎粗壮直立,高1~2m;叶片宽卵形,密生短柔毛;穗状花序,花淡红色,花期6月~9月	喜光照和温暖湿润环境,喜水又耐干旱,也能耐瘠薄	病虫害少见
20	狼尾草	禾本科狼尾草属	多年生湿生性草本;秆直立,丛生;叶片线形,长30~120cm;圆锥花序直立,花紫色	喜寒冷湿润气候,耐旱,耐贫瘠土壤,常生长在沼泽地	病虫害少见
21	水生美人蕉	美人蕉科美人蕉属	多年生大型草本;叶片长披针形,蓝绿色;总状花序顶生,花较大,呈黄色、红色,花期4月~10月	喜光,怕强风,适宜于潮湿及浅水处生长;生长适宜温度15~28℃,低于10℃不利于生长,冬季休眠	水生美人蕉抗性强,没有重大的病虫危害

六、园林花卉

园林花卉主要指以观花、观叶、观果为主的植物,有常绿的,有落叶的;有草本的,也有木本的。园林小型花卉多用于花坛、花境、盆栽、插花等多种观赏形式。

这里主要介绍的是一、二年生花卉,多年生草本花卉,木本花卉及温室花卉。

1. 一、二年生花卉

一年生花卉指当年播种,当年开花结果后死亡,生命周期在一年的花卉。一年生花卉以草本为主，通常春播、夏秋开花，代表花卉有一串红、百日菊、鸡冠花、凤仙花、太阳花等。

二年生花卉指当年播种，次年开花结果后死亡，生命周期不超过两年的花卉。二年生花卉以草本为主，通常秋播、春天开花，代表植物有雏菊、三色堇、虞美人、金盏菊等。

一、二年生花卉以露地栽培观赏为主，也是布置花坛的主要植物材料。一、二年草花可以在露天种植区直接播种生长，但不易管理，而且等待开花时间较长，此法不适用于花坛。

为了保证花坛四季有花，人们通常先在苗圃播种，等到草花生长到具有观赏价值的时候再移栽到花坛。花坛需要的各种草花都由苗圃提供，可以满足花坛四季有花的需要。

园林绿化中常见一、二年生花卉见表2-10。

表2-10　常见一、二年生花卉

序号	花卉名称	科属	形态特征	生长习性
1	金盏菊	菊科金盏菊属	一年生或二年生草花；叶椭圆形；头状花序单生茎顶，舌状和筒状花为黄色或褐色，花期12月～次年6月	喜光，喜温和凉爽气候，怕热、耐寒；秋播
2	万寿菊	菊科万寿菊属	一年生草本；叶羽状分裂；头状花序单生，黄色，花期7月～9月	喜阳光充足环境，耐寒、耐干旱；春播，夏秋开花
3	孔雀草	菊科万寿菊属	一年生草花；叶羽状分裂；头状花序顶生，花有红褐和黄褐色	喜温暖、阳光充足的环境；春播，夏秋开花
4	翠菊	菊科翠菊属	一年生草花；叶子卵形；头状花序，花多色，花果期5月～10月	喜光，喜温暖湿润环境，不耐寒、不耐热；春夏和秋播均可
5	波斯菊（格桑花）	菊科秋英属	一年生或多年生草本；叶二次羽状深裂；头状花序，花多色，花期6月～8月	喜光，忌炎热，忌积水，不耐寒；春播，有自播能力
6	金光菊	菊科金光菊属	多年生草本；叶羽状5～7深裂；头状花序，夏、秋开花	喜光，耐寒，耐旱，春秋均可播种
7	雏菊	菊科雏菊属	一、二年生草花；叶基生，匙形；头状花序单生，花呈红、粉红、白、玫瑰色，早春开花	喜冷凉气候，忌炎热；喜光，又耐半阴；秋天播种，春天开花
8	天人菊	菊科天人菊属	一年生草本植物；全株被柔毛，叶披针形或匙形；头状花序，夏秋开花	喜高温干燥和阳光环境，耐寒性差；夏秋可播种
9	白晶菊	菊科白晶菊属	二年生草本；叶羽状裂；头状花序，黄白色，春天开花	喜阳光和凉爽环境，耐寒不耐高温，秋播
10	百日菊	菊科百日菊属	一年生草本；叶宽卵圆形，基出三脉；头状花序，多色，夏秋开花	喜阳光和温暖环境，不耐寒、怕酷暑，耐干旱、忌连作；春播
11	一串红	唇形科鼠尾草属	一年生草花；叶卵圆形，叶缘有锯齿；顶生总状花序成串，花红色。夏秋季开花	喜阳光和温暖环境，耐半阴，不耐寒；春播

序号	花卉名称	科属	形态特征	生长习性
12	鸡冠花	苋科青葙属	一年生草本植物;叶长卵形;肉穗状花序顶生,呈鸡冠状;已有很多品种和颜色	喜光,喜温暖干燥气候,怕干旱,不耐涝,不耐霜冻;春季播种,夏秋开放至霜降
13	雁来红	苋科苋属	一年生草本;叶互生,菱状卵形,秋季变红色、黄色	喜湿润,喜光,耐干旱,不耐寒;春季播种,观叶
14	千日红	苋科千日红属	一年生草本;叶长椭圆形;头状花序,常紫红色	喜光,耐干热、耐旱,不耐寒;春播,花期7月~10月
15	三色堇	堇菜科堇菜属	一、二年生草花;叶片长卵形;花形像猫脸,通常有紫、白、黄三色,故名三色堇	喜凉爽和阳光,忌高温和积水,耐寒抗霜;秋季播种,冬春开花
16	虞美人	罂粟科罂粟属	一、二年生草花;叶片羽状深裂;花单生茎顶,花瓣4,杯状,红色;花期5月~8月	喜阳光,耐寒,怕暑热;生长发育温度5~25℃;春秋均可播种
17	花菱草	罂粟科花菱草属	一、二年生草花;叶片羽状细裂;花单生茎顶,花瓣4,杯状,黄色,花期4月~8月	喜冷凉干燥气候,耐寒,不耐湿热;秋播
19	福禄考	花葱科福禄考属	一年生草本;叶宽卵形,叶面有柔毛;圆锥花序顶生,花冠高脚碟状,呈淡红、深红、紫、白、淡黄等色	喜温暖,稍耐寒,忌酷暑,不耐旱,忌涝;南方秋播,北方春播,花期5月~10月
19	矮牵牛	茄科矮牵牛属	一、二年生草本;叶质柔软,卵形;花单生,漏斗状,花色多	喜温暖和阳光,耐寒,春秋均可播种。花期4月至霜降
20	太阳花	马齿苋科马齿苋属	一年生肉质草本;茎匍匐,叶圆柱形;花瓣5或重瓣,花色多	喜欢温暖和阳光,耐瘠薄;播种和扦插繁殖,花期5月~9月
21	石竹	石竹科石竹属	一、二年生草花;茎节膨大,叶线状披针形;花萼圆筒形,花瓣多色	喜光,耐寒,耐旱,不耐酷暑,怕涝;秋播,花期4月~5月
22	矮雪轮	石竹科蝇子草属	二年生草本;全株具白色柔毛,叶卵状披针形;花多色,花期5月~6月	喜光,喜肥,耐寒;早春及秋、冬季均可播种
23	高雪轮	石竹科蝇子草属	一年生草本;叶披针形;花瓣粉红色,5月~6月开花	喜温暖和光照,耐寒耐旱;春季和秋季均可播种
24	羽衣甘蓝	十字花科芸薹属	一、二年生观叶植物;外形像包菜,叶子多色	喜光,喜冷凉气候,极耐寒;秋播,冬季观叶
26	红甜菜	苋科甜菜属	二年生草本植物;叶丛生,长菱形,暗紫红色	喜光,也能耐阴;喜肥沃土壤;秋播,冬季观叶
26	锦葵	锦葵科锦葵属	二年生草本;叶圆形或肾形,具5~7圆齿状裂片;花紫红色或白色,花期5月~10月	喜光,耐寒,耐干旱,不择土壤,生长势强

2. 多年生草本花卉及木本花卉

多年生草本花卉是指个体寿命超过两年的,能多次开花结实的花卉,且茎没有木质化,比较柔软。根据地下部分形态变化,多年生草本花卉又分宿根花卉和球根花卉两大类,其中球根花卉又分为鳞茎类、球茎类、根茎类、块茎类、块根类,它们特点见表2-11。

表 2-11 多年生草本花卉的分类及特点

多年生草本花卉（茎未木质化）	宿根花卉		地下根外形无变化，当年休眠后，在次年春天仍然能继续生长开花
	球根花卉	鳞茎类	地下茎呈鱼鳞片状，如水仙、郁金香、朱顶红、百合等
		球茎类	地下茎呈球形或扁球形，有革质外皮，如唐菖蒲、香雪兰、风信子等
		根茎类	地下茎肥大呈根状，有明显的节，如美人蕉、荷花、睡莲
		块茎类	地下茎呈不规则的块状或条状，如马蹄莲、仙客来、大岩桐等
		块根类	地下主根肥大呈块状，根系从块根的末端生出，如大丽花

　　木本花卉茎的木质部发达，支持力较强，主侧枝也明显，生命周期比多年生草本长很多。木本花卉主要包括乔木、灌木、藤本三种类型，个体有大有小，这里只介绍以观花为主的小型矮生木本花卉。

　　常见多年生草本花卉及木本花卉见表 2-12。

表 2-12 常见多年生草本花卉及木本花卉

序号	草花名称	科属	形态特征	生长习性	病虫害
1	金鸡菊	菊科 金鸡菊属	多年生宿根草本；叶片全缘或浅裂；花常单生，黄色为主，夏秋开花	喜光，耐寒耐旱；春播，有自播繁衍能力	褐斑病、地老虎
2	菊花	菊科 菊属	多年生宿根草本；叶卵形，羽状浅裂；头状花序，花色多，品种也多	喜凉爽、较耐寒，耐旱怕涝；为短日照植物，秋天开花	蚜虫、夜蛾、红蜘蛛等
3	大丽花	菊科 大丽花属	多年生宿根草本；地下有棒状块根；叶羽状全裂，头状花序大，常下垂	喜阳光、喜湿润凉爽气候；扦插繁殖为主	白粉病、褐斑病、灰霉病、蚜虫、红蜘蛛、螟蛾等
4	玛格丽特（木春菊）	菊科 木茼蒿属	多年生草本；有茼蒿菜香味；叶羽状细裂；花多色，春秋开花	喜温暖湿润气候，不耐寒；分株繁殖	病虫害较少
5	彩叶草	唇形科 鞘蕊花属	多年生草本；全株有毛，茎紫色，四棱形；叶卵圆形，膜质，鲜艳多色	喜光，但夏天忌强光直射；喜温凉，冬季越冬不低于 10℃	主要有蚜虫
6	绵毛水苏	唇形科 水苏属	多年生草本；茎直立四棱形，全株被白色长绵毛；叶片长椭圆形，绿白色	喜光，耐寒、抗旱；播种或分株繁殖	镰刀菌病和金针虫
7	蓝花鼠尾草	唇形科 鼠尾草属	多年生草本；叶长椭圆形；总状花序，蓝紫色，花期 5 月～10 月	喜阳光和温暖湿润环境，耐寒性强；春秋夏播种	叶斑病、蚜虫、粉虱等

　　物业园林绿化养护管理从入门到精通

序号	草花名称	科属	形态特征	生长习性	病虫害
8	新几内亚凤仙花	凤仙花科凤仙花属	多年生常绿草本;叶披针形;叶面有各种色彩;春秋冬三季可以开花	喜温暖湿润环境,不耐寒,怕霜冻。扦插繁殖较多	茎腐病、蚜虫、红蜘蛛
9	何氏凤仙	凤仙花科凤仙花属	多年生常绿草本;叶片卵状披针形,锯齿明显;花多色,可全年开花	喜冬季温暖、夏季凉爽环境,喜半阴;扦插繁殖为主	白粉病和红蜘蛛
10	桔梗	桔梗科桔梗属	多年生宿根草本;茎有乳汁;花通常蓝色	喜光,喜湿润,不耐阴;春秋播均可	轮纹病、白粉病、炭疽病
11	长春花	夹竹桃科长春花属	多年生花卉;叶倒卵状长圆形;花冠红白色,夏秋开花	喜高温高湿,喜光,耐半阴,不耐严寒;播种和扦插繁殖	红蜘蛛、蚜虫、茶蛾等
12	月见草	柳叶菜科月见草属	多年生草本;叶披针形;花期7月~9月,晚上开花	喜光,耐寒,耐旱;春秋播均可	腐烂病、斑枯病和金龟子等
13	金鱼草	玄参科金鱼草属	多年生花卉;叶片长圆状披针形;总状花序;花形像金鱼,花色有多种,夏秋开花	喜阳光,也能耐半阴;性较耐寒,不耐酷暑;春秋季播种均可	锈病、叶枯病、灰霉病、蚜虫、红蜘蛛、白粉虱、蓟马等
14	飞燕草	毛茛科飞燕草属	多年生草本;叶片掌状细裂;花像燕子,花瓣蓝色或紫蓝色	喜光,稍能耐阴,也能耐旱和耐水湿。秋季播种	黑斑病、白粉病
15	四季海棠	秋海棠科秋海棠属	多年生草本;茎肉质,叶卵形,绿色或带淡红色;花多为淡红色,四季开放	喜温暖湿润和阳光充足环境,也能耐半阴;生长适温18~20℃,越冬温度5℃以上	叶斑病、白粉病、蓟马、粉蚧、卷叶蛾等
16	芍药	毛茛科芍药属	多年生宿根草本;羽状复叶;花期5月~6月,花色较多	喜光照,耐旱,耐寒;分株、扦插、播种繁殖	灰霉病、褐斑病、锈病、蚜虫、介壳虫等
17	花毛茛	毛茛科毛茛属	多年生宿根草本;肉质根;羽状复叶;花期4月~5月	喜凉爽及半阴环境,分株和播种繁殖	白绢病、青霉病、根腐病、蚜虫、白粉虱
18	蜀葵	锦葵科蜀葵属	多年生草本;叶近圆心形,掌状5~7裂;花期6月~8月	喜阳光,耐半阴,播种、扦插繁殖	锈病、红蜘蛛、螟蛾
19	美女樱	马鞭草科马鞭草属	多年生草本;茎匍匐状;叶披针状三角形,边缘有锯齿;花冠漏斗状,花期5月~11月	喜光,较耐寒,不耐阴,不耐旱,春季播种	病虫害较少

序号	草花名称	科属	形态特征	生长习性	病虫害
20	细叶萼距花	千屈菜科萼距花属	常绿小灌木,植株矮小,分枝特别多而细密;对生叶小,线状披针形,翠绿;花小而多,有紫色、淡紫色、白色;花期主要为春、夏、秋,四季开花不断	耐热,喜高温,不耐寒;喜光,也能耐半阴,在全日照、半日照条件下均能正常生长;喜排水良好的砂质土壤	病虫害较少
21	马鞭草	马鞭草科马鞭草属	多年生草本;叶为倒卵形,常深裂;穗状花序似马鞭状,夏秋开紫色花	喜光,喜温暖气候,耐旱,不耐寒	雨季容易发生根腐病
22	美人蕉	美人蕉科美人蕉属	多年生球根草本;根茎肥大肉质;叶宽大,长椭圆状披针形;花黄色、红色为主,花期6月~10月	喜温暖和阳光,不耐寒,稍耐水湿,分株繁殖	花叶病、芽腐病、卷叶虫、地老虎等
23	芭蕉	芭蕉科芭蕉属	多年生草本植物;叶片长椭圆形,很大;夏天开花,花序顶生,苞片紫色	喜光,喜温暖湿润气候,耐寒力弱,过冬须4℃以上	叶斑病、枯萎病、线虫、象甲、介壳虫、蓟马等
24	月季花	蔷薇科蔷薇属	半常绿低矮灌木;茎有刺;羽状复叶,小叶宽卵形;四季开花,花色丰富,花期4月~10月	喜光,喜温暖,较耐寒,冬季休眠	黑斑病、白粉病、蚜虫、叶蜂、卷叶蛾、刺蛾、红蜘蛛
25	丰花月季	蔷薇科蔷薇属	丛生落叶灌木;茎有刺,羽状复叶;花色丰富,春天至秋天开花	耐寒,耐高温,抗旱,抗涝	黑斑病、白粉病、蚜虫、叶蜂、刺蛾、红蜘蛛
26	牡丹	毛茛科芍药属	多年生落叶灌木;羽状复叶,小叶2~3裂;花大多色,花期4月~5月	喜凉怕热,宜燥惧湿,耐低温,喜阳但怕暴晒	叶斑病、茎腐病、黄叶病
27	茉莉花	木樨科素馨属	常绿小灌木;叶圆形或椭圆形;聚伞花序,白色,有香味,花期6月~10月	喜温暖湿润和半阴环境,不耐寒,不耐旱,喜微酸性肥沃土壤	叶斑病、煤污病、炭疽病、白绢病、卷叶蛾、红蜘蛛
28	杜鹃花	杜鹃花科杜鹃花属	落叶灌木;分枝一般多而纤细,叶常集生枝端,卵形;品种多,花色多,花期4月~5月,果期6月~8月	喜凉爽、湿润、通风的半阴环境;怕热怕寒,适温为12~25℃;冬季保暖防寒	褐斑病、根腐病、黄化病、网蝽、红蜘蛛等

3. 温室花卉

温室花卉是指从众多的花卉中选择出来的,具有很高的观赏价值,比较耐阴而喜温暖湿润环境,适宜在室内环境中较长期摆放的一些花卉。室内花卉一般分为观根类、观茎类、观果类、观花类和室内观叶植物。园林绿化常见的温室花卉见表2-13。

表 2-13　园林绿化常见温室花卉

序号	草花名称	科属	形态特征	生长习性	病虫害
1	文竹	百合科天门冬属	多年生常绿藤本植物;茎柔软丛生,细长;叶退化成鳞片状;花白色,花期9月~10月,观叶为主	喜温暖湿润和半阴环境,不耐寒,不耐干旱,忌阳光直射;生长适温15~25℃	主要有红蜘蛛
2	吊兰	百合科吊兰属	多年生常绿草本;叶丛生,线形,绿色或镶有金边;花茎从叶丛中抽出,花白色,花期5月	喜温暖湿润和半阴环境,较耐旱,不耐寒;生长适温15~25℃,越冬为5℃	介壳虫、蚜虫、螨虫、粉虱、根腐病等
3	一叶兰	百合科蜘蛛抱蛋属	多年生常绿宿根草本;叶自根部抽出,披针形且较大,叶柄较长且粗壮,观叶为主	喜温暖湿润和半阴环境,耐寒;生长适温为15~25℃,越冬温度为5℃以上	主要是叶斑病
4	也门铁	百合科龙血树属	常绿植物;叶片大,中央有一金黄色宽条纹,两边绿色,叶缘微波状	喜光,也耐阴;适于高温高湿的环境,冬天不得低于5℃	炭疽病
5	滴水观音	天南星科海芋属	多年生常绿草本;叶尖会滴水,花像观音像;叶盾状箭形,较大;枝叶有毒	喜温暖潮湿环境,耐阴,生长温度为20~30℃,冬春开花	枯萎病、叶斑病、炭疽病、红蜘蛛等
6	香龙血树(巴西木)	百合科龙血树属	常绿灌木;叶簇生于枝顶,长椭圆状披针形,有不同颜色条纹	喜高温多湿气候,稍遮阴;耐旱不耐涝,不耐寒	叶斑病、炭疽病
7	马蹄莲	天南星科马蹄莲属	多年生草本;肉质块茎;叶具长柄,卵状箭形;佛焰苞呈马蹄形,白色,花期3月~8月	喜温暖湿润气候,不耐寒,不耐高温;生长适温为20℃左右,低于0℃容易冻死	软腐病、叶霉病
8	白掌	天南星科白鹤芋属	多年生草本;叶长椭圆状披针形,叶脉明显;肉穗花序圆柱状,佛焰苞白色,像船帆,花期5月~8月	喜温暖湿润和半阴环境,忌强光直射,不耐寒;生长适温为20~28℃,越冬温度为10℃以上	叶斑病、褐斑病、炭疽病、红蜘蛛、介壳虫

序号	草花名称	科属	形态特征	生长习性	病虫害
9	合果芋	天南星科合果芋属	多年生常绿草本;茎有气生根,叶片呈箭形或戟形;佛焰苞浅绿或黄色	喜高温多湿和半阴环境,不耐寒,怕干旱和强光	叶斑病、灰霉病、粉虱和蓟马
10	雪铁芋(金钱树)	天南星科雪铁芋属	多年生常绿草本;有地下块茎,羽状复叶,叶柄基部膨大,小叶厚、肉质,佛焰花苞绿色,肉穗花序	喜温暖湿润环境,适宜20～32℃生长;耐旱,怕寒、怕积水,萌芽力强	褐斑病、白绢病、介壳虫,容易因为土壤含水量高烂根
11	龟背竹	天南星科龟背竹属	多年生常绿草本;茎绿色粗壮,似竹且有气生根;叶大圆形、厚革质,如龟甲状深裂;观叶	喜温暖湿润环境,不耐寒,生长适温20～25℃,怕强光暴晒和干燥	叶斑病、灰斑病、茎枯病、介壳虫
12	喜林芋(绿宝石)	天南星科喜林芋属	多年生常绿藤本;茎粗壮,有气生根,叶片呈长心形且较大,叶绿色且有光泽;观叶为主	喜温暖潮湿的环境,耐阴性强,不耐寒,生长适温为20～30℃	红蜘蛛和蓟马
13	仙羽蔓绿绒(春羽)	天南星科喜林芋属	多年生常绿草本;茎有很多气生根,叶片羽状深裂似手掌状,观叶为主	喜高温多湿环境,耐阴暗,不耐寒,冬季温度不低于5℃	叶斑病、炭疽病、红蜘蛛、介壳虫
14	绿萝	天南星科绿萝属	常绿藤本;茎攀缘、缠绕性强;叶片宽卵形,翠绿色,常有纯黄色斑块	喜湿热环境,喜阴,耐湿;越冬温度不应低于15℃	炭疽病、叶斑病和根腐病
15	花烛(红掌)	天南星科花烛属	多年生常绿草本;叶心形,革质;佛焰苞蜡质、卵圆形,有红色、橙红色、白色,肉穗花序圆柱状,花期2月～7月	喜暖畏寒,喜湿怕旱,喜阴忌晒;适宜生长温度为20～32℃,可忍耐低温为14℃	叶斑病、根腐病、线虫、红蜘蛛、蚜虫、白粉虱、介壳虫等
16	广东万年青	天南星科广东万年青属	多年生常绿草本;叶基部丛生,叶片卵状披针形;佛焰苞白色,肉穗花序,花期4月～5月;浆果红色	喜温暖湿润环境,耐阴,不耐寒;越冬不低于12℃,生长温度为25～30℃	叶斑病、炭疽病、介壳虫、褐软蚧等危害
17	黛粉芋	天南星科黛粉芋属	多年生常绿草本;叶长椭圆形,叶面有各种乳白色或乳黄色斑纹或斑点;佛焰苞长圆披针形,肉穗花序;浆果橙黄色	喜温暖湿润和半阴环境,不耐寒,怕干旱;生长适温为25～30℃,冬季温度不低于10℃	叶斑病、褐斑病和炭疽病危害
18	孔雀竹芋	竹芋科肖竹芋属	多年生常绿草本;叶柄紫红色,叶面有斑纹,像孔雀尾羽毛,观叶为主	喜半阴,喜温暖湿润环境,冬季温度宜在16～18℃	粉虱、红蜘蛛、蚜虫、介壳虫等

序号	草花名称	科属	形态特征	生长习性	病虫害
19	水仙花	石蒜科 水仙花属	多年生草本;鳞茎球形;叶宽线形,扁平;伞状花序,花冠白、黄两色,早春开花	喜光、喜水,喜温暖湿润的环境;室内用花盆水养观赏	褐斑病、叶枯病、线虫病、青霉病等
20	朱顶红	石蒜科 朱顶红属	多年生草本;球形鳞茎,叶片带状;顶生漏斗状花朵像百合,花大、花多色,花期较长	喜温暖、湿润气候,生长适温为18～25℃,怕酷热,怕强烈阳光	线虫、红斑病
21	君子兰	石蒜科 君子兰属	多年生常绿草本;肉质根粗壮,叶剑形,排列整齐;聚伞花序,冬春开花,花黄色或橙黄色	既怕炎热又不耐寒,喜欢半阴而湿润的环境,怕强光,生长适宜温度18～22℃	白绢病、软腐病、炭疽病、介壳虫等
22	一品红	大戟科 大戟属	常绿灌木;茎叶含乳汁;聚伞花序,鲜红色总苞片呈叶片状,色泽艳丽,是观赏主要部位	喜温暖湿润和阳光充足环境,不耐寒,冬季室温不能低于5℃,以16～18℃为宜	茎腐病、灰霉病、叶斑病和白粉虱
23	兰花	兰科 兰属	多年生常绿草本;叶线形或剑形;花形独特,春天开花	喜阴,怕阳光直射,喜湿润,忌干燥,喜肥沃土壤	白绢病、炭疽病、根腐病、介壳虫
24	彩叶凤梨	凤梨科 凤梨属	多年生常绿草本;叶长条披针形,丛生抱成漏斗状;复穗状花序,花茎长,苞叶鲜红色,小花黄色	喜温暖湿润和阳光充足环境,不耐寒,较耐旱,生长适宜温度20～27℃	叶斑病、粉虱、介壳虫
25	鹤望兰	鹤望兰科 鹤望兰属	常绿宿根草本;茎不明显;叶长椭圆状卵形,叶柄细长;花的形状如仙鹤,秋冬开花	喜光,喜温暖湿润气候,怕寒冷;生长适温18～30℃,越冬温度不低于5℃	根腐病、灰霉病、红蜘蛛,介壳虫
26	鹅掌柴 (鸭脚木)	五加科 鹅掌柴属	常绿灌木;掌状复叶,小叶6～9枚,长卵圆形,革质且有光泽;圆锥花序,小花淡红色	喜温暖湿润和半阴环境,怕积水;生长适温16～27℃,过冬温度不低于5℃	叶斑病、炭疽病、红蜘蛛、蓟马
27	朱蕉	龙舌兰科 朱蕉属	常绿灌木;叶聚生茎顶,披针状椭圆形,绿色或带紫红色;观赏为主	喜高温多湿环境,不耐旱;适温20～25℃,冬季不能低于4℃	炭疽病、介壳虫
28	虎皮兰	龙舌兰科 虎皮兰属	多年生常绿草本;根状茎,叶基生革质,叶片剑形肥厚,叶面有虎纹斑	喜光又耐阴,喜温暖湿润环境,耐旱怕涝,过冬不低于10℃	炭疽病、矢尖蚧等
29	富贵竹	龙舌兰科 龙血树属	多年生常绿草本;茎秆粗壮直立,茎节似竹;叶长披针形,有明显主脉	喜阴湿高温环境,耐涝;适宜温度为20～28℃	炭疽病、叶斑病、天牛、叶螨、介壳虫等

序号	草花名称	科属	形态特征	生长习性	病虫害
30	灰莉（非洲茉莉）	马钱科灰莉属	常绿灌木；叶椭圆形至倒卵形；花冠白色，漏斗状，有芳香；花期5月	喜温暖湿润环境，喜光，不耐寒冷，生长适温为18～32℃	主要是炭疽病
31	印度榕（橡皮树）	桑科榕属	常绿植物；有气生根；叶片长椭圆形，厚革质，亮绿色，幼嫩叶为红色	喜高温湿润、阳光充足的环境，也能耐阴，但不耐寒	炭疽病、叶斑病、灰霉病、蓟马、介壳虫
32	叶子花（三角梅）	紫茉莉科叶子花属	常绿灌木；枝具刺，拱形下垂；叶卵形；花很小，聚生于三片红苞片中，花期10月至翌年6月初	喜光，喜温暖湿润气候，不耐寒，耐高温；3℃以上可安全越冬，15℃以上可开花	叶斑病、刺蛾、介壳虫
33	朱槿（扶桑）	锦葵科木槿属	常绿灌木；叶阔卵形，具粗齿或缺刻；花冠漏斗形，花期全年，夏秋最盛	喜温暖湿润气候，不耐寒，适宜于10～15℃生长，冬温不低于5℃	叶斑病、煤污病、蚜虫、红蜘蛛、刺蛾等
34	兰屿肉桂（平安树）	樟科樟属	常绿乔木；枝叶有香气，叶片卵形，厚革质，离基三出脉明显；花少见	喜温暖湿润环境，喜光又耐阴，不耐干旱和严寒，生长适温20～30℃	炭疽病、褐斑病、卷叶虫、蚜虫等
35	金柑	芸香科柑橘属	常绿灌木；叶片矩圆形，叶柄有狭翅；花白色，球果金黄色，有香味	喜阳光和温暖湿润环境，不耐寒，稍耐阴，耐旱；夏开花，秋果熟	溃疡病、炭疽病、柑橘凤蝶
36	米仔兰	楝树科米仔兰属	常绿灌木；羽状复叶，轴叶有狭翅，小叶倒卵形；圆锥花序，花金黄色，香气浓，夏秋开花最盛	喜光又耐阴，喜温暖湿润的气候，怕寒冷，适宜气温16～25℃	茎腐病、炭疽病、煤污病、蚜虫、卷叶蛾、介壳虫、红蜘蛛
37	白兰	木兰科含笑属	常绿乔木；叶长椭圆形；花白色或淡黄色，香味浓郁，花期4月～9月	喜光照，怕高温，不耐寒，喜温暖湿润环境，不耐旱和水涝	炭疽病、黄化病、介壳虫、红蜘蛛
38	红豆杉	红豆杉科红豆杉属	常绿乔木；叶条形排列；种子生于杯状红色肉质的假种皮中，呈卵圆形	喜阴，耐旱、耐寒、耐修剪；喜凉爽湿润气候，但怕涝	主要是茎腐病
39	菜豆树（幸福树）	紫葳科菜豆树属	常绿小乔木；羽状复叶，叶轴长约30cm，小叶卵状披针形，亮丽	喜高温多湿、阳光足的环境，畏寒冷、宜湿润	叶斑病、红蜘蛛、介壳虫、蚜虫等
40	马拉巴栗（发财树）	木棉科瓜栗属	常绿小乔木；枝条轮生；掌状复叶，叶柄长11～15cm，小叶5～7枚，长圆形至倒卵状长圆形	喜光，喜温暖湿润环境，耐旱，怕积水；适温20～30℃，冬季不可低于5℃	根腐病、叶枯病
41	朱砂根（富贵子）	紫金牛科紫金牛属	常绿小灌木；夏日开花结果；球果鲜红色，环绕于枝头；红果期达9个月，包括元旦、春节	喜阴凉、湿润环境，喜薄肥勤施，耐高温；春季应适当增加光照和空气湿度	根结线虫、茎腐病、根腐病、蚜虫、斜纹夜蛾等

序号	草花名称	科属	形态特征	生长习性	病虫害
42	瑞香	瑞香科瑞香属	常绿灌木；小枝紫红色，叶长圆形，叶柄粗壮；花团锦簇，有香味，花期3月~5月，果实红色	喜温暖的环境，喜阴，畏寒冷，过冬室温不低于8℃；喜疏松肥沃、排水良好的酸性土壤	偶有蚜虫、红蜘蛛为害
43	吊竹梅	鸭跖草科紫露草属	常绿宿根草本；茎匍匐地面呈蔓性生长；叶片似竹，椭圆形，背面紫色；花瓣裂片3，玫瑰紫色	喜半阴，喜水湿，不耐旱；生长适温10~25℃，越冬温度不能低于10℃	病虫害较少
44	棕竹	棕榈科棕竹属	常绿丛生灌木；茎直立，有节；叶集生茎顶，掌状深裂，裂片4~10片	喜温暖湿润及半阴环境；适宜温度10~30℃，越冬温度不低于5℃	主要有腐芽病
45	夏威夷椰子	棕榈科金棕属	常绿丛生灌木；茎秆直立、中空；叶羽状全裂，裂片披针形；肉穗花序	喜高温高湿环境，耐阴，耐寒；适温20~30℃，冬季温度不低于2℃	褐斑病和霜霉病
46	袖珍椰子	棕榈科袖珍椰子属	多年生常绿矮生小灌木；株高25~35cm，叶片羽状全裂，裂片披针形，肉穗花序，花黄色	喜温暖湿润和半阴环境；生长适宜温度20~30℃，越冬最低气温为3℃	褐斑病、炭疽病、介壳虫
47	金琥	仙人掌科金琥属	多年生多浆植物；茎圆球形，肉质，球顶密被金黄色绵毛，密生硬刺；花着生球顶，6月~10月开花	喜石灰质土壤，喜温暖干燥，喜阳，畏寒、忌湿；生长适宜温度为15~25℃	红蜘蛛、介壳虫、粉虱等
48	蟹爪兰	仙人掌科蟹爪兰属	多年生肉质草木；叶状茎扁平多节，肥厚，卵圆形，鲜绿色；花被开张反卷，色彩丰富，冬季开花	喜欢半阴湿润环境，冬季要求温暖和光照充足，适温18~23℃，冬季温度不低于10℃	炭疽病、腐烂病、叶枯病等
49	雪莲	景天科拟石莲花属	多年生草本；叶片呈倒卵形，宽大肥厚，灰绿色的叶片被浅蓝色或白色霜粉覆盖，阳光下会呈现出浅粉色或粉紫色	属于多肉植物，适合炎热干燥环境，夏季会休眠；盆栽选择排水良好的营养土；适宜温度15~30℃	介壳虫、根结线虫、锈病、叶斑病
50	豆瓣绿	胡椒科草胡椒属	多年生肉质草本；茎匍匐，多分枝；叶密集，3~4片轮生，叶片肉质，近圆形；花期为春秋两季	喜温暖湿润的半阴环境；生长适温25℃左右，最低10℃，不耐高温，忌阳光直射	注意防治介壳虫
51	鸟巢蕨	铁角蕨科巢蕨属	常绿多年生阴生植物；根状茎直立、短粗；叶片阔披针形，许多叶子长在一起形成"鸟巢"模样	喜温暖、潮湿和较强散射光的半阴条件，生长最适温度为20~22℃	炭疽病和线虫

序号	草花名称	科属	形态特征	生长习性	病虫害
52	贯众	铁角蕨科贯众属	多年生草本植物;根状茎短而直立;叶片为披针形,二回羽状深裂	对温度适应性较强,对日照长短不敏感,喜阴湿生长环境	注意防治介壳虫
53	肾蕨	肾蕨科肾蕨属	常绿多年生阴生植物;根状茎直立,羽状复叶,叶片簇生,狭长,披针形;观叶为主	喜温暖潮湿环境,喜半阴,不耐寒;生长适温为16～25℃,冬季不低于10℃	有叶枯病、蚜虫、红蜘蛛危害植物
54	铁线蕨	铁线蕨科铁线蕨属	多年生常绿阴生植物;根状茎横走,茎细长且颜色如铁丝;叶片卵状三角形,羽状复叶	喜温暖湿润和半阴环境,耐寒,忌阳光直射,生长适温为13～22℃	叶枯病、介壳虫

第三章

苗木繁殖技术

　　苗木的繁殖分有性繁殖和无性繁殖两类。苗木有性繁殖通常是指两性生殖细胞相结合，通过植物的授粉受精过程而结成种子来繁殖后代。苗木无性繁殖指不经过两性生殖细胞结合，由母体器官、组织直接发育成新个体的方式，例如利用枝条、叶片和芽等材料进行繁殖新个体，常见方法有扦插、分株、压条、嫁接。

　　有性繁殖常通过播种来繁殖后代。种子繁殖的优点是繁殖量大、苗木生长旺盛、具抗逆性，缺点是容易退化、开花结果迟。无性繁殖苗木能保持母体的优良性状，可以提早开花结实，缺点是根系不发达，生长势减弱，繁殖操作难度大。

第一节
种子繁殖

一、采种

种子采集应选择具有优良性状的健壮植物，采种适龄常绿乔木多在 30～60 年，落叶乔木至少 10 年，花灌木也要 5 年以上。采种时应鉴定种子是否成熟，从外表看，一般果实种皮坚实，种仁已干燥坚实，证明种子已充分成熟。

种子储藏是种子收获后至播种前的保存过程。种子储藏要求防止发热霉变和虫蛀，保持种子生活力、纯净度。根据种子的生理特点及贮藏的目的，种子储藏分为干藏法、湿藏法和流水藏法等。

二、播种前处理

播种前应选择纯净度高、粒大饱满、光泽度好的种子，还要做好发芽实验，看看发芽率多少。发芽率低的种子不宜播种，发芽慢的种子需要做浸种、锉伤、拌种、冻裂、沙藏、药物处理等。

1. 浸种

一般较易发芽的种子可不进行浸种直接播种，对种皮较厚的种子可在播种前进行浸种。浸种可分为冷水浸种和温水浸种。温水浸种水温度控制在 40℃ 左右，浸水时间一般 24 小时为宜，浸泡时间过长容易提前发芽且不利于播种。浸泡好的种子要晾干后再播种，播种地要事先整细整平，提前浇水保持土壤轻微湿润，不能在过分干燥的土壤中播种，种子容易很快失水。

2. 锉伤种皮

对于种壳坚硬、不透水和不透气的种子，可作锉伤种皮处理。锉伤种皮法常用于美人蕉、荷花、夹竹桃等的种子，方法是在播种前用小刀刻伤种皮或磨去种皮的一部分，再经温水浸泡 24 小时。

3. 草木灰拌种

凡外壳有油蜡的种子，都可用草木灰加水混合成糊拌种子，利用草木灰中的碱分帮助脱去油蜡，比如蜡梅和乌桕种子。

4. 冻裂

例如榆叶梅的种子在入冬封地前播种并浇透水，冬季土地结冻后，种子外壳破裂，第二年春天即可发芽。

5. 沙藏

如桂花、蔷薇类的种子，秋末采收后用湿沙拌好，埋在土里，盖上稻草，第二年开春后取出播种，则可迅速发芽。

6. 药物处理

对一些种皮坚硬的种子，也可进行药物处理，以改变其种皮透性，使其迅速发芽。通常用 2‰～3‰ 的盐酸浸种，浸到种皮柔软后取出种子，用清水漂洗干净即可。芍药、美人蕉等种子可采取此法。

三、播种方法

播种时间、播种量、播种方式是播种法中的要点。

1. 播种期选择

要根据植物种类、品种特性和当地自然气候确定适宜的播种期。

各种植物发芽所需的温度范围不同，最低限温度也各异。土温达到某一植物的发芽最低温度就可播种。春季过早播种，常因低温造成种子迟迟不发芽、不出苗而引起病菌侵染，降低发芽率或烂种。秋播植物过早播种，常因温度过高幼苗徒长，冬前生长过旺，易遭冻害；过迟播种，常因温度低造成发芽困难。

2. 播种量

适当的播种量是合理密植的前提，播种过密不利于幼苗生长，过稀降低生产效率。

3. 播种深度要求

播种过深，延迟出苗，幼苗瘦弱，根茎或胚轴伸长，根系不发达；播种过浅，表土易干，种子不能顺利发芽，造成缺苗断垄。一般干旱地区、砂土地、土壤水分不足的地块以及大粒种子播种宜深；黏质土壤、土壤水分充足的地块、小粒种子、子叶出土的双子叶作物，播种宜浅。播种后覆土厚度一般为种子短轴直径的两到三倍。

4. 播种方式

播种方式有撒播、条播、点播。

撒播适用于细小种子，即将种子均匀地撒于田地表面。根据作物的不同特性及当地具体条件，撒播后可覆土或不覆土。目前撒播大多用手工操作，种子不易分布均匀，覆土深浅不一，后期不便中耕除草。

条播即将种子成行地播入土层中，特点是播种深度较一致，种子在行内的分布较均匀，便于进行行间中耕除草、施肥等管理措施和机械操作，因而是目前广泛应用的一种方式。

点播又称穴播，即在播行上每隔一定距离开穴播种。点播能保证株距和密度，有利于节省种子，便于间苗、中耕，多用于大粒种子。

四、播种后养护

播种后养护内容有喷水、覆盖、遮阴、间苗、移植等。

播种后或者覆盖后，再用细雾喷头喷一次水，浇透，让种子与土壤和覆盖材料充分接触，之后保持土壤湿润为宜。在播种地上覆盖地膜或塑料膜，可以保持空气湿度，冬季还可以保温增温。夏季可不盖膜，盖膜也不能密封，两侧必须通风。若夏季播种，一定要遮阴和勤喷雾，否则光照太强，水分蒸发旺盛，会影响种子萌发。

在种子出苗过程中或完全出苗后，去除多余幼苗的过程称为间苗。播种育苗中，播种量常常超过留苗量，造成幼苗拥挤。为保证幼苗有足够的生长空间和营养面积，应及时疏苗，使苗间空气流通、光照充足。露地播种的花卉一般间苗两次。第一次在幼苗出齐后，第二次间苗也叫定苗，在幼苗长到3～4片真叶时进行。间下的花苗可以补栽缺株，对一些耐移植的花卉，还可以栽植到其他的苗圃。间苗后应及时浇水，以防在间苗过程中根部被松动的小苗干死。

幼苗移植时，主根和部分侧根被切断，能刺激根部产生大量的侧根、须根，使得根数显著增多，形成完整发达的根系，提高苗木质量。

五、温湿度和光照控制

种子发芽需要适宜的温度、水分和充足的空气三个条件。大多数种子的发芽温度在20～25℃。温度太高和太低都会直接影响种子的发芽率。

播种后水分的管理是很关键的。发芽前要勤洒水保湿，发芽后要根据天气和土壤含水量适当浇水。

种子萌发需要吸收大量的氧气来维持其生命活动，因此要求环境空气充足。

大多数种子萌发与光照条件关系不大，但发芽前或幼苗期都不能在强光下暴晒，可适当遮阴和通风。种子萌发后必须接受光照，否则会使幼苗徒长。

第二节
扦插繁殖

扦插属于无性繁殖。扦插是一种培育植物的常用方法，通常剪取植物的茎、叶、根等，插入土中或由透气透水材料组成的插床上，等到生根后就可栽种，使之成为独立的新植株。

一、扦插种类

按取用器官的不同可分为茎插、根插和叶插三类。

1. 茎插

可以分为嫩枝扦插（绿枝扦插）和硬枝扦插两种。

嫩枝扦插时应选取当年生长健壮，未木质化或半木质化枝条，然后将枝条剪短成长 10cm 左右的小段（称插穗），每小段上部保留 2～3 片绿叶，下部叶子全部剪除，若叶子过大，可以剪除叶子的 1/4～2/3。插穗下部的切口应靠近节的下部，切口需用利刀削平，以利于伤口愈合及生根，待切口干燥后插入基质，注意接穗按枝条生理上下端不能颠倒，插入土壤深度为插穗长的 1/3～1/2。

硬枝扦插利用已生长成熟并木质化的茎或枝条作插穗进行扦插。选取生长成熟、节间短且粗壮的一年生枝条，剪成 10cm 左右长、有 3～4 个节的插穗。硬枝扦插多在落叶后到来年萌芽前的休眠期进行，南方习惯秋插，北方多行春插；容易发根的蔷薇科及其他藤本植物还可在雨季扦插。

2. 根插

可将植株粗壮的根用利刀切下，埋入壤土中，也能成功地长出新株，成活率较高。根插适用于易从根部发生新梢的种类，如芍药、凌霄等。可选取粗壮的根，剪成 5～10cm 一段的插穗，全部插于床内。垂盆草、宿根福禄考等具有细小肉质根的宿根花卉，可将根剪成 2～5cm 的小段，撒播于浅箱或大花盆的砂面上，然后覆以 1cm 的砂或细松土，保持湿润即可。

3. 叶插

叶插常用于多年生草本花卉，尤其适用具有肥厚叶片的多肉花卉。能用于叶插的种类大多具有肥厚的叶片，如景天科植物、龙舌兰、虎尾兰、秋海棠、橡皮树等。作为插穗的叶片一定要待其生长充实后取下。

叶插分为全叶插和片叶插两种。全叶插是用完整的叶片扦插，有的种类是平置于扦插基质上，而有的要将叶柄或叶基部浅埋入基质中，叶片直立或倾斜都可以。片叶插是将叶片分切成数段分别扦插，如虎尾兰属种类，可将壮实的叶片截成 7～10cm 的小段，略干燥后将下端插入基质。景天科植物也可以将叶切成 3cm 左右的小段，平放在基质上，也能生根并长出幼株。片叶插能增加繁殖数量，但适用的种类不多。

二、扦插条件

扦插繁殖的设备，可根据规模大小及要求不同进行相应选择。扦插的插床可因地制宜，除了专用苗圃地和扦插床外，各种盆、木箱、塑料箱都可以，但容器作插床时要有排水孔，不能积水。大量繁殖时宜在温室中进行，以便调节室温，有利于扦插成活。扦插床一般高70～80cm，宽约100cm，深20～30cm，面向温室的玻璃窗或塑料薄膜，床底必须设排水孔。扦插箱为更理想的扦插设备，种类很多，一般有保持空气湿度的玻璃罩，有自动调节温度器。露地插床应用广泛，宜选砂质而排水良好的土壤，以半阴地为好。少量繁殖则在浅盆、浅箱或一般花盆中进行。

一般使用的扦插基质要求疏松通气，不含未腐熟的肥料等有机质和其他有害物质。常用的有河沙、蛭石、珍珠岩、素沙土、草炭土、腐苔藓、砻糠灰和锯末等。无论哪种基质都应干净，颗粒均匀、大小中等，插床内基质一般不要铺得太厚，否则不利于基质温度提高，影响生根。扦插后插床不能在太阳下暴晒，要注意遮阴、经常喷雾保湿。

三、扦插时间选择

大多数种类的插穗在20～28℃的温度下最易生根，一般来说，只要环境温度和基质温度能满足生根条件，扦插随时都可以进行。实践中，春夏秋冬季节都可以扦插，各有优缺点。

1. 春季扦插

春季利用已度过自然休眠期的一年生枝条进行扦插，其枝条营养物质丰富，插穗发芽较快，但生根慢，要提高枝条的扦插成活率，扦插前应对插穗进行催根处理，使插穗先发根后萌芽，或生根萌芽同步进行。

2. 夏季扦插

夏季可利用半木质化新梢带叶扦插，但由于夏季气温高，新梢易失水而萎蔫，因而夏季扦插要注意降温、保湿。扦插地应遮阴和喷雾。

3. 秋季扦插

秋季利用已停止生长的当年生木质化枝条进行扦插，其枝条发育充实、芽体饱满、营养物质含量较高，最适宜在生长结束尚未落叶前一个月进行扦插，插穗易形成愈伤组织和不定根，利于安全越冬。

4. 冬季扦插

冬季扦插利用打破休眠的枝条，一般南方常绿树种常在冬季扦插，北方冬季扦插则可在温室内进行。

四、扦插后养护

为了使扦插容易生根，插穗可以用吲哚乙酸、萘乙酸等生根剂处理。扦插后必须加强后期养护，主要是保持插床内适宜的温度、湿度、光照及空气等条件。多数花卉嫩枝扦插的适宜生根温度为 20～25℃；半硬枝和硬枝扦插的适宜生根温度为 22～28℃；叶插及芽插因种类而异，适温在 20～28℃ 范围内。土壤水分一般以 50%～60% 的土壤含水量为宜，水分过多常容易使插穗腐烂。为避免插穗枝叶水分的过分蒸发，要求插床保持较高的空气湿度，通常以 80%～90% 的相对湿度为好，可通过叶面喷雾及调节覆盖物的方法来控制。光照也是插穗生根成活的重要条件，一般遮阴度以 70% 为宜。生根后可逐渐增加光照，以利于生长。充足氧气也是插穗生根所必需条件，因此除疏松的基质外，还要注意插床的通风换气。

第三节
分株繁殖

分株繁殖就是将花木的萌蘖枝、丛生枝、吸芽、匍匐枝等从母株上分割下来，另行栽植为独立新植株的方法。

一、分株时间

分株繁殖的时间随花木种类而异，春季开花的宜在秋季分株，秋季开花的宜在春季分株。落叶花木类，分株繁殖宜在休眠期进行，南方可在秋季落叶后进行，北方宜在开春土壤解冻而植株尚未萌芽时进行；常绿花木类，南方多在冬季进行，北方多在春季出温室前后进行。

二、分株方法

露地花木在分株前将母株株丛从花圃里掘出（尽量多带须根），然后将整个株丛用利刀劈成几丛，每丛带有 3～5 个枝芽和较多的根系。一些萌蘖力很强的花灌木和藤本植物，在母株的四周常萌发出许多幼小的株丛，在分株时则不必挖掘母株，只挖掘分蘖苗另行栽植即可。

盆栽花卉分株前先把母株从盆内脱出，抖掉大部分泥土，找出每个萌蘖根系的延伸方向，把盘结在一起的团根分开，然后用利刀把分蘖苗和母株连接的根颈部分割开，割后上盆栽植。

球根花卉通常采用分球法繁殖，此法依照球根自然增殖的特性，把从母体新形成的球根即鳞茎、块根、块茎及根茎等，分离栽植，如球茎类的唐菖蒲，根茎类的美人蕉、鸢尾，鳞茎类的水仙、风信子、郁金香等以及大丽花的块根，都可以在休眠后掘起另行繁殖。

三、分株后养护

分株后浇水，后放荫棚下养护。如发现有萎蔫现象，应向叶面和植株周围喷水以增加湿度。

第四节
压条繁殖

压条繁殖是无性繁殖的一种，是把母株上的枝条压入土中或用泥土等物包裹，待枝条形成不定根后，将不定根及以上的枝条与母株分离，形成一株独立新植株的繁殖方法。

压条时，为了阻断来自枝条上端的有机营养向下输导，可进行环状剥皮，在环剥部位涂 IBA 类植物生长调节剂可促进生根。

压条法具有简单、成活率高、生长快、产生的新个体能完全保留母体的优良性状的特点，但是繁殖数量有限。

一、压条方法

1. 普通压条

适于枝、蔓柔软的植物或近地面处有较多易弯曲枝条的树种。将母株近地1~2年生枝条向四方弯曲，于下方刻伤后压入土坑中，用钩固定，培土压实，枝梢垂直向上露出地面并插缚一支持物。

2. 水平压条

适于枝条较长且易生根的树种，例如藤本月季等。水平压条又称连续压、掘沟压。顺偃枝挖浅沟，按适当间隔刻伤枝条并水平固定于沟中，除去枝条上向下生长的芽，填土。待生根萌芽后在节间处逐一切断，每株苗附有一段母体。

3. 波状压条

适于枝蔓特长的藤本植物（如葡萄等）。将枝蔓弯成波状，着地的部分埋压土中，待其生根和突出地面部分萌芽并生长一定时期后，逐段切成新植株。

4. 堆土压条

适于根颈部分蘗性强或呈丛状的树木，例如珍珠梅、黄刺玫、李、石榴等。堆土压条将根颈部枝条基部刻伤后堆土埋压，待生根后，分切成新植株。

5. 空中压条

适于高大或枝条不易弯曲的植株，多用于名贵树种，例如山茶、桂花、龙眼、荔枝、人心果等。选1～3年生枝条，环剥2～4cm，刮去形成层或纵刻成伤口，用塑料布、对开的竹筒、瓦罐等包合于割伤处，紧绑固定，内填苔藓或肥土，常浇水保湿，待生根后切离成新植株。

二、压条时间

在温暖地区一年四季均可进行压条繁殖，北方多在春季进行。一般落叶树适宜在秋季或早春压条，常绿阔叶树及宿根花卉则适宜梅雨季压条。

三、压条选择

应根据不同的压条方法选择枝条，堆土压条对枝条选择要求不严，其他压条方法均需选择老熟而健壮的枝条，并要有饱满的芽，还需选择适当部位。曲枝压条要选靠近地面能弯曲的枝条，高空压条要取适中的部位。各种压条方法，均需取用当年生的枝条，或植株旁的萌蘗条，压条数量不宜超过母株枝条的1/2，否则影响母株正常生长。

四、压条繁殖注意事项

一二年生枝压条。在春季萌芽前，将植株基部预留作压条的枝条平放或平缚，待其上萌发新梢长度达到15～20cm时，再将母枝平压于沟中，露出新梢。如是不易生根的品种，在压条前先将母枝的第一节进行环割或环剥，以促进生根。压条后，先浅覆土，待新梢半木质化后逐渐培土，以利于增加不定根数量。秋后将压下的枝条挖起，分割为若干带根的苗。多年生蔓压条。在老葡萄产区也有用压老蔓方法在秋季修剪时进行的。先开挖20～25cm深的沟，将老蔓平压沟中，其上1～2年生枝蔓放于沟外，再培土越冬。在老蔓生根过程中，切断老蔓2～3次，促进发生新根。秋后取出老蔓，分割为独立的带根苗。

第五节
嫁接繁殖

嫁接繁殖是用植物营养器官的一部分，移接于其他植物体上。用于嫁接的枝条称接穗，所用的芽称接芽，被嫁接的植株称砧木，接活后的苗称为嫁接苗。嫁接繁殖是无性繁殖优良品种的方法之一，常用于梅花、月季等。

一、嫁接意义

嫁接不仅能保持接穗品种的优良性状，还能利用砧木的有利特性，达到早开花、早结果、抗旱、抗病虫的目的。

二、嫁接原理

接穗嫁接到砧木上后形成伤口，随后在愈伤激素的刺激下，伤口周围细胞及形成层细胞旺盛分裂，形成愈伤组织。愈伤组织不断增加，接穗和砧木间的空隙被填满后，砧木和接穗的愈伤组织的薄壁细胞便将两者的形成层连接起来。愈伤组织不断分化，向内形成新的木质部，向外形成新的韧皮部，进而使导管和筛管也相互连通，这样砧木和接穗就结合为统一体，形成一个新的植株。

三、砧木与接穗

砧木的根系吸收水分和养分供给接穗，一般选用根系发达、生长健壮的实生苗。接穗应当选择生长健壮的优良品种。

四、嫁接亲和力

嫁接亲和力指砧木和接穗经嫁接能愈合并正常生长的能力。具体指砧木和接穗内部组织结构、遗传和生理特性的相似性，通过嫁接能够成活以及成活后生理上相互适应。嫁接亲和力越强，嫁接愈合性越好，成活率越高，生长发育越正常。

砧木、接穗不亲和或亲和力低的表现形式很多，常见以下几种情况：

（1）愈合不良　嫁接后不能愈合，不成活；或愈合能力差，成活率低。有的虽能愈合，但接芽不萌发或愈合的牢固性很差，萌发后极易断裂。

（2）生长结果不正常　嫁接后虽能生长，但枝叶黄化，叶片小而簇生，生长衰弱，以致枯死；有的早期形成大量花芽，或果实发育不正常，肉质变劣，果实畸形。

（3）砧穗接口上下生长不协调　造成嫁接苗成活后上下不一致现象。

（4）后期不亲和　有些嫁接苗接口愈合良好，能正常生长结果，但经过若干年后表现严重不亲和。如桃嫁接到毛樱桃砧上，进入结果期后不久，即出现叶片黄化、焦梢、枝干甚至整株衰老枯死现象。

亲和力的强弱，取决于砧、穗之间亲缘关系的远近。一般亲缘关系越近，亲和力越强。同种或同品种间的亲和力最强，如板栗接板栗、秋子梨接南果梨等，同属不同种间的亲和力较不同科不同属的强。此外，砧穗组织结构、代谢状况及生理生化特性与嫁接亲和力大小有很大的关系。

五、嫁接方法

适合嫁接繁殖的植物种类很多，如葡萄、桃花、梅花、榆叶梅、月季、紫叶李、桂花、樱花、红枫、杜鹃花、山茶花、国槐、广玉兰、五针松、龙柏等。它们嫁接对象都在同属之内，大多数是在品种之间。经过多年的生产实践，嫁接对象的配对选择和嫁接方法都有了一套成功的经验，需要我们观察和学习，尤其是嫁接技术要勤学苦练才行。

嫁接按所取材料可分为芽接、枝接两大类。芽接多采用 T 字形嫁接法，枝接有切接、劈接、靠接、舌接等，它们的特点见表 3-1。

表 3-1　嫁接分类及特点

	芽接	T 字形嫁接法	适合一年生砧木，操作简便，成活率高
嫁接分类	枝接	切接	适用于根颈 1～2cm 粗的砧木，接穗粗细要求不严
		劈接	对砧木粗细要求不严，可高空嫁接
		靠接	接穗靠接成活后脱离母体，成活率高，但繁殖数量低
		舌接	适用于根颈 1cm 粗的砧木，接穗与砧木粗细相同

1. 芽接

凡是以一个芽片作接穗的嫁接方法称芽接，适宜芽接的时期长，且嫁接时不剪断砧木，一次接不活，还可进行补接。

（1）取芽方法　取盾形芽片作为接穗，先在芽上方 0.5cm 处横切一刀，切透皮层，横切口长 1cm 左右，再在芽以下 1～1.5cm 处向上斜削一刀，由浅入深，深入木质部，并与芽上的横切口相交，然后用右手抠取盾形芽片。

（2）砧木处理　砧木直径在 1～3cm 之间，砧木过粗、树皮增厚反而影响成活；在砧木距地面 5～6cm 处横切一刀，深度以切断皮层达木质部为宜，再于横切口中间向下竖切一刀，使切口呈 T 字形。

（3）嫁接　把芽片插入 T 字形切口内，使芽片的横切口与砧木横切口对齐嵌实，然后用塑料条捆扎，注意露出叶柄。

（4）芽接成活检查　芽接后 10～15 天检查成活，成活标志是接芽新鲜，芽柄一碰就掉；如果芽片萎缩，颜色发黑，芽柄不易碰掉，那就是芽接失败。芽接失败后应当及时补接。

2. 枝接

把带有数芽或一芽的枝条接到砧木上称枝接。枝接的优点是成活率高、嫁接苗生长快。在砧木较粗、砧穗均不离皮的条件下多用枝接。枝接的缺点是，操作技术不如芽接容易掌握，而且用的接穗多，砧木要求有一定的粗度。

常见的枝接方法有切接、劈接、靠接、舌接等。

（1）切接　接穗通常长 5～8cm，以具三四个芽为宜，把接穗下部削成一长一短的两个削面，长削面长 2～3cm，在长削面的对侧削一马蹄形小斜面，长度在 1cm 左右。砧木在离地面 3～4cm 处剪断，把砧木切面削平，然后在木质部的边缘向下直切，把接穗大削面向内插入砧木切口，使接穗与砧木的形成层对准靠齐，用塑料条将接穗缠紧包实。

（2）劈接　把接穗削成楔形，有两个对称削面，长 3～5cm，将砧木在嫁接部位剪断，用劈刀在砧木切面中心纵劈一刀，使劈口深 3～4cm，将接穗轻轻地插入砧内，要使砧木形成层和接穗形成层对准。较粗的砧木可以插两个接穗，一边一个，用塑料条绑紧即可。

（3）靠接　把砧木吊靠采穗母株上，选双方粗细相近且平滑的枝干，各削去枝粗的 1/3～1/2，削面长 3～5cm，将双方切口形成层对齐，用塑料薄膜条扎紧，待两者接口愈合成活后，剪断接口下部的接穗母株枝条，并剪掉砧木的上部，即成一棵新的植株。

（4）舌接　在接穗下部芽背面削成约 3cm 长的斜面，然后在削面由下往上 1/3 处，顺着枝条往上劈，劈口长约 1cm，呈舌状。砧木也削成长 3cm 左右的斜面，斜面由上向下 1/3 处，顺着砧木往下劈，劈口长约 1cm，和接穗的斜面部位相对应，把接穗的劈口插入砧木的劈口中，使砧木和接穗的舌状交叉起来，然后对准形成层，向内插紧，绑缚即可。

随着嫁接技术不断创新发展，现在有了嫁接专用机械，操作起来简便省事。

六、影响嫁接成活因素

（1）嫁接时期　一般枝接宜在果树萌发前的早春进行，因为此时砧木和接穗组织充实，温度湿度等也有利于形成层细胞的旺盛分裂，加快伤口愈合。芽接以夏季进行为宜。

（2）温度　不同树种和嫁接方式对温度的要求有差异。如核桃嫁接后形成愈伤组织的最适温为 26～29℃；葡萄室内嫁接的最适温度是 24～27℃，超过 29℃则形成的愈伤组织柔嫩，栽植时易损坏，低于 21℃愈伤组织形成缓慢。

（3）湿度　接口保持较高的湿度利于愈伤组织形成，但不要浸入水中。

（4）氧气　愈伤组织的形成需要充足的氧气，尤其对某些需氧较多的树种，如葡萄硬枝嫁接时，接口宜稀疏地加以绑缚，不需涂蜡。

（5）光照　光照对愈伤组织生长有抑制作用。

第四章

苗木种植技术

　　植物种植是绿化养护的一项重要内容，也是基本操作技能，有必要充分了解各种植物的种植技术和一些常规要求。

第一节
乔灌木种植

一、植物配置原则

植物配置通常由专业设计人员提供设计图纸，规定了植物种类、规格、数量、种植形式、种植地点。一般按图施工即可。物业绿化养护人员了解植物配置原则以后，遇到小规模的植物种植就可以自己动手了。

植物配置原则有以下几点：

（1）对比统一，指树形、色彩、质地、线条、比例尺度等元素要有一定的差异和变化，强调主次分明，和谐自然。

（2）韵律变化，指通过若干组团后可以有规律地重复它们的变化。

（3）比例与尺度，指植物大小、组团大小之间的比例和尺度要适当，强调个体与整体、整体与周围环境之间的和谐，也就是大小变化不能太突兀。

二、种植时期

一般来说，落叶树种植时间适宜在秋季落叶后到次年春季发芽前，常绿树种植时间适宜在晚春和秋季，长江中下游地区梅雨季节也是植物种植的适宜时间。严寒冬季和酷热夏季不适合植物种植，应尽量避开这些时间段。

三、苗木选择

种树前，对选用苗木种类、生长习性、立地环境充分了解，尽量做到适地适树，也就是多用乡土树种，少用生长环境与当地差异很大的外来树种，尤其不要选择那些已经被证实不适合本地种植的树种。选苗时要挑选生长健壮、树形优美、没有病虫害、没有损伤的植株，严禁挑选带有严重病虫害的苗木，非检疫病虫害危害程度不能超过总数的 5%～10%。引进的苗木应有植物检疫证，无合格检疫证明的应拒绝使用到新的地方。乔木胸径规格最大偏差不能超过 1cm，高度和蓬径最大偏差不超过 20cm，灌木高度和蓬径最大偏差应不超过 10cm。

选择好苗木以后，要挂上标识牌，上面注明苗木名称、编号、规格、产地、移植日期，同时做好树冠向阳面或者最佳观赏面的标记。

若落叶和阔叶常绿乔木的胸径在 20cm 以上，针叶常绿乔木的株高在 6m 以上或地径在 18cm 以上，按大树移植方法和要求进行，同时安排好大型运输工具和起吊设备。

四、苗木挖掘

1. 带土球起挖

常绿乔灌木和大型落叶乔灌木挖掘时一般都要带土球，小型落叶乔灌木在休眠期挖掘时可以不带土球或者仅带少量护心土，但种植时要对裸根打浆处理后再种植。

乔木挖掘时的土球大小确定方法有两种，一种是根据树干胸径 6～8 倍来确定土球大小；还有一种就是用绳子绕苗木地径一圈的长度做半径，以树干为圆心画圆，画出的圆圈就是土球的大小，土球厚度为土球直径的 2/3。

胸径指乔木主干高度在 1.3m 处的树干直径。地径指树木的树干贴近地面处的直径，而实际应用中多是测量地面以上 20cm 左右处。灌木土球直径一般为蓬径的 1/3～1/2，厚度为土球直径的 2/3。

土球大小确定以后，先沿着土球边缘向下垂直挖掘，等到了土球底部以后再朝球心挖掘，最后斩断所有根系。土球挖好以后要用草绳包扎一下，防止土球在运输过程中松散。

苗木起挖前，如果土壤过干过硬，可以提前一两天浇水湿润一下。为了便于操作，灌木树冠应事先用草绳简单绑扎一下，缩小冠径。

2. 裸根苗起挖

裸根挖苗种植适用于休眠状态的落叶乔灌木以及易成活的乡土树种。由于根部裸露，根系容易失水干燥，更容易损伤侧根和毛细根，栽植后根系的恢复需要较长时间。最好的挖掘时间是选在春季根系刚刚开始活动、枝条萌芽之前和阴天。

裸根苗木挖掘土壤范围为主干胸径 6～10 倍，保留主要根系，可以不带土或仅带护心土。

五、种植土壤要求

苗木种植土应经过理化性质化验分析，有毒有害土壤不能使用。若种植土达不到要求，可采取相应的土壤改良、施肥和置换客土等措施。土壤有效土层厚度也要达到规定要求，否则不利于苗木生长，详情见表 4-1。

表 4-1 绿化种植土有效厚度

项目	植物类型		土层厚度/cm	检验方法
常规种植	乔木	胸径≥20cm	≥180	挖样洞、观察或尺量检查
		胸径<20cm	≥150(深根) ≥100(浅根)	
	灌木	大灌木、中灌木、大藤本	≥90	
		小灌木、宿根花卉、小藤本	≥40	
	棕榈类		≥90	
	竹类	大直径	≥80	
		中小直径	≥50	
	草坪、花卉、草本地被		≥30	
屋面绿化	乔木		≥80	
	灌木		≥45	
	草坪、花卉、草本地被		≥15	

六、苗木修剪

移栽苗木根系由于受到损伤，失去一部分吸水能力，暂时无法满足地上完整树冠的需求，因此有必要修剪一部分枝叶来维持地上地下的平衡，从而提高树木移栽的成活率。可以说，苗木在移栽时修剪的最大目的就是为了保活。

落叶树有中央领导干、主轴明显的，应保持原有的主尖和树形，适当疏枝，对保留的主侧枝应在健壮芽上部短截，可减去枝条的 1/5～1/3；无明显领导干、枝条茂密的落叶乔木，可对主枝的侧枝进行短截或疏枝并保持原树形。

常绿阔叶乔木具有圆形树冠的可适量疏枝，枝叶集合在树干顶部的苗木可不用修剪，具有轮生侧枝，做行道树时，可剪除基部 2～3 层轮生侧枝。

松树类苗木以疏枝为主，应剪去每轮中过多主枝，剪除重叠枝、下垂枝、枯枝，修剪枝条时基部应保留 1～2cm 木橛。

柏类苗木不宜修剪，但具有双头或竞争枝、病虫枝、枯死枝条应及时剪除。

灌木有明显主干的，修剪时应保持原有树形，主枝分布均匀，主枝条短截长度不宜超过 1/2。丛生型灌木预留枝条宜大于 30cm，多干型灌木不宜疏枝。

苗木整形修剪应符合设计要求，但无要求时，修剪应保持原有树形。落叶苗木的枝条应从基部剪除，不留木橛，剪口平滑，不得劈裂。枝条短截时应留外芽，剪口应距离留芽上方 0.5～1cm。修剪直径 2cm 以上的枝条以及粗根时，剪口要涂抹防腐剂。

七、苗木种植

种植前应该将现场内的渣土、废料、杂草、树根等清除干净，平整好场地。挖掘种植穴、种植槽前要充分了解种植范围的地下管线和构筑物情况，防止施工时损坏它们。

场地平整完成后，根据绿化设计图纸定点放线，种植穴和种植槽要求位置准确、标记清楚。种植穴定点时应标明中心点位置，种植槽应标明边线。定点标志应标明树种名称或代号、规格。种植穴、种植槽的直径应大于土球或裸根苗根系展幅 40～60cm，穴深宜为穴径的 3/4～4/5，穴、槽应当垂直下挖，上口下底应相等，不要挖成锅底状。种植穴、种植槽挖出的表层土和心土应分开堆放。

种植穴或种植槽按规定挖好以后，底部应撒放基肥或营养土。把苗木垂直放入穴（槽）内并调整好最佳观赏面，然后先回填表层土或改良土，分层踏实。如果没有施基肥，也可以用种植土和腐熟肥料按合适比例混合后回填穴（槽）内。

一般树木栽植深度要求与原来种植线持平，怕积水的苗木可以把土球露出地面 1/3～1/2，也就是通常说的高栽法。为了保险起见，可以在大树坑穴四周安插两根管径在 10cm 以上的通气管，其作用除了提高通气能力外，还可以观察和排除树穴积水。

行道树或成排成行种植的树木应在一条线上，树木大小、高低和株行距要基本保持一致。

新栽苗木浇水是关键，第一次要浇透水，一周后浇第二遍水，两周后浇第三遍水，以后视天气和土壤干湿情况浇水，既要保持土壤湿润，又要防止积水。高温炎热季节浇水时要缩短时间间隔，增加叶面喷雾次数。

乔灌木种植要及时打支撑。针叶常绿树支撑高度不低于树木主干的 2/3，落叶树支撑高度为树木主干高度的 1/2。浇水过后发现苗木倾斜应及时扶正，加土填充地面空隙。

为提高树木种植成活率，夏季可以采取遮阴、草绳裹干、喷雾等措施，冬季应采取防风防寒等措施。

树木种植成活率要求不低于 95%，名贵树木栽植成活率应达到 100%。

八、苗木假植

苗木运到现场后，如果在短时间来不及种植完，应采取假植方法保存。选择不影响施工场地，挖坑穴或挖假植沟，把裸根苗木放在里面后排放整齐，然后覆土洒水保湿；带土球苗木假植时可将苗木码放整齐，土球四周培土，喷水保持土球湿润。如果苗木假植时间过长，应经常检查苗木成活情况，及时采取补救措施。

第二节
绿篱及色块种植

一、绿篱

凡是由灌木或小乔木以近距离的株行距密植，栽成单行或双行，达到紧密结合规则的种植形式，称为绿篱。

1. 绿篱分类

（1）按照植物高低分为矮绿篱、中绿篱、高绿篱、绿墙四大类；

（2）按照观赏和功能要求分为常绿绿篱、花篱、果篱、刺篱、落叶篱、蔓篱与编篱等；

（3）按生态习性可分为常绿篱、半常绿篱、落叶篱；

（4）依修剪整形可分为自然式和整形式，前者一般只施加少量的调节生长势的修剪，后者则需要定期进行整形修剪，以保持体形外貌。

2. 绿篱功能

绿篱主要有围护、分区、屏障视线、背景四大作用。

3. 绿篱植物选用

绿篱植物通常应选用枝叶浓密、耐修剪、生长偏慢的木本种类。同一地点和同一品种的绿篱要选用冠幅、高矮基本一致的苗木。

（1）普通绿篱：常用大叶黄杨、小叶女贞、圆柏、海桐、珊瑚树、桧柏、侧柏、罗汉松、小蜡、雀舌黄杨、冬青等；

（2）常绿绿篱：由常绿灌木或小乔木组成，一般常修剪成规则式，通常用大叶黄杨、冬青、海桐、蚊母、龙柏、红叶石楠等；

（3）刺篱：一般用枝干或叶片具钩刺或尖刺的种类，如枳、酸枣、金合欢、枸骨、火棘、小檗、花椒、柞木、黄刺玫、枸橘、蔷薇、胡颓子等；

（4）花篱：一般用花色鲜艳或繁花似锦的种类，如扶桑、叶子花、木槿、棣棠、五色梅、锦带花、栀子、迎春、绣线菊、金丝桃、月季、杜鹃花、茉莉、六月雪、云南黄馨等；

（5）果篱：一般用果色鲜艳、果实累累的种类，秋季结果，一般不作大修剪，常用南天竹、火棘、枸骨、胡颓子、小檗、紫珠、冬青等；

（6）蔓篱：在建有竹篱、木栅围墙或铅丝网篱处，可栽植藤本植物，如凌霄、常春藤、茑萝、牵牛花等。

4. 绿篱种植

绿篱种植应根据景观设计或业主要求进行。绿篱种植一般采用挖沟槽的方法，然后按照规定的株距、行距把绿篱苗木放入沟槽内，回填土壤踏实，然后浇水保湿。绿篱种植前应根据苗木树种习性和大小确定株行距，具体要求参见表4-2。

表 4-2　绿篱种植参数

绿篱种类	株距/cm	高度/cm	单行宽度/cm	双行宽度/cm
矮篱	5～30	20～50	15～40	—
中篱	30～50	100 左右	40～70	50～100
高篱	50～75	200～300	—	—
树墙	100～150	与围墙高度相同	—	—

株行距确定以后挖种植沟，深度和宽度根据苗木土球或根系大小确定。种植沟挖好以后按照规定的株行距种植树苗，其中双行的绿篱要交错排列。回填土时一定要踏实，然后浇水养护。

绿篱种植切忌种得太密，以后会越来越拥挤，密不通风反而对苗木生长不利，也容易滋生病虫。

5. 绿篱修剪

绿篱种植后第一次修剪称为定型修剪。定型修剪不要操之过急和要求一次到位。定型修剪按照要求大致成型就好，以后经过植株生长和多次修剪一定会越来越整齐。绿篱修剪应上下一致，不要上大下小，那样会导致下面枝叶见不到阳光，容易脱脚。修剪绿篱外观的所有线条要保持整齐和清晰，即使出现弯曲也要平滑自然。

二、色块

色块植物是指不同的色彩植物栽在一起组成色带和一定的形状，以观叶的彩叶植物为主。

1. 色块作用

色块丰富了植物配置形式，展现了图案美和线条美，增加了色彩变幻。

2. 色块植物选用

色块一般要求小灌木、枝叶生长密集、耐修剪、易整形，常见的有金叶女贞、小叶女贞、金森女贞、大叶黄杨、金边黄杨、海桐、红花檵木、红叶小檗、红叶石楠、绣线菊、金丝桃、火棘、龟甲冬青等。

3. 色块种植

色块定植时，应根据设计方案撒出不同色块的种植区域轮廓线，然后按不同品种分别栽植，株行距、苗木高度、树冠应均匀搭配，保持整齐美观。

种植时先从中央开始，后向四周扩散，先种植图案轮廓线，后种植内部填充部分。每栽植一株苗后都应踩实和扶正。在栽植至色块植物的边缘时，适当地增加种植的密度，使色块的轮廓更加明显。

色块植物要求图案清晰、线条流畅、高矮整齐、密度一致，体现整体美。

色块栽好后第一次浇水要浇透，两三天后再补浇水一次，一周之内完成第三遍浇水，后面根据土壤情况适量浇水保湿。

4. 色块修剪

色块种植完成后应当按照设计高度进行初步整形修剪，不要急于一次性修剪到位，因为在短时间内也做不到十分完美。

第三节
竹类植物种植

一、竹苗选择

散生竹应选择一二年生健壮、无明显病虫害、分枝低、枝繁叶茂、竹鞭鲜黄、竹鞭芽饱满、根鞭健全、无开花枝的母竹。

丛生竹应选择秆基芽眼肥大充实、须根发达的一二年生竹丛，母竹应大小适中，大秆竹秆直径宜为 3～5cm，小秆竹秆直径宜为 2～3cm，秆基应有健壮芽4～5 个。

二、竹苗挖掘

1. 散生竹母竹挖掘

根据母竹最下一盘枝杈生长方向确定来鞭、去鞭走向进行挖掘。母竹必须带鞭，中小型散生竹宜留来鞭 20～30cm，去鞭 30～40cm。切断竹鞭截面应光滑，不得劈裂。应沿竹鞭两侧深挖 40cm，截断母竹底根，挖出的母竹与竹鞭结合应良好，根系完整。

2. 丛生竹母竹挖掘

挖掘时应在母竹 25～30cm 的外围，扒开表土，由远及近逐步挖深，应严防损伤秆基芽眼，秆基部的须根应尽量保留。在母竹一侧应找准母竹秆柄与老竹秆基的连接点，切断母竹秆柄，连兜一起挖起来，切断操作时，不得劈裂秆柄、秆基。每兜分株数量应根据竹种特性及竹秆大小确定，大竹种可单株挖兜，小竹种可3～5株成墩挖掘。

三、竹苗包装运输

竹苗应采取软包装进行包扎，并喷水保湿。竹苗长途运输应用篷布遮盖，中途应喷水或于根部放置保湿材料。

四、竹苗修剪

散生竹修剪时，挖出的母竹宜留枝5～7盘，将顶梢剪去（称打尖），剪口应平滑。不打尖的竹苗栽植后应进行喷水保湿。

丛生竹修剪时，竹秆应留枝2～3盘，在靠近节间斜向将顶梢截除，切口应平滑呈马耳形。

五、竹苗种植

放样定位应准确。栽植地点应选择土层深厚、肥沃、疏松、湿润、光照充足、排水良好的壤土地块。竹子种植地应进行翻耕，深度宜30～40cm，清除杂物、增施有机肥、并做好隔根措施。

种植穴的规格及间距可根据设计要求及竹兜大小进行挖掘，丛生竹的栽植穴应为根兜的1～2倍，中小型散生竹的种植穴规格应比鞭根长40～60cm，宽40～50cm，深20～40cm。

竹类栽植，应先将表土填于穴底，深浅适宜，拆除竹苗包装物，将竹兜入穴，根鞭舒展，竹鞭在土中深度适宜20～25cm，覆土深度宜比母竹原土痕高3～5cm，进行踏实和浇水，渗水后覆土。

六、栽后管理

栽植后应设置立柱或横杆形成网格，互连支撑，严防新植竹晃动。栽后应及时浇水。发现露鞭时应进行覆土并及时除草松土，严禁踩踏根、鞭、芽。春天冒出竹笋时期，要严加保护，防止人为挖掘和动物啃吃。刮风下大雨时，要及时排除积水，同时扶正歪斜的竹子。竹子也有病虫害，主要有枯梢病、锈病、蚜虫、粉蚧、夜蛾、毒蛾、小蜂、竹象、天牛、金针虫等，要经常仔细观察，发现病虫害后要及时防治，不可掉以轻心。

第四节
水湿生植物种植

一、水湿生植物概念

水湿生植物指适合在湿地和浅水里面种植的植物，内部组织有发达的通气和换气功能。

二、水湿生植物分类

水湿生植物分为湿生植物、浮水植物、漂浮植物、挺水植物、沉水植物五大类。

（1）挺水植物：荷花、芦苇、香蒲、水葱、芦竹、水竹、菖蒲、蒲苇等；

（2）浮水植物：睡莲、萍蓬草、菱角、芡实、王莲等；

（3）湿生植物：美人蕉、千屈菜、再力花、水生鸢尾等适于水边生长的植物；

（4）沉水植物：水菜花、海菜花、海菖蒲、苦草、金鱼藻、水车前、黑藻等；

（5）漂浮植物：浮萍、紫背浮萍、凤眼蓝、大藻等。

三、水湿生植物作用

水湿生植物种类繁多、形态优美、色彩丰富，不仅能美化环境，调整园林整体景观布局，又能净化水源，保护湿地。同时，水湿生植物还能迎合大众亲近自然和追求原生态环境的心理需求。

四、水湿生植物种植容器

（1）水湿生植物种植容器有多种形式，常用的有水缸、种植袋、种植筐、种植槽等；

（2）种植容器的材料、结构、防渗应符合设计要求；

（3）容器内不宜采用轻质土壤或栽培基质，种植土可以选用壤土类、砂土类、塘泥土；

（4）种植槽土层厚度应符合设计要求，没有设计要求的应大于50cm；

（5）水湿生植物的病虫害防治应采用生物和物理防治方法，严禁使用化学药物污染水环境。

五、主要水湿生植物适宜水深

水湿生植物无论种植在土壤还是容器里，根在水里的深度都有相应的要求，深浅不合适就会影响水湿生植物的正常生长。其适宜水深参考表4-3。

表 4-3　水湿生植物适宜水深

序号	植物名称	类别	栽培水深/cm
1	荷花	挺水植物	60～80
2	菖蒲	挺水植物	5～10
3	水葱	挺水植物	5～10
4	香蒲	挺水植物	20～30
5	睡莲	浮水植物	10～60
6	鸢尾(耐湿型)	湿生植物	5～10
7	千屈菜	湿生植物	5～10

六、日常养护

水湿生植物的养护主要是水分管理，沉水植物、浮水植物、漂浮植物从起苗到种植过程都不能长时间离开水，尤其是炎热的夏季。挺水植物和湿生植物种植后要及时灌水，如果不能及时灌水，要经常浇水，使土壤水分保持过饱和状态。平时注意控制水的深度，过深过浅都不好。

大多数水湿生植物需要充足的光照，尤其是生长期间，如果光照不足，就会发生徒长、叶小而薄和不开花现象。

容器育苗时要放入基肥，水边植物可以不放基肥，追肥应以化肥代替有机肥，避免污染水质，浓度应比其他植物稀释10倍。

为避免蚊虫滋生和水质恶化，当水体发生浑浊时应当及时换水，尤其是夏季更应该勤于观察水质变化，增加换水次数。除了换水，还要及时清除水中垃圾和残花枯叶。

第五节
垂直及屋顶绿化种植

一、垂直绿化种植

垂直绿化是立体绿化，充分利用藤本、攀缘、垂吊植物在建筑墙面、陡坡、栏杆、围墙、立柱、立交桥等进行植物栽培，起到防护、美化的效果。

垂直绿化苗木立地条件既有地面种植，也有高空种植。高空种植由于脱离地面，一般利用种植箱或种植槽。种植槽的高度宜为50～60cm，宽度为50cm，种植槽应有排水孔。

垂直绿化主要采用藤本植物，在没有支撑物的情况下，经常就要用到棚架。棚架构件可采用木头、竹子、金属、混凝土等材料，搭设形式多样，但一定要基础牢靠、框架稳固。

1. 垂直绿化植物

垂直绿化常用植物种类有爬墙虎、蔷薇、紫藤、木香、葡萄、凌霄、金银花、牵牛花、茑萝等。护坡植物有常春藤、蔓长春、络石、扶芳藤、南瓜、草坪、白三叶等，复杂的可以点缀小乔木、灌木、色块。

2. 垂直种植

（1）花架种植。在花架旁边种植藤本植物，有挖种植穴和种植槽栽植两种形式。种植穴应当在花架柱子外侧，穴深40～60cm，直径在40～60cm。种植槽宽度在40～100cm，深度40～60cm。株行距视藤本植物大小来确定，一般在1～3m之间，应施基肥。花架推荐植物有紫藤、木香、蔷薇、葡萄等。

（2）墙面种植。由于墙根土壤板结，而且含有建筑垃圾，立地条件很差，因此要根据实际情况，考虑置换好的种植土，并施基肥。种植时根系应离墙体15～30cm，株距50～70cm。墙面种植推荐植物有爬山虎、凌霄、蔷薇等，但要注意人工牵引，还有用竹子和法国冬青作为绿篱来美化墙面。

（3）花箱种植。高空安装花箱首先要考虑安全，必须用紧固件与建筑主体相连，花箱材料要抗腐烂和变形，还要有排水孔。种植土要选用轻质土壤，并施足基肥。选用植物以小型藤本为主，比如蔷薇、金银花、蔓长春、藤本月季等。

（4）护坡种植。护坡种植应有防止水土流失的措施，种植土层厚度要满足植物根系生长需要，陡坡可采用喷播草坪方法。护坡种植方法一般采用先上后下、先里后外的顺序。

3. 垂直种植植物养护

藤本植物在长大之前，要用人工牵引到指定位置，可以用竹子、网绳、木质格栅等牵引形式。根据立地条件和植物生长状况，要及时浇水和施肥。修剪整形根据使用功能进行和以造型为主，主要是病虫枝、弱枝、损伤枝、重叠交叉枝、下垂枝、多余枝等，葡萄修剪按照果树修剪方法进行。修剪时期多安排在秋天落叶后和春季发芽前。

藤本攀缘植物常见病虫害有蚜虫、螨类、叶蝉、天蛾、夜蛾、斑衣蜡蝉、白粉病等。防治病虫害应以预防为主，喷药为辅。平时注意检查病虫害发生发展情况，做好预防措施，减少病虫害滋生条件，必要时再有针对性地用农药防治。

二、屋顶绿化种植

1. 屋顶绿化要求

（1）屋顶绿化结构分层由建筑屋面平台承重层、防水层、排水层、过滤层、防根穿刺层、种植土层、植物组成；

（2）屋顶园林景观设计要考虑屋面承载能力，必要时请专家论证；

（3）屋顶平台要有防渗、防植物根穿刺、防大风、防超载等技术措施，还要有排水和喷灌系统；

（4）要求种植土壤应当具备透水、排水、透气性能，优先选择轻质土壤；种植土层有效厚度中乔木≥80cm，灌木≥45cm，草花、花卉、草本地被≥15cm；

（5）植物材料选择应首选耐旱、耐热、耐寒、喜阳光、抗性强、体量小的种类和品种。

2. 屋顶绿化植物种类

乔灌木应首选耐旱节水、带土球苗和苗卷、生长垫、植生带等全根苗木，草坪建植、地被植物栽植宜采用播种工艺。植物材料的种类、品种和植物配置方式应符合设计要求。

（1）小乔木及灌木：小型竹子、桂花、紫薇、红枫、木槿、垂丝海棠、贴梗海棠、蜡梅、山茶花、结香、月季、牡丹、八角金盘、金钟、迎春、棣棠、云南黄馨、栀子花、八仙花、金丝桃、花石榴、海桐球、红叶石楠球、红花檵木球等；

（2）草坪及地被植物：马尼拉草坪、三叶草、红花酢浆草、佛甲草等；

（3）攀缘植物：蔷薇、紫藤、木香、凌霄、常春藤、金银花等；

（4）草本花卉：金盏菊、石竹、一串红、旱金莲、菊花、翠菊、百日菊、凤仙花、鸡冠花、美人蕉、千日红、鸢尾、萱草、大丽花、羽衣甘蓝等。

3. 屋顶绿化种植形式

屋顶种植形式主要有花箱、花坛、花架、盆栽等。

4. 屋顶苗木修剪

屋顶苗木修剪应适应抗风要求，植物外形不变，内膛比较空，减小风的阻力。大的苗木固定要有地下牵引装置，支撑要牢固。

5. 屋顶绿化养护

较大苗木种植后应牵引、固定、浇水、修剪。刮大风和下大雨都要及时检查苗木是否倒伏和积水，同时也要检查屋顶排水是否通畅。

植物在屋顶生长环境比较恶劣，主要表现为冬冷夏热、风大、水分蒸发快，因此在夏天需要勤浇水、遮阳降温、防大风，在冬天要加强植物防寒保暖。

夏天高温炎热，浇水应在早晨和傍晚，冬天浇水在下午。施肥、修剪、松土除草、病虫害防治也要同地面植物养护一样有序进行，不能马虎。

第六节
花卉种植

花坛是在植床区内用观赏花卉规则式种植的配置方式，也是能展现花卉群体美的园林设施。在具有几何形轮廓的植床内，种植各种不同色彩的花卉，运用花卉的群体效果来表现图案纹样或观盛花时绚丽景观的花卉运用形式，以突出的色彩或华丽的纹样来表示装饰效果。

一、花坛形式

花坛可分为普通花坛、模纹花坛、立体花坛。

（1）普通花坛是用中央高、四周低的花草组成色块图案，以表现花卉的色彩美；

（2）模纹花坛通常以低矮的花卉组成精美的图案，像地毯一样；

（3）立体花坛以低矮、枝叶细密、耐修剪的草花为主，种植于提前做好的造型骨架上，形成各种立体形象的花坛，比如动物造型和花篮造型等。

二、花坛材料选择

花坛用草花宜选择株形整齐、花期长、花色鲜艳、抗性强的品种。常用的有羽衣甘蓝、雏菊、金盏菊、鸡冠花、石竹、矮牵牛、一串红、孔雀草、万寿菊、三色堇、百日草等。草花种植在花坛时要接近或达到开花时期，幼苗应放在花圃地培养。

三、花坛位置选择

花坛主要用在建筑物前、入口、广场、道路旁或草坪上。

四、花坛整地

花坛土壤在种植前应当深翻疏松，土层厚度最好大于 30cm，至少不要低于

20cm。为了花卉能够苗壮花艳，应当施足基肥。基肥可用有机肥或长效缓释的复合化肥，均匀拌入土壤中。

花卉种植前把土壤耙平耙细，整成一定的地形。除了设计造型要求外，种植地形应平缓带有坡度，其坡度宜为 0.3%～0.5%，目的是有利于排水。

五、花坛种植或摆放要求

地形整理好后，按照设计图纸定点放线，在地面上准确画出位置和轮廓线。重复出现的图案可以用铁丝、纸壳等材料制作模板循环使用，提高工作效率。

大型花坛应当分区、分规格、分块种植。独立花坛应当由中心向外顺序栽植。模纹花坛应先栽植图案的轮廓线，后栽植内部填充部分。斜坡花坛应当由上向下栽植。高矮不同品种的花卉混种时，应按照先高后矮的顺序栽植。宿根花卉与一二年生的草花混植时，应先栽宿根花卉，后栽一二年生花卉。草花种植密度要相互靠拢，做到既不空旷又不拥挤。

花坛种植或摆放注意事项：

（1）分清主次，注意强调观赏面的效果，花坛其他方向可以作为非重点处理。

（2）圆形花坛要求中间高，四周低；斜面花坛要求后面高，前面低。花草高矮整齐，并且过渡自然。

（3）花色搭配要和谐，既要强调主色调，也要有其他颜色与之对比衬托，但颜色不能杂乱无章，应当有序变化。

（4）有图案的花坛，应先把轮廓线条种植出来，然后再按照图案内容填充里面花草。

（5）花坛收边不能马虎，一定要认真处理好。收边植物一般都要低于花坛里面所有植物，并且过渡自然。收边选用的植物要高矮整齐、线条流畅、干净利落。

六、立体花坛种植

立体花坛是在由钢架做成的基本形态结构上覆盖尼龙网等材料，将包裹了营养土的植株固定在结构上，最后形成各种艺术造型的花坛。立体花坛要确保内部结构稳定安全，这一点尤其重要。平时养护管理，要禁止游人进入立体花坛区域，避免人为损坏。

立体花坛最常用植物材料为五色草，其他有金叶过路黄、佛甲草、彩叶草、矮牵牛、一品红、三色堇、长春花、鸡冠花、孔雀草、四季海棠、紫叶酢浆草等植物。种植方法有营养袋装苗直接嵌入预定位置，还有在已装入营养土的种植区栽种花草。不管哪种方法，都要按照设计图纸提前规划好各种花草的种植区，由上到下，由里到外进行布置。工人操作时，务必要小心谨慎，不要损坏立体花坛骨架和艺术造型。

七、花境种植

花境是园林中一种特殊的种植形式，模拟自然界中林地边缘地带多种野生花卉交错生长的状态，具有形态自然、生长容易、观赏期长、养护简单的特点。花境讲究曲线的自然美，植物高低错落，花色层次分明。

花境常用植物为一二年生花卉、宿根花卉、球根花卉、藤本植物、地被植物、小灌木等。

单面花境应从后部栽植高大的植物，依次向前栽植低矮植物。双面花境应从中心部位开始依次栽植。混合花境应先栽植大型植物，定好骨架后依次栽植宿根、球根及一二年生的草花。设计无要求的花境，各种花卉应成团，花色、花期要搭配合理。

八、花坛养护

花坛以草花为主，对水分要求比较严，高温干旱天气要勤浇水，平时要保持土壤湿润。日常养护时要保持叶子鲜绿和花朵鲜艳，发现残花和黄叶要及时清除干净，到了观赏末期要及时更换新草花。一般每年五一劳动节、国庆节和春节是更换草花的重要时间节点，其他可根据情况增加更换草花次数，满足特殊要求。

第七节
种植成活期养护

园林植物栽植后到工程竣工验收前，为施工期间的植物养护期，也是植物成活的关键时期，应对各种植物精心养护。工程竣工验收后，根据合同管理要求，会有一年以上的质保期，仍然由施工单位专人负责养护。通常在质保期完成后，绿化工程才会移交给建设方或转交物业公司管理养护。

刚刚种植不久的植物根系还局限在土球内，对土球外水分吸收能力较弱，因此抗旱、抗病虫害、抗风能力也差，同时容易出现萌芽、萌蘖条、枯枝、树干倾斜、根部积水等不良现象。所以在植物成活期内不能大意，一定要认真细心养护才行。

一、树木种植成活期

树木种植成活期一般在一年左右，至少要安全度过一个完整的夏季才行。
种植成活期要求：

（1）应当根据植物生长习性浇水，以保持土壤轻度湿润为佳；

（2）根据植物生长情况适当施肥，应薄肥勤施，不要施浓肥；

（3）加强病虫害预防工作，做到勤监测、早预防；

（4）中耕除草，保持土壤疏松、无杂草的生长环境；

（5）树木应及时剥芽、去蘖、修剪整形；

（6）草坪应适时进行修剪，保持草坪整齐美观；

（7）及时清除残花败叶，保持植物生长健壮；

（8）树木加强支撑，做好防强风、暴雨、雪灾以及防寒防冻等工作；

（9）更换及补栽枯死的植物，应当和原有植物的种类、规格基本一致。

二、技术辅助措施

为了增强植物抵抗不良环境的能力，提高树木成活率，通过一些人工辅助方法会取得很好的效果。常见的人工辅助方法有埋设通气管、打支撑、草绳缠绕树干、喷淋、打点滴、搭遮阳网、树干刷白、防寒保暖等。

1. 埋设通气管

在种植大树时，为了提高成活率，也为了通气并能够及时排除坑内积水，每株大树应在土球周边埋设两根通气管，直径在110mm以上，可用PPR塑料排水管代替。大树进入日常养护以后，绿化工人要定期观察通气管积水情况，遇到下大雨就要排除坑内积水，遇到天热干旱也可以通过排气管浇水。

2. 打支撑

新栽的树木由于根系没有舒展开来，更没有紧密地和周围土壤结合在一起，遇到大风、大雨很容易倒伏，因此，新栽的大树都要打支撑。此外，凡是倾斜度超过10°的大树应及时扶正，落叶树扶正宜在休眠期进行，常绿树扶正宜在萌芽前进行。扶正前应疏剪或短截部分枝条，确保扶正树木的成活。

支撑形式有长单桩、扁担桩、三角桩、四角井字桩。支撑材料在同一路段或区域应当统一，支撑方式要规范、整齐。支撑着力点应超过树干的1/2以上，支撑着力点与树干接触处应铺垫软质材料以免损伤树皮。现在园林苗木市场上有专用支撑杆的全套设备销售，使用起来整齐美观。每年在雨季到来之前都要对支撑进行全面检查，对松动的支撑必须进行加固，对嵌入树皮的捆扎物要及时解除。

3. 草绳缠绕树干

草绳缠绕树干常用于新栽的大树，可以减少树干水分蒸发，冬天保护树干不受冻害。草绳缠绕树干高度一般达主干分叉处，也可以达到骨干分枝部分。有的在草绳外面再加上一层绒布和一层薄膜。缠绕的草绳在一年后就可以解除，否则容易腐烂和滋生病虫害。

4. 喷淋

喷淋就是喷水喷雾。新栽大树根系受伤后，吸水能力大大减弱。夏天气温高，树木蒸发量大，新栽大树水分供应不足，会使枝叶枯萎。为了减少高温蒸发带来的水分损失，可以给树干、树冠喷水喷雾，起到降温、增湿的目的。夏天喷淋次数每天不少于2次，必要时喷洒抗蒸腾剂和覆盖遮阳网。

5. 打点滴

给大树打点滴的方法效仿医院挂水输液，为的是给植物补充营养，维持正常的新陈代谢，促进生根、萌发，增加抗性。打点滴药效直接，不会污染环境，主要适用衰弱的树木、新移栽种植的树木、长势不佳的树木。

输入的营养液有很多品种，功效也有所不同，要注意区别和使用。

用电钻在树干根颈附近打孔，大约离地30cm处，孔径和输液针头大小相适合，钻孔位置应向下斜向45°，深度2～3cm，钻出木屑即可。孔打好后，挂上输液袋，连接输液管和针头，排出管内的空气，用力将针管塞入钻孔内，并用钳子掐紧，掐紧后不能漏液，以后根据树势的恢复情况确定是否再吊注。一袋营养液一般需要3～5h输完，如果一天不能输完，就要重新打孔插入。营养液流完后，拔下针管，用小木棍插入孔中，在孔口处喷上杀菌剂，再用杀菌剂和的泥抹在孔口处。每棵大树打点滴数量可根据树木胸径大小来定，参考数据见表4-4。

表4-4　营养液打点滴数量参考

植物胸径/cm	5～10	10～20	20～30	≥40
营养液数量	1袋	2袋	3～4袋	5袋以上

6. 搭遮阳网

新栽苗木由于根系受到严重损伤，吸水能力大大减弱，此时再遇到高温和太阳暴晒，树体的水分很快蒸发，根系供水严重不足，就会造成苗木枯死。这时就应当为新栽苗木搭设遮阳棚或者覆盖遮阳网，以减少苗木的水分蒸发，提高新栽苗木成活率。遮阳网和遮阳棚只有在夏天高温高热时使用，其他时间可以揭开，让苗木有足够的光照。

7. 树干刷白

冬季树干刷白可以减少越冬病虫害和减少日灼伤害。树干刷白高度为1.3m

左右，用预先量好长度的竹竿做标准尺子，先在树干上量取高度，画好最上端线条，然后往下刷白，这样刷白高度和上口线都很整齐。刷白时间通常在落叶后，每年 11 月份进行刷白的比较多。

刷白剂可以按以下配方配制，即生石灰∶硫黄粉∶食盐∶水＝5∶1∶1∶40。配制方法是先将生石灰化开，调成浆糊状，再加硫黄粉和食盐拌匀，最后加水用力搅拌。如果是采用熟石灰，则 50kg 熟石灰加硫黄粉、食盐各 1kg，然后加水调成像乳胶漆似的黏稠状即可。

8. 防寒保暖措施

冬季来临，许多园林绿化植物容易受到低温和寒流带来的伤害，因此有必要采取人工保暖措施，帮助植物顺利度过寒冷的冬天。防寒保暖措施主要有以下几项：

（1）控制水肥。秋季控制灌水，及时排涝，少施氮肥，适量施用磷钾肥，锄草深耕，可促进枝条及早结束生长，有利于组织充实，延长营养物质的积累时间，从而提高树木抗寒能力。

（2）灌溉防冻水。在冬季土壤易冻结的地区，于土地封冻前一次灌足水，称为灌冻水。灌冻水的时间不宜过早，一般以日化夜冻期间灌水为宜。封冻以后，树根周围形成冻土层，以维持根部温度相对稳定，不会因外界温度骤然变化而使植物受害。

（3）根颈培土。冻水灌完后结合封堰，在树木根颈部培起直径 80～100cm、高 40～50cm 的土堆，防止低温冻伤根颈和树根，同时也能减少土壤水分的蒸发。也可覆盖地膜保暖。

（4）搭风障。为减轻寒冷干燥的大风吹袭，造成树木冻害，可以在树的上风方向架设风障，其材料常用高粱秆、玉米秆或芦苇捆编成篱，高度要超过树高。此外，风障要用木棍、竹竿等支撑，以防被大风吹倒。

（5）春灌。早春土地开始解冻后，及时灌水，经常保持土壤湿润，降低土温，延迟花芽萌动与开花，避免晚霜危害，防止树枝干枯。

（6）草绳卷干。对于不耐寒的树木，尤其是新栽树，用草绳包裹主干、部分主枝防寒，于晚霜后拆除。

（7）防冻防雪。在下大雪期间或之后，应把树枝上的积雪及时打掉，以免积雪压断树枝，对结冰过重的树枝不能强硬敲打，可先用竹竿支撑，待化冻后再拆除竹竿。

（8）适时拆除保暖设施　春天初始，不要急于拆除防寒保暖设施，必须等回暖气温稳定后再拆除，防止倒春寒冻伤植物。

第五章

植物养护技术

　　植物养护技术主要涉及水分管理、肥料管理、修剪、病虫害和杂草防治等方面，是一项实践性很强的学问，需要一边学习、一边实践，在实践中不断总结经验和教训，逐步提高自己的养护技术水平。

第一节
灌溉排涝

水分是植物赖以生存和生长的重要基础，无论是植物对营养物质的吸收和运输，还是植物体内一系列的生理和生化反应，都必须在水分参与下才能完成。但水分过多，也会影响植物根部正常呼吸，引起烂根，导致植物死亡。

不同的植物对水的需求量不同，不同的季节植物对水的需求量不同，不同的土壤对水分的持有量也不同，所以要根据具体情况灵活掌握，做好浇水工作。

一、植物对水分的适应性

（1）水生植物：可以生长在水中，如荷花、睡莲、芦苇等；

（2）旱生植物：能长期忍受干旱，平时浇水量和次数都比较少，如仙人掌、景天类植物；

（3）湿生植物：可以在土壤含水量和空气湿度大的情况下生长，平时浇水量和次数都比较多，如水杉、枫杨、蕨类植物；

（4）中生植物：适宜在干湿条件适中的环境中生长的植物，平时浇水量和次数要掌握好，且保证土壤透气透水，如香樟、樱花、白玉兰等。

二、水质要求

给绿化植物浇水应采用没有被有毒有害物质污染的水源。常用水源有自来水、井水、河水、雨水、景观水池等。

三、灌溉形式

绿化养护使用最多的是浇灌和喷灌两种灌溉形式，漫灌、滴灌、管灌很少使用。浇灌通常就是用胶皮水管浇水，喷灌通常利用供水管网连接自动喷头喷雾。

四、冻水和返青水

冻水是指为植物安全越冬，在土壤封冻以前对植物进行的灌溉。

返青水是指为植物正常发芽生长，在土壤化冻后对植物进行的灌溉。

五、浇水注意事项

根据长期实践经验，总结出：新栽植物、种子发芽期、幼苗期、旺盛生长期、开花结果期需要多浇水；砂土要多浇水，黏性土壤要少浇水；夏天要多浇水，冬天要少浇水，春秋要及时浇水。

浇水应注意以下几点：

（1）应根据植物生长习性适时适度浇水，旱生性和深根性植物抗旱性强，可少浇水；阴性植物和浅根性植物要多浇水；植物开花时要比平时多浇水。

（2）浇水前要注意观察植物和土壤含水情况，不能盲目浇水，植物嫩叶出现萎蔫就要立即浇水；土壤表面发白、干燥、质地较硬应该及时浇水；土壤潮湿和发黏，新叶发黄就表明水多，要控制浇水量。

（3）夏天浇水应避开中午高温时段，安排在早晨和傍晚浇水，冬天浇水最好在中午前后。

（4）春天必须浇返青水，冬天浇完冻水后应及时封穴。

（5）浇水一定要浇透植物根部周围土壤，不能遗漏，但也要防止土壤积水。

（6）浇水时遇到行人路过要主动避让，同时避免淋湿业主晾晒的衣物。

（7）浇水时临时铺设在行车道路上的软管要注意保护，避免汽车压坏水管。

（8）浇水软管出口可以增加一截硬质塑料管，0.5～1m 长，这样可以轻松伸入茂密的植物丛中，同时也可避免淋湿浇水工人的裤脚和鞋子。

（9）对名贵苗木和新栽苗木，应视天气干旱情况和植物生长情况对树干和树体适当喷雾。

（10）对球类、色块、绿篱等植物要根据天气和土壤含水量安排浇水，还要定期冲洗蒙尘，保持植物叶面清洁卫生，色泽光洁。

六、浇水经验

我们知道浇水多了植物会烂根导致死亡，但长期缺水，植物也会枯萎后干死。如何判断植物是缺水还是水涝呢？可以参考表 5-1 进行判断。

表 5-1　植物对水分的反应

水分情况	叶子与枝条反应	新叶与老叶区别	土壤及根部反应
缺水	叶子萎蔫、颜色变淡、落叶、干枯、死亡	老叶最先变淡、变黄，其后才会影响新叶子	土壤颜色发白、干硬、开裂
水涝	新叶发黄，枝条变黑、死亡	新叶先发黄，老叶变化不大	土壤颜色发黑，潮黏，手触碰感觉湿润，根部积水，烂根

植物缺水表现比较直观，容易判断，只要缺水时间不是过长，及时补水后就能恢复正常。植物水涝不容易判断，待到发现问题时进行抢救成功率很低。抢救方法是扒开土壤排除积水、修剪烂根、通风通气，根部覆盖含水量较少的疏松土壤，等到植物恢复生长后再复原覆土。

七、浇水频率

在物业日常绿化养护过程中，要根据天气变化做好浇水或排涝工作安排。管理人员对全年浇水工作要有一个大致的了解，做到心中有数。根据经验估算，物业小区平均每平方米绿地的全年浇水量在 1t 左右，各类植物每年浇水次数参考表 5-2。

表 5-2　植物年度浇水参考

乔木/(次/年)	灌木/(次/年)	绿篱/(次/年)	色块/(次/年)	盆花/(次/年)	自动灌溉/(min/次)
≥4	≥6	≥6	≥6	≥48	30

乔灌木每次浇水要浇透，草坪和其他地被植物浇水要浇透土壤深度 10cm 以上，否则满足不了植物对水分的需求，还容易使土壤板结。

八、浇水工具

（1）有电源的情况下，使用电动潜水泵，利用水景和池塘浇水；

（2）无电源的情况下，使用汽油机抽水泵，利用水景和池塘浇水；

（3）浇水软管，是取水和浇水的主要输送管道；

（4）自动喷灌喷头，自动喷灌的出水工具；

（5）快速取水器，由插头和插口组成，一头连接浇水软管，一头插入绿地中快速取水口，注意这两种工具要配套使用，也就是大小、型号要一致；

（6）铁丝，多节浇水软管连接时绑扎使用；

（7）老虎钳，常用工具；

（8）工作告示牌，起到提醒他人避让作用。

九、植物排涝

土壤长期积水会造成植物根部呼吸不畅，最后因为缺氧和烂根而死亡。下大雨时应巡查大树和草坪积水情况，及时排除根部积水，对不耐水湿的树木应该在 12 小时内排除积水，同时加固容易倒伏的大树支撑。

1. 被动排水方法

（1）下雨前认真检查绿地排水设施，疏通排水管道和雨水箅子；

（2）大树根部土壤有围堰的应该在下雨前拆除一部分，以利于雨水顺利流出；

（3）在经常积水的绿地中挖排水沟，引导积水流向附近的排水设施；

（4）草坪积水可以在低洼处增加暗排水沟，或者利用自然坡度排水；

（5）雨后检查大树根部积水情况，可以利用预埋的通气管抽出大树根部地下积水；如果没有通气管，也可以围绕大树根部开挖一两处排水沟；

（6）在排水措施实施以后，若发现树苗生命力越来越弱，可考虑拔起树苗，剪除烂根后重新栽植，等潮湿土晾干后回填，少量浇水，进行挽救。

2. 主动排水方法

主动排水方法：一种是整理地形时设置排水坡度，也就是地形要有起伏变化，不要大面积的平面场地，要求中间高四周低或一端高另一端低，利用自然高度差排水；另一种是把不耐涝苗木实行高栽的方法，也就是苗木土球不要全部埋入泥土中，可以高出地面 1/4～1/3，然后堆土埋实。

第二节
植物施肥

肥料是指能够提供一种或一种以上植物必需的营养元素、改善土壤性质、提高土壤肥力水平的一类物质，是农林生产的物质基础之一。

施肥种类和施肥量应根据不同的树种、树龄、生长势和土壤理化性质而定。

各类绿地应以施有机肥为主，有机肥应充分腐熟后施用。除了有机肥外，平时要少用成分单一性化肥，多用复合肥。有机肥又叫农家肥，如人粪尿、厩肥、绿肥、豆饼肥等；无机肥又叫化肥，如氮肥、磷肥、钾肥、复合肥等。

下面介绍肥料的一些基本知识。

一、肥料分类

（1）按分解速度：分为速效肥和缓释性肥料；

（2）按有效成分：分为氮肥、钾肥、磷肥、微量元素肥料；

（3）按化学组成：分为有机肥和无机肥；

（4）按施肥方式：分为基肥、追肥、种肥、叶面肥。

二、肥料种类及作用

（1）氮肥：促进植物生长发育，以尿素为代表。

（2）磷肥：促进植物开花结果，以过磷酸钙为代表。

（3）钾肥：增强植物抗逆性和抗病力，尤其是抗倒伏能力。钾肥常见种类有氯化钾、磷酸二氢钾、草木灰等。

（4）复合肥：含作物必需的大量营养元素氮、磷、钾中任何两种或三种的化肥。复合肥可以同时满足植物对多种化学元素的需要，提高施肥效率和肥料利用率。

（5）基肥：基肥也叫底肥，一般是在播种或移植前，或者多年生花木每个生长季第一次施用的肥料。它主要是供给植物整个生长期中所需要的养分，也有改良土壤、培肥地力的作用。作基肥施用的肥料大多是迟效性的肥料，厩肥、堆肥、家畜粪等是最常用的基肥。化学肥料中的磷肥和钾肥一般也作基肥施用。

（6）追肥：在植物生长期间为补充和调节植物营养而施用的肥料。追肥的主要目的是补充基肥的不足和满足植物生长中后期的营养需求。追肥施用比较灵活，要根据作物生长的不同时期对养分的需求进行追肥。氮、钾肥及微量元素肥是最常见的追肥品种。

（7）种肥：在播种时，将肥料施于种子附近或与种子混播供给作物生长初期所需的养料。种肥的施用主要有拌种、浸种等方法。拌种是用少量的清水，将肥料溶解或稀释，喷洒在种子表面，边喷边拌，使肥料溶液均匀地沾在种子表面，阴干后播种的一种方法。浸种是把肥料溶解或稀释成一定浓度的溶液，把种子放入溶液中浸泡6～24h，使肥料液随水渗入种皮，阴干后随即播种。

（8）叶面肥：叶面肥又称为根外追肥，是将水溶性肥料或生物性物质的低浓度溶液喷洒在生长中的作物叶上的一种施肥方法。叶面肥可以弥补根系吸收养分的不足，叶面施肥不能代替土壤施肥。

（9）微量元素肥料：植物需要量极小的元素叫微量元素，主要有硼、锰、铜、锌、钼等，含有微量元素的物质用作肥料的，就叫微量元素肥料。植物在缺乏微量元素时，对外界不良环境条件的抵抗能力降低，生长发育表现不正常，因此有必要在缺乏微量元素的土壤中施用微量元素肥料。

三、施肥时间

（1）基肥应在种植时和休眠期使用，以农家肥和缓释性复合肥为主；
（2）春秋适当追肥，以氮肥、磷肥、钾肥为主；
（3）夏季高温不施肥；
（4）花灌木追肥应在花前和花后进行；
（5）根外追肥，主要是叶面追肥，宜在早晨和傍晚无风无雨天气进行。

四、施肥方法

（1）要坚持薄肥勤施的原则，千万不要施浓度很大的肥料，施肥后要及时浇水。

（2）绿篱、色块施肥，冬天施农家肥或缓释性复合肥，生长高峰期适当追速效氮肥。施肥方法以撒施为主，来回均匀撒肥，不要遗漏和重复，施肥后必须浇水溶解。

（3）大树施肥一般在冬季进行，以农家肥或缓释性复合肥为主；施肥方法有撒施、穴施、沟施、环施；施肥后覆土浇水；无论哪种施肥方法，挖掘时都应避免伤害根系。

（4）草坪施肥主要在春秋季，夏季不施肥；施肥方法可采取撒施和叶面追肥，一般在每次修剪后进行。

五、施肥次数

一般情况下，绿化植物每年施肥次数参考表 5-3。

表 5-3　绿化植物每年施肥次数

施肥种类	乔木/(次/年)	灌木/(次/年)	色块和绿篱/(次/年)	草坪/(次/年)	盆花
基肥	1	1	2	2	装盆一次
追肥	1	2	4	9	半月一次

六、施肥注意事项

（1）商品化肥应有产品合格证明，或经过试验证明符合要求；

（2）有机肥应充分腐熟后使用；

（3）使用无机肥料宜采用缓释性无机肥；

（4）根部施肥不能过量和触及叶片，施肥后必须及时浇水，以免发生烧苗、烧根现象；有经验的绿化工一般选择在下雨前施肥，这样可以免去浇水工序；

（5）每次施用复合肥应在 $20\sim25g/m^2$，尿素每亩（1 亩＝$667m^2$）每次施 2kg 左右，叶面追肥浓度应控制在 1%左右。

（6）有机肥用作基肥时每亩每次施 $60\sim100kg$，耕翻入土壤深 20cm 左右；有机肥用作追肥时可以条施、穴施、环施；

（7）选用原则：对不同品种、不同生长期、不同表现的植物宜选用相对应的氮、磷、钾及微量元素肥料；选择缓释性肥料为主，速效性肥为辅，做到少量多次施用，力求肥料供应均衡；

（8）肥料管理：了解肥料功效，选择合理的施肥期，做到施肥均匀、不烧苗、不灼叶。

七、土壤酸碱度与施肥的关系

土壤酸碱度用 pH 值表示。pH 值<5.0 为强酸性，pH 值 5.0～6.5 为酸性，pH 值 6.5～7.5 为中性，pH 值 7.5～8.5 为碱性，pH 值>8.5 为强碱性。如果土壤酸碱度不合适，会妨碍植物对养分的吸收，因为酸碱度和矿质盐的溶解度有关。矿质养分中氮、磷、钾、硫、钙、镁、铁、锰、钼、硼、铜、锌等的有效性，均随土壤溶液酸碱性的强弱而不同。

土壤酸碱度的测定：取少量培养土，放入玻璃杯中，按土∶水＝1∶2 的比例加水，充分搅拌，用石蕊试纸或广泛 pH 试纸蘸取澄清液，根据试纸颜色的变化可知土壤的酸碱度。

土壤酸碱度的调整：酸度过高时，可在培养土中掺入一些石灰粉或增加草木灰或砻糠灰的比例。碱性过强时，可加入适量的硫酸铝（白矾）、硫酸亚铁（绿矾）或硫黄粉。施氮肥时用硫酸铵，也可使土壤碱性减弱，酸度增加。

第三节
营养土配制

营养土是为了满足盆栽花卉和幼苗生长发育的需要而专门配制的含有多种矿质营养、疏松通气、保水保肥能力强、无病虫害的种植土。营养土是根据植物需求由若干种基质土壤按照一定比例配制而成，如配制成适合一般盆栽花卉生长的轻肥土、适合偏酸或偏碱性植物的营养土，还有适合扦插的土壤等。

1. 营养土配制常用材料

（1）园土：又称菜园土、田园土，这是普通的栽培土，因经常施肥耕作，肥力较高，团粒结构好，是配制营养土的主要原料之一。缺点是干时表层易板结，湿时通气透水性差，不能单独使用。种过蔬菜或豆类作物的表层沙壤土最好。

（2）腐叶土：腐叶土又称腐殖质土，是将各种植物的叶子、杂草等掺入园土，加水和人粪尿，经过堆积、发酵腐熟而成的营养土。pH 值呈酸性。需经暴晒过筛后使用。

（3）山泥：这是一种天然的含腐殖质土，土质疏松，酸性。黄山泥和黑山泥相比，前者质地较黏重，含腐殖质也少。山泥常用作山茶、兰花、杜鹃等喜酸性花卉的主要营养土原料。

（4）河沙：河沙排水透气好，掺入黏重土中，可改善土壤物理结构，增加土壤排水通气性，缺点是毫无肥力。可作为配制营养土的材料，也可单独用作扦插或播种基质。海沙用作营养土时，必须用淡水冲洗，否则含盐量过高，影响花卉生长。

（5）砻糠灰和草木灰：砻糠灰是稻壳燃烧后的灰，草木灰是稻草或其他杂草燃烧后的灰。二者都含丰富的钾，加入营养土中，可使之排水良好，土壤疏松，并增加了钾肥含量，pH 值偏碱性。

（6）骨粉：骨粉是把动物杂骨磨碎，发酵制成的肥粉，其含有大量的磷。配制时每次加入量不得超过营养土总量的 1%。

（7）木屑：这是新发展起来的一种营养土配制材料，疏松而通气，保水、透水性能好，保温性强，密度小又干净卫生。pH 值呈中性和微酸性。单独使用时不能固定植株，因此多和其他材料混合使用，增加营养土的排水透气性。

（8）松叶：在落叶松树下，每年秋冬都会积有一层落叶，落叶松的叶细小、质轻、柔软、易粉碎，这种落叶堆积一段时间后，可作配制营养土的材料，用其栽培杜鹃尤为理想。落叶松还可作为配制酸性、微酸性营养土及提高土壤疏松、通透性的材料。

2. 常用营养土配制方法

营养土主要用于盆栽花卉和育苗，几种常用营养土配方见表 5-4。

表 5-4　常用营养土配制方法

营养土类型	营养土配制方法	适合苗木
轻肥土	①山泥：园土：腐叶土：砻糠灰＝2：2：1：1 ②园土：堆肥：河沙：草木灰＝4：4：2：1	适用于一般盆栽花卉，如一品红、菊花、四季海棠、文竹、瓜叶菊等
重肥土	山泥：腐叶土：园土＝1：1：4	适用于喜酸性土花卉，如米兰、金橘、茉莉、栀子花等
偏碱性肥土	①园土：山泥：河沙＝1：2：1 ②园土：草木灰＝2：1	适用于喜碱性土花卉，如仙人掌、仙人球、宝石花等
扦插土	园土：砻糠灰＝1：1 或单独用河沙	用于扦插或插种

3. 营养土消毒

一般盆栽的培养土不需特殊消毒，只要经过日光暴晒即可。这是因为，一方面花卉本身具有一定的抵抗病菌能力；另一方面，土壤中含有大量的有益微生物，它们的活动可分解出许多营养物质，有利于花木生长。用于扦插和播种的营养土要严格消毒，因为病菌容易从插穗伤口侵入花木体内，造成腐烂，影响成活，对播种来说，刚生出的芽，抵抗力很弱，微生物常导致它发霉。

常用土壤消毒法：蒸煮消毒法是把已配好的营养土放入适当容器中，蒸煮消毒 30min 即可。药剂消毒法是用福尔马林消毒，每升培养土中均匀洒上 40% 的福尔马林溶液 4mL。

第四节
植物整形与修剪

一、整形与修剪的关系

整形是指对植株施行一定的修剪措施而形成某种树体结构形态。修剪是指对植株的某些器官，如茎、枝、叶、花、果、芽、根等部分进行剪截或剪除的措施。

整形是通过特定的修剪手段来完成的，而修剪又是在一定的整形基础上，根据某种目的而实施的。因此两者是紧密相关的，并且相互影响相互作用。

二、整形与修剪的作用

（1）调节根冠比，改善通风透光条件，提高植物抗逆性；

（2）促进观花观果植物的开花结实；

（3）促进老树更新复壮；

（4）满足审美造型的需要；

（5）解决与周边环境的矛盾。

三、修剪时期

1. 冬季修剪和夏季修剪

冬季修剪又称为休眠期修剪，是自秋冬到早春植物休眠期进行的修剪。冬季修剪一般在 12 月至次年 2 月进行，以修剪落叶树为主，耐寒力差的树种可以在早春进行，以免伤口受到冻害。冬季是一年中主要修剪时期，大量的整形和修剪操作都放在这个时间段进行，其对树冠的形成、花果枝分化有很大的影响。

夏季修剪又称为生长期修剪，是夏季在植物生长期进行的修剪，一般修剪量不大，主要调节枝叶矛盾和形状。夏季修剪一般在 4 月至 10 月进行，也就是发芽后到落叶前进行，以修剪过密枝、交叉枝、徒长枝、下垂枝、病虫枝等为主，不能进行骨干枝的整形修剪。

修剪要注意避开伤流期。伤流是指植物修剪后伤口出现大量树液的现象。

2. 花前修剪和花后修剪

春季开花的植物一般安排在花后修剪，如在冬季修剪，会剪掉花芽从而影响春季开花。

夏秋开花的植物，可在冬季进行修剪，在开花前半年修剪，不会影响开花。

3. 常绿树修剪

常绿树由于没有明显的休眠期，在冬季修剪会造成伤口冻害，一般放在晚春进行修剪。

四、认识枝条

植物修剪对象主要是各种枝条，因此有必要了解一下各种枝条的特点和作用。树木骨架一般由各种枝条组成，枝条分骨干枝、主枝、侧枝、营养枝、发育枝、结果枝、徒长枝、当年生枝条、一二年生枝条等。

（1）树冠，指树木主干以上聚生枝叶的地方。

（2）主干，指乔木或非丛生的灌木地面至第一个分支点之间部分，上承树冠，下连根系。

（3）骨干枝，指构成树冠骨架的永久性大枝。例如，中心干、主枝、侧枝等总称为骨干枝。各类骨干枝要主次分明，分布均匀，可使树冠圆满紧凑，结构牢固，通风透光良好。骨干枝条一般不做修剪，否则树形就被破坏了。

（4）主枝，指直接从中心干（中央领导干）上分生出来的大枝条。它是构成树冠的永久性骨干枝之一。主枝要求向四周均匀分布，同层主枝要求粗细长短和生长势互相均衡，并与树干呈一定角度。主枝一般也不做修剪。

（5）侧枝，指从主枝生长出的小枝。侧枝要求分布均匀，上下左右互不干扰。侧枝比较多，也比较复杂，因此需要辨别其作用后才能修剪，一定要谨慎修剪。

（6）营养枝，指一年生枝中，不开花结果的枝条，生长快速、直立。营养枝生长会消耗养分，同时又会破坏树形，一般作为修剪主要对象。

（7）结果枝，指能开花结果的枝条，多分布在树冠外围。结果枝一般都是一二年生枝条，比较短和粗，也比较充实。结果枝一般不做修剪。

（8）徒长枝，指当年生长过于旺盛的枝条。徒长枝属于发育不充实的一种发育枝，表现为直立、节间长、叶片大而薄、枝芽不饱满。徒长枝由于开花结果时间很迟，一般都要修剪掉。

（9）平行枝，指两个或以上在同一水平面上并且向同一方向伸展的枝条，可根据情况剪除一根或数根枝条，但不能全部剪掉。

（10）重叠枝，指两根或以上在母枝上同一垂直面内相邻、上下位置靠近生长的枝条，修剪时可以剪掉一部分。

（11）内膛枝，指在树冠内膛生长的枝条，基本都是弱枝，修剪时可以剪除。

（12）一二年生枝条，一年生枝条指新梢在秋冬季落叶后的枝条；一年生枝条在翌春萌芽后称为二年生枝条。一二年生枝条一般都是半木质化且容易开花结果的枝条。一二年生枝条也是植物扦插的主要材料。

（13）春梢，指初春至夏初萌发的枝条。

（14）秋梢，指在夏季后长出来的新梢。

五、认识芽

芽是尚未发育成长的枝或花的雏体。芽按照将来发育情况分为叶芽、花芽和混合芽。芽按照生长位置分为顶芽、腋芽、不定芽。修剪过程中，我们可以有目的地保留叶芽或花芽，去掉多余的芽。根据保留剪口芽的位置可以改变修剪后的枝条生长方向。

（1）叶芽：发芽后只长叶子的芽；

（2）花芽：发芽后能开花的芽；

（3）混合芽：发芽后既能长叶又能开花的芽；

（4）顶芽：在枝条顶端形成的芽，相对于侧芽而言，顶芽是最活跃的生长点之一，具有顶端优势；

（5）腋芽：腋芽是侧芽的一种，特指从叶腋所生出的定芽；

（6）不定芽：从叶、根或茎节间等通常不形成芽的部位生出的芽。

六、植物顶端优势

植物有顶端优势，即顶端的芽优先生长的特性。了解植物这一特性后，修剪掉顶芽就能促进侧芽快速生长，从而可以主动调节主枝与侧枝、叶芽与花芽的关系，使植物按照人们的意愿生长发育。

七、乔灌木常见树形

（1）环状形，有一定高度的树干，上面依次形成"三股、六杈、十二枝"的庞大树冠，无中央领导干，常见于行道树，例如悬铃木、国槐等。

（2）开心形，有一个主干，上面有三个分枝，然后每个分枝再分 2~3 个分枝，例如榆叶梅、合欢等。

（3）尖塔形，有明显的中央领导干，一直到树冠的顶端，树冠呈尖塔形（或圆锥形），例如雪松、水杉等。

（4）圆柱形，有明显的中央领导干，一直到树冠的顶端，树冠呈圆柱形，例如龙柏、柱形桧柏等。

（5）圆球形，主干极短，侧枝发达，树冠呈圆球形，例如海桐球、红叶石楠球等。

（6）灌木形，主干不明显，基部主枝呈丛状，例如棣棠、金钟等。

八、修剪分类

（1）常规修剪：以保持树木自然形状为基本要求，按照"多疏少截"的原则，通过剥芽、去蘖、短截、疏剪方法，去除重叠枝、交叉枝、枯枝、病枝、徒长枝、下垂枝、衰弱枝、损伤枝，做到树冠内膛不乱、通风透光、树形丰满。

（2）整形修剪：用剪、锯、捆、扎等手段，将树冠整理成特定的形状，达到外形轮廓清晰、树冠表面平滑、不露空缺、不露枝条、不露捆扎物的观赏效果。

无论哪类修剪，修剪时都应以树种习性、设计意图、养护季节、景观效果为依据，达到均衡树势、调节生长、维护优美姿态和花繁叶茂的目的。

九、常见修剪方法

修剪程序是"一看、二剪、三处理"。一看，就是仔细判断将要进行的修剪是否合理，不要轻易下剪；二剪，就是看准了再剪下去；三处理，剪除枝条后要处理好伤口，伤口直径超过2cm应该涂抹防腐剂，同时清理干净剪掉的枝叶。

修剪常用方法以疏剪、短截、截干、回缩、抹芽为主，还可以采用环剥、摘心、疏蕾、去蘖等措施来缓和与调整树势；注意"强枝弱剪，弱枝强剪"技术的应用。

1. 疏剪

指当枝条过密时，从基部剪掉一部分枝条的方法。疏剪的对象是交叉枝、平行枝、内向枝、受病枝、衰老枝。疏剪可以调节树势，并且使树体通风透光。

2. 短截

指将一年生枝条剪去一部分的修剪方法。短截主要作用是促进抽生新梢，增加分枝数目，以保证树势健壮和正常结果。枝条短截时剪口下第一芽应留外侧饱满芽，剪口应距离第一留芽位置1cm以上。短截又分为轻短截、中短截和重短截三种。

（1）轻短截：剪去一年生枝条的1/3；剪后萌发的枝条长势弱，容易形成结果枝；

（2）中短截：在一年生枝条的中部短截；剪后萌发的顶端枝条长势强，下部枝条长势弱；

（3）重短截：截去一年生枝条的2/3；剪后萌发枝条较强壮，一般用于主、侧枝延长枝头和长果枝修剪。

3. 截干

指对树干或比较粗大的主枝、骨干枝进行截断，促使树木更新复壮的修剪方法。为减小伤口，应自分枝点上部斜向下锯，保留分枝点下部的凸起部分，这样伤口最小，且易愈合。为防止伤口水分蒸发或因病虫侵入而腐烂，应在伤口处涂抹保护剂或用蜡封闭伤口，或包扎塑料布等加以保护，以促进伤口愈合。行道树利用截干技术较多。

4. 回缩

指剪掉二年生枝条或者多年生枝条的一部分，将较弱的主枝或侧枝回缩到一定的位置，使之复壮，又称缩剪。回缩修剪可以有效地控制树冠生长，使植株内部保持良好的通风透光条件。

5. 抹芽

在春天树木发芽时抹去多余无用的芽，例如紫薇、花石榴等。

6. 环剥

环剥即环状剥皮，即把枝干剥去一圈皮层。环剥方法能暂时增加环剥口以上部位碳水化合物的积累，并使生长素含量下降，从而抑制当年新梢的营养生长，促进生殖生长，有利于花芽形成和提高坐果率，经常在老树上采取这种做法。

7. 摘心剪梢

在生长季节将新梢剪除，促进侧芽生长，例如菊花、梅摘心后可以促使多开花。

8. 疏蕾疏花

为了保证花朵和果实质量，加大每朵花头的直径，以及提高坐果率，对植株花蕾和所开的花进行疏理的操作。

9. 去蘖

培养有主干的灌木如碧桃、连翘、紫薇等，移栽时将根部萌发的蘖条齐根剪掉，避免养分流失。

十、主要植物类型修剪

1. 庭院树修剪

以常规修剪为主，要求树形优美，分枝合理、内膛不乱，无枯枝、徒长枝、病虫枝、交叉枝。对主、侧枝尚未定形的树木要采取短截技术，逐年形成三级分枝骨架。庭荫树的分枝点应随着树木生长逐步提高，树冠与树干高度的比例应控制在 7：3 到 6：4 之间。

有明显主干的高大落叶乔木应保持原有树形，适当疏枝，保留的主侧枝应在健壮芽上方短截，可剪掉枝条 1/5～1/3 的长度。

无明显主干、枝条茂密的落叶乔木，对干径 10cm 以上树木，可疏枝保持原树形；对干径 5～10cm 的树木，可选留主干上的几个侧枝，保持原来树形进行短截。

枝条茂密具有圆头形树冠的常绿乔木可适量疏枝。枝叶集中生长在树干顶部的苗木可不修剪。具有轮生侧枝的常绿乔木可适当剪除基部 2～3 层轮生枝条，避免影响树下行人。

2. 行道树修剪

行道树在同一路段的分枝点、树高、冠幅大小应基本一致，分枝点高度控制在 2.8～3.5m 范围内，在生长季节及时剥芽。行道树的树干与树冠要保持适当比例，一般树冠高度占树高的 1/3～1/2。

行道树在培养骨架阶段，应根据主、侧枝间的生长习性，树龄及树种的特性决定修剪方式。在整形时，为使主枝间的生长势平衡且保持树冠均匀，应采用"强主枝重剪，弱主枝轻剪"的原则，如要调节侧枝的生长势，则采用"强主枝轻剪，弱主枝重剪"的原则。对衰老树木可采取重度修剪，以恢复其树势。

行道树在成形阶段，应重点修剪徒长枝、病虫枝、交叉枝、并生枝、下垂枝、残枝以及根部萌发蘖枝等。

行道树遇到架空线路，应及时修剪与电线有矛盾的树枝，使其与架空线保持安全距离。行道树的枝条与架空线的安全距离视线路类别而定，一般情况下，1kV 以下的电力线路安全距离为 1m，1～20kV 线下安全距离为 3m，30～110kV 下安全距离为 4m，150～220kV 安全距离为 5m。枝条与通信线路的安全距离为 2m，与通信电缆的安全距离为 0.5m。我们在平时要注意经常观察树枝与架空线路之间的关系，一旦发现超过安全距离，就要及时修剪有问题的树枝，确保线路安全。

行道树影响居民房屋采光时，应随时修剪有遮挡的枝条。

几种行道树修剪方法：

（1）有中央领导枝的行道树，修剪时应注意保护中央领导枝，使其直立生长。如原中央领导枝受损、折断，应利用顶端优势将侧枝重新培养成新的领导枝。

（2）阔叶类树种，不耐重抹头和重截，冬季以疏剪为主，注意最下层的三大主枝上下位置要错开，方向匀称，角度适宜。要及时剪掉三大主枝上最基部贴近树干的侧枝，并选留好三大主枝以上的枝条，萌生后形成圆锥形树冠。

（3）银杏树修剪只能疏剪，不要短截，对轮生枝条可分阶段疏剪。

（4）无中央领导枝的行道树，选用主干性不强的树种，如柳树、榆树、栾树、国槐等，在分枝点附近留 5～6 个主枝，使其自然长成卵圆形或扁圆形的树冠。

3. 灌木修剪

保持自然姿态，疏剪过密枝条，促使内膛通风透光。对丛生灌木中的衰老枝条，应注意选留新枝逐步取代它。

对当年形成花芽，次年早春开花的植物应该在开花后修剪；对着花率低的老枝条要逐年更新；对多年生枝条开花的花木，要注意多培养老枝条，适当减去新枝条；当年新枝上开花植物应该在早春发芽前修剪，短截上一年已开过花的老枝条，促使萌发新枝。修剪要有利于短枝和花芽的形成，要遵循"先上后下，先内后外，去老留新，去弱留强"的原则进行修剪，生长季节及时剥芽（又叫抹芽），在芽长不超过 10cm 时进行。

4. 绿篱和色块修剪

为了保持全株枝叶丰满，加速覆盖效果，要及时修剪，促进分枝。球形灌木应常年保持外形完整，色块灌木要保持一定高度，常年保持形态完整，要求线条清晰流畅，表面平整圆滑，无缺株、无空洞、无徒长枝。修剪后新梢高度超过 10cm 时，应进行第二次修剪。若枝叶生长过密影响通风透光，则要进行必要的内膛疏剪。当生长高度影响景观效果时应进行强剪，压低植物整体高度。强剪适宜在休眠前进行。

5. 藤本修剪

藤本常规每年修剪一次，每隔 2～3 年整理藤蔓一次，彻底清理枯死藤蔓，理顺分布方向，使枝叶分布均匀，厚度相等。

6. 草花修剪

要掌握各种花卉的生长开花习性，用剪梢、摘心等方法促使侧芽生长，增加开花枝数。要不断摘除花后残花、黄叶、病虫叶，增强花繁叶茂的景观效果。还可以通过摘去多余的花蕾，促使花大美丽。

十一、修剪频率

物业公司应根据物业管理合同要求和相应的修剪质量标准，确定每年合理的修剪次数，同时作为考核绿化班组的工作指标。有了每年的修剪次数指标，绿化班组可以安排全年和月度修剪计划，做好工具材料准备。当然，每年修剪次数不是一成不变的，应当根据植物特点、生长速度和外观情况做适当调整，确保植物外形整齐美观，并且能够正常开花结果。植物修剪频率参考见表 5-5。

表 5-5 植物修剪频率参考表

序号	植物类型	修剪次数/(次/年)	修剪内容
1	乔木	≥1	修剪病虫枝、交叉枝、枯枝
2	灌木	≥2	
3	绿篱和造型植物	≥12	整形为主，保持已有的造型整齐
4	色块片植灌木	≥8	
5	黑麦草（冷季草坪）	20～40	修剪到合理高度，保持平整美观
6	高羊茅（冷季草坪）	20～40	
7	马尼拉（暖季草坪）	6～12	
8	百慕大（暖季草坪）	20～40	

十二、大树修剪注意事项

大树修剪时应按照"由基到梢，由内及外"的顺序来剪，即先看好树冠整体特点后再考虑修剪成何种形式，然后由主枝的基部自内向外逐渐向上修剪。

对粗壮大枝的剪截应采取分段截枝法，化大为小，防止大枝条折裂后落下地面伤害人和物。

由于建筑等影响，常造成大树偏冠、倾斜等现象，应尽早通过修剪来调整重心。对生长势较弱一方的枝条，只要不与架空线、建筑物有矛盾，应进行轻剪，以达到缓和树势、平衡生长的目的。

上树修剪应遵守安全操作规程，防止发生安全事故。上树修剪前应仔细检查梯子和安全绳是否牢固，同时注意过往人员和附近建筑物的安全。

第五节
中耕除草

中耕除草是一项经常性的养护工作，需要常抓不懈。

一、杂草概念

杂草是指园林中非人类栽培的野生植物。通俗地讲，凡是影响园林花木生长和美观的草本植物就是杂草。杂草概念是相对的，有用时就是宝贝，无用时就是杂草，例如白三叶单独成为草坪是有用的，也很漂亮，但混杂在其他草坪中就是杂草了。

二、杂草危害性

杂草会和栽培植物争水分、养分和光照，夺取它们的生活空间，影响它们正常生长发育；杂草会携带和传播病虫害；杂草混杂在园林栽培植物中，影响整齐美观；杂草会增加绿化养护管理成本，费时费工。

三、杂草分类

1. 按杂草形态特征

按杂草形态特征分为禾本科、莎草科和阔叶类三大类。具体识别特征见"十一、杂草类型识别"。

2. 按杂草生命周期

按杂草生命周期杂草可分为一年生杂草和多年生杂草两大类。

一年生杂草整个生命周期只有一年，开花结实一次，代表性杂草有马唐、马齿苋、莎草等。多年生杂草整个生命周期在一年以上，开花结实多次，代表性杂草有蒲公英、香附子、刺儿菜等。

四、中耕概念

中耕是指翻倒土壤浅层、疏松表层土壤的一种操作，一般结合除草在下雨、灌溉后以及土壤板结时进行，松土深度针叶树、小苗木宜浅，阔叶树、大苗木宜深，株间宜浅，行间宜深。草坪应用打孔机松土，每年不少于2次。

除结合中耕除草外，还可使用除草剂和手工除草。手工拔草操作简单，效果立竿见影。

五、中耕作用

（1）中耕的同时可以除杂草；

（2）中耕可以增加土壤中氧气含量，增强植物根的呼吸作用；

（3）中耕松土后，土壤微生物因氧气充足而活动旺盛，大量分解和释放土壤固定养分，提高土壤养分的利用率；

（4）干旱时中耕，能切断表层土壤中的毛细管，减少土壤下层水分向土表运送，减少蒸发散失，提高土壤的保水能力；

（5）中耕松土能使土壤疏松，受光面积增大，吸收太阳辐射能力增强，并能使热量很快向土壤深层传导，提高土壤温度；

（6）当植物营养生长过旺时，深中耕可切断部分根系，控制根系吸收养分，抑制植物徒长；

（7）中耕可使表层的肥料搅拌到下层，达到土肥相融的目的。

六、中耕方法和形式

中耕的方法有人工和机械中耕两种。中耕的形式有松土、壅土、培土、打孔等。

七、中耕除草频率

在植物生长的整个过程中，根据需要可进行多次中耕除草。中耕除草的时间和次数主要因杂草和土壤状况而异，如土壤板结、杂草多、土壤黏重，可增加中耕除草次数，以保持地面疏松、无杂草为度。树木根部周围的土壤要保持疏松，易板结的土壤在生长旺季须每月松土 1 次，深度以不伤害根系为限。草坪中杂草在生长季节每个月除草 1～2 次。

草坪内的树木在树穴周围要对草坪切边，色块与草坪边界也要切边。乔灌木下面的杂草要及时铲除。地被植物在未全面覆盖地面时，应及时进行松土、除草，松土除草时要防止伤害根系和地下茎。

八、除草原则

无论中耕除草还是手工拔草，都要抓住有利时机除早、除小、除净，不得留下小草，以免引起后患。杂草除小可以防止它们进一步成长壮大和扩散，杂草越小也越容易清除，更有利于除草剂的使用效果。人们在除草实践中总结出"宁除草芽，勿除草爷"的经验，即要求把杂草消灭在萌芽时期。

发现杂草就要早点清除干净，不能等杂草多的时候再除草，那样会导致杂草快速生长和传播，也增加了今后除草难度。杂草不清除干净，还会生长和传播，增加重复劳动。

九、除草方法

防除杂草有许多种办法，但园林绿化中以人工除草和化学除草两种方法为主。

1. 人工除草

人工除草是使用最为广泛的一种传统方法，优点是简单、安全、无污染，缺点是费工、费时、增加管理成本。人工拔除适合小面积绿地中的杂草和不宜使用除草剂的幼苗地杂草。

2. 化学除草

化学除草是根据作物和杂草的生长特点和规律，利用除草剂除草的方法。采用化学药剂防除杂草具有省工、省时、经济节约、效果持久的优点，但若使用不当，容易产生药害和环境污染。

十、除草艰巨性

地下有一个庞大的杂草种子库，尤其是新开发的荒地。在土壤中杂草种子的寿命长达数十年，条件适合就萌发，不适合就在地下休眠。杂草为什么总是拔不净？一方面拔出杂草时往往把地表的土层给翻动起来，下部的杂草种子被带上来，重新萌发产生新的杂草。另一方面是很多杂草具有庞大的根系分生组织，很难连根拔除，一旦根系拔断反而刺激产生更多的分蘖，杂草就更多了。所以说防除杂草很难做到一次根除，要把除草工作列入日常工作计划，定期进行。

十一、杂草类型识别

最常见的是阔叶类杂草和禾本科杂草，其次是莎草科杂草。

除草剂按照防除对象分为阔叶类杂草除草剂、禾本科杂草除草剂、莎草科杂草除草剂三大类，所以，我们只要能区分出这三大类杂草，就能正确选择除草剂了。

现在杂草识别可以通过手机软件进行，这里就不再安排杂草类型识别图片。

1. 阔叶类杂草

阔叶类杂草又称双子叶杂草，胚有两片子叶，草本或木本，叶脉网状，叶片宽，有叶柄。根据它的生命周期可分为一年生杂草、二年生杂草和多年生杂草。一年生阔叶杂草以种子繁殖，在土壤中的发芽深度为0～5cm，用除草剂防除时，浅土层中的发芽杂草可有效地防除，如藜、苋、荠、野西瓜苗等；对深土层中发芽的杂草，由于种子在药层以下，应用土表处理除草剂难以防除，如苍耳、鸭跖草、苘麻等。

阔叶类杂草种类很多，在园林绿化中常见种类有叶蓼、鸭舌草、旋复花、小花糖芥、小飞蓬、铁苋菜、蓟草、空心莲子草（水花生）、田旋花、荠菜、蒲公英、泥胡菜、马齿苋、积雪草、旱莲草、黄鹌菜、地锦草、大巢菜、刺儿菜、车前子、凹头苋、菟丝子、毛卷耳、附地菜、一枝黄花等。

2. 禾本科杂草

禾本科杂草种子胚有一个子叶，通常叶片窄、长、叶脉平行，无叶柄，叶鞘开张，有叶舌，茎圆或扁平，有节、节间中空。

禾本科杂草有一、二年生和多年生。种子较大的在土壤中发芽深度可达5cm以上，土表处理除草剂难以防除，如野黍、双穗雀稗等；种子较小的，土中发芽深度仅为1～2cm，用土表处理除草剂防除效果好，如稗草、狗尾草等。

在园林绿化中禾本科杂草常见种类有马唐、看麦娘、稗草、牛筋草、狗尾草、两耳草、野黍、双穗雀稗、稗草等。

3. 莎草科杂草

莎草科杂草，胚有一个子叶（种子叶），通常叶片窄、长、叶脉平行，无叶柄，叶鞘包卷，无叶舌，茎三棱，通常空心，无节。园林绿化中莎草科杂草主要有香附子、水蜈蚣、异型莎草、水莎草、碎米莎草、牛毛草等。

十二、除草剂分类

除草剂种类很多，其特点和作用方式也不同。

1. 按作用特点

分为选择性除草剂和灭生性除草剂。

选择性除草剂在一定环境条件和使用量范围内能够有效防除杂草，只杀死某一种或某一类型杂草，而不会伤害养护植物。例如，2甲4氯除草剂能用来杀死阔叶类杂草，而对草坪草无害。

灭生性除草剂属于非选择性除草剂，能杀死所有类型杂草，也包括杀死幼苗。

2. 按作用方式

分为触杀型除草剂和内吸型除草剂。

触杀型除草剂指药剂与杂草接触时，只杀死杂草与药剂接触的部分，起到局部的杀伤作用，在植物体内不能传导。因此触杀型除草剂一般杀死杂草的地上部分，对杂草地下部分或有地下茎的多年生深根性杂草则效果较差。例如除草醚等。

内吸型除草剂指药剂被根系、叶片、芽鞘或茎部吸收后，传导到植物体内，使植物死亡。例如扑草净等。

3. 按作用部位

分为茎叶处理剂和土壤封闭剂。

茎叶处理剂是指药剂喷洒在杂草茎叶上，通过接触、内吸的方式杀死杂草，例如氯氟吡氧乙酸（使它隆）除草剂。

土壤封闭剂是指药剂喷洒在土壤表层，或者把药剂拌入土壤中，在土壤表层形成一个封闭的药土层，经过杂草根和幼芽吸收后杀死未出土的杂草。土壤封闭剂一般在植物播种后、出苗前使用，使用后保持土壤湿润，不要动土。土壤封闭剂有甲草胺、乙草胺等。

十三、除草剂使用原则

1. "先点后面"的使用原则

选用除草剂类型和剂量必须保证草坪和其他栽培植物安全。第一次使用除草剂应当先做小范围试验，等掌握合理剂量并得到理想效果后再推广应用。

2. 用量控制的使用原则

在选用除草剂除草的过程中，要把握好除草剂的使用量，切忌任意加大剂量和连续使用过多次数。过量使用除草剂会有损苗木的生长，甚至会导致苗木死亡。

3. 除草剂交替的使用原则

每一种除草剂都会有特定的适用对象和相应的使用范围，如果绿化苗木培育时长时间地使用同一种类型的除草剂，则会导致杂草产生相应的抗药性。因此，不同的除草剂要交替使用，才能充分发挥除草剂的作用。

4. 安全使用原则

绿化苗木培育中使用化学除草剂时，要注意气候条件，避免在高温季节的正午使用，以防出现人、畜禽中毒的现象，且药剂使用量也要把握好。其次，存放除草剂时，要做好标记，并放置在干燥的地方，防止拿错用错，造成严重后果。装过除草剂的药桶必须冲洗干净后才能用作其他用途。

十四、除草剂使用注意事项

（1）搞清杂草种类，根据杂草类型和生长情况选择合适除草剂；
（2）熟悉除草剂，看清、弄懂除草剂使用说明书；
（3）操作安全，操作者要戴好安全防护用品，不要让除草剂跑冒滴漏；
（4）把握用药时机，选择杂草幼小时期和合适的气象条件进行操作；
（5）检查效果，除草剂喷洒后要注意观察杂草反应，如无效果就再次喷药或调整剂量喷洒；
（6）清除杂草，杂草在喷药枯死后要及时清除干净。

十五、常见除草剂介绍

现在市场除草剂种类很多，新型除草剂还在不断涌现。下面介绍几种除草剂，仅供参考。

1. 草铵膦

本品是一种内吸兼触杀型非选择性除草剂，应于杂草生长旺盛期喷雾施用，可使生长过程中的杂草茎叶枯死。药液接触土壤后快速分解，无土壤活性。

2. 精喹禾灵

杀草谱广，可防除阔叶草和禾本科杂草、莎草等，在土壤中不断移位、不流失，持效期长达 45～60 天，没有内吸传导性，作物根部不吸收，没有隐形药害，对后茬作物安全。芽前处理，即在作物及杂草未萌芽时喷药；芽后处理，即杂草萌芽后，在其 2 叶以前喷药。

3. 扑草净

内吸传导型除草剂，主要由植物根系吸收，再运输到地上部分，也能通过叶面吸收，传至整个植株，抑制植物的光合作用，阻碍植物制造养分，使植物枯死。播后苗前或园林里一年生杂草大量萌发初期，1～2 叶期时施药防效好。能防除一年生禾本科、莎草科、阔叶杂草及某些多年生杂草。

4. 乙草胺

乙草胺是选择性芽前处理除草剂，主要通过阻碍蛋白质合成而抑制细胞生长，使杂草幼芽、幼根生长停止，进而死亡。乙草胺可防除一年生禾本科杂草和某些一年生阔叶杂草，对马唐、狗尾草、牛筋草、稗草、看麦娘、野燕麦、画眉草等一年生禾本科杂草有特效，对藜科、苋科、蓼科、鸭跖草、牛繁缕、菟丝子等阔叶杂草也有一定的防效，但是效果比对禾本科杂草差，对多年生杂草无效。

5.2 甲 4 氯

选择性内吸传导激素型除草剂，可以破坏双子叶植物的输导组织，使生长发育受到干扰，茎叶扭曲，茎基部膨大变粗或者开裂。由于性价比高，2 甲 4 氯常在草坪中防除阔叶类和莎草科杂草。

6. 氯氟吡氧乙酸

氯氟吡氧乙酸是内吸传导型苗后除草剂，施药后很快被植物吸收，使敏感植物出现畸形、扭曲直至死亡。氯氟吡氧乙酸主要用来防除草坪中的阔叶类杂草，对禾本科杂草无效，常与 2 甲 4 氯混用，防除杂草效果更好。

7. 葱兰麦冬阔莎净

本除草剂专用于葱兰和麦冬草坪中清除杂草，对草坪中禾本科植物无效。本品要求葱兰、麦冬草坪在植株 3 叶 1 心后使用，草坪异种植物 3～5 叶为最佳施药期，7 叶以上不宜使用。

第六节
植物补种

绿化植物在使用一段时间后，由于养护不力、人为破坏、病虫害、环境不利等原因，会造成植物生长不良或死亡，因此需要对此部分植物进行更新或补种。

需要更新和补种的植物主要有乔木、灌木、色块和草坪，其中以草坪最为常见。草坪退化有自身原因，还有人为践踏和阳光不足等原因。对于树林下面的草坪，建议种植麦冬、吉祥草、二月兰等耐阴植物。如果是阳光下的草坪退化，可以补播草籽，或重新铺种草坪。

一、植物补种流程

发现死亡 → 绿化主管分析原因 → 绿化主管补种建议 → 公司批准补种计划 → 工人种植 → 重点养护

二、植物补种注意事项

（1）植物补种一般安排在春秋进行，应提前统计枯死苗木名称、规格、数量、地点，制定好苗木采购计划，做好人力和机械安排；

（2）指定专人负责养护新栽苗木；

（3）容易被人践踏的草坪和色块在补种后应封闭围挡，并设置告示牌；

（4）草坪补种可以采取铺草块和播种两种方法；

（5）大树补种注意机械操作的可能性，防止压坏地面铺装，防止损坏高空电线和通信设施，如果机械无法进场操作，可以考虑改换小型树种；

（6）由于绿篱和色块苗木种植密度很大，补种操作时很困难，当补种数量较多时可以考虑全部拔掉现有苗木后重新栽植，这样反而比在中间补苗更快。

第七节
室内盆栽植物

一、室内盆栽植物特点

室内盆栽植物主要采用观花、观叶植物，其次就是盆景。大部分室内盆栽植物适宜在温暖湿润的半阴或阴蔽的环境下生长，还有适宜热带沙漠的仙人掌类植物，有极强的耐干旱性。大部分室内盆栽植物耐寒和耐高温的性能比较差，适宜生长温度在 15～30℃，夏季室内温度不要超过 34℃，过冬温度宜在 5℃以上。不同的植物对光照、湿度的要求均有差别，一般适宜散射光，湿度保持在 60％～80％。湿度可以通过喷雾调节。

室内盆栽花卉由于栽培土壤有限，因此对水肥和透气性要求较高，需要通过人工不断调节，满足其生长需要。

二、室内盆栽植物摆放形式

1. 普通式

盆栽植物摆放的普通式主要有点式、线式、片式等。点式就是最常见的形式，在桌面、墙角、茶几、窗台摆放几盆，数量不宜太多，起到点缀作用。线式和片式就是摆放花盆数量较多，以直线或按照设想的图案摆放，呈有规律、有间距的变化。

2. 墙壁式

以墙壁做背景，用植物美化墙壁。利用家具、支架、墙壁摆放盆栽植物，让单调的墙面充满生机。

3. 悬挂式

把藤本植物悬挂起来，美化空间，但一定要固定好位置，而且不能影响人们正常活动。

三、室内盆栽植物养护方法

1. 花盆选择

室内花卉通常以盆栽观赏为主，花盆主色调选择应当适合使用环境。花盆以透气性好的瓦盆为佳，紫砂盆、陶瓷盆、塑料瓶、木桶等也是常用的花盆。

2. 种植土要求

盆栽种植土应当具有疏松、通气、透水的特点，同时也要有保水、保肥能力。由于这些特殊要求，盆栽种植土应优先选择配制营养土。下面推荐几种营养土配制方法：

（1）一二年生草花，3 份腐叶土＋3 份园土＋2 份河沙，例如瓜叶菊；

（2）球根花卉，1 份园土＋1 份腐叶土，例如仙客来；

（3）观叶植物，1 份腐叶土＋1 份园土＋0.5 份河沙，例如黛粉叶和绿萝；

（4）木本植物，4 份腐叶土＋5 份园土＋1 份河沙，例如月季；

（5）兰花植物，1份腐叶土＋1份珍珠岩；

（6）多肉植物，2份园土＋1份腐叶土＋4份粗沙＋1份珍珠岩＋0.5份砻糠灰。

3. 水分管理

浇水时间和次数应根据植物生长习性、天气变化、土壤干湿度灵活掌握。湿生植物应多浇水，如绿萝；旱生植物可少浇水，如仙人掌；夏天要多浇水，冬天要少浇水；土壤潮湿要少浇水，土壤干裂时要多浇水。高温时，可增加喷雾次数。

盆栽植物浇水要掌握见干见湿原则，土壤干透时浇一次透水，不能浇半截子水；不干不浇水，做到干湿交替。如何把握土壤是否干透呢？那就看花盆土壤表面是否发白变硬，干透的原则是植物叶子不能发生萎蔫。判断盆花是否缺水的方法还有轻敲花盆听声音，若声音发闷，表明不缺水；若声音发脆，表明缺水。如果仍然无法掌握浇水技巧，可以把花盆部分浸入水桶中，让其从底部排水孔自然吸水。

4. 施肥

由于盆栽土壤容量有限，加上浇水次数较多，因此土壤中肥料流失及肥料被植物消耗都很快，需要不断补充养分。除了使用化肥外，推荐使用经过充分发酵的有机肥，但浓度和使用量都不能太高，否则味道太大。

施肥应当做到薄肥勤施，浓度应低，有机肥浓度不超过5％，化肥浓度不超过0.2％。一般半个月施肥一次，注意松土在先。

5. 换土

还可以通过置换营养土方法来解决土壤缺肥。置换营养土方法是先去除花盆内小部分陈旧土壤，换上新鲜的营养土，前提是不能弄散植物土球，更不能伤害主要根系。具体操作是把花盆倒过来，从花盆底部排水孔用手指顶出土球，不要弄散土球（此法适合中小型盆栽花卉），去除土球外围土壤，缩小土球后再放进花盆，然后回填新鲜营养土就可以了。

6. 整形修剪

整形修剪方法同乔灌木差不多，这里强调的是植物已有的形状不要轻易改变，主要是修剪病虫枝、枯枝、过密枝还有扰乱树形的枝条。

7. 病虫害防治

盆栽花木应及时防治病虫害。要注意仔细观察，如果病虫害很少，可以使用刮除虫卵和修剪病虫害枝条的方法；如果病虫害很严重，可以使用杀菌剂和杀虫剂对症下药，但使用时应当严防污染环境，同时保存好农药。

8. 冬季保暖

室内花卉应放入温室过冬，温度不能低于5℃。

9. 保持清洁

室内盆栽植物摆放时间久了，必然会落上许多灰尘，影响观赏。为了保持清洁，绿化工在完成浇水工作后，应当主动用潮湿抹布擦干净植物叶子表面灰尘，使其保持光亮。

第六章
植物病虫害防治

危害植物正常生长发育的主要有病害、虫害两大类，两者的症状和防治方法有着很大的差别。

第一节
病害基础知识

一、病害概念

病害指植物在生物或非生物因子的影响下，发生一系列形态、生理和生化上的病理变化，阻碍了其正常生长、发育的进程，导致许多病态现象。病害可分为非侵染性病害和侵染性病害。

非侵染性病害主要由植物所处环境条件造成，如土壤的营养元素、pH 值、盐分、水分、空气、光照、灾害性天气等，常见危害症状有叶片黄化、叶尖焦枯等。非侵染性病害无传染性，不会殃及其他植物，在消除病因后，植物仍然能正常生长。

侵染性病害是由病原生物如真菌、细菌、病毒、线虫引起的病害，具有传染性，常见病状是变色、坏死、腐烂、萎蔫、畸形，病症有霉状物、粉状物、点状物、脓状物。侵染性病害因为是生物病原造成的，因此会通过各种途径传染到其他健康植物上并造成严重后果。

二、症状、病症和病状

症状指园林植物感病后，其外表所显现出来的各种各样的病态特征。典型症状包括病状和病症两个方面。

病状是园林植物感病后植物本身的异常表现，也就是受病植株生理解剖上的病变反映到外部形态上的结果。病状的具体表现形式有变色、坏死、腐烂、斑点、萎蔫、畸形等。

病症是指寄主病部表面病原物的各种形态结构，并能直接观察到的特征。由真菌、细菌和寄生性种子植物等因素引起的病害，病部多表现较明显的病症，如病部出现各种不同颜色的霉状物、粉状物、粒状物、疱状物、脓状物等。病毒、植原体等寄生在植物细胞内以及非侵染性病害在植物体外无表现，它们所导致的病害无病症。植物病原线虫多数在植物体内寄生，一般植物体表也无病症。

三、病症主要特点

（1）霉状物：霉是真菌性病害常见的病症，不同的病害，霉层的颜色、结构、疏密等变化较大，可分为霜霉、黑霉、灰霉、青霉、白霉等；

（2）粉状物：粉状物是某些真菌的孢子密集地聚集在一起所表现的病症；根据颜色的不同又可分为白粉、锈粉、黑粉等；

（3）疱状物：茎和叶脉上可形成突起的增生组织；

（4）粒状物：病菌常在病部产生一些大小、形状、颜色各异的粒状物；

（5）脓状物：病部产生的胶黏脓状物，干燥后形成白色的薄膜或黄褐色的胶粒，是细菌性病害所特有的病症。

四、引起侵染性病害的主要病原物

1. 真菌

真菌是一种真核细胞微生物。细胞结构比较完整，有细胞壁和完整的细胞核，不含叶绿素，无根、茎、叶的分化。真菌少数为单细胞，大多为多细胞，由丝状体和孢子组成。

真菌是典型异养生物，从动植物的活体、死体和它们的排泄物，以及断枝、落叶和土壤腐殖质中来吸收和分解其中的有机物，作为自己的营养。真菌的异养方式有寄生和腐生。

真菌营养体是管状的菌丝。真菌繁殖体是无性孢子和有性孢子。真菌孢子的生命周期是经过萌发、生长、发育，最后又产生同一种孢子的过程。

由植物病原真菌引起的病害占植物病害的 $70\%\sim80\%$，且种类繁多。常见的有叶斑病、炭疽病、白粉病、黑粉病、锈病、霜霉病、煤污病等。

2. 细菌

细菌主要由细胞膜、细胞质、核糖体等部分构成，有的细菌还有荚膜、鞭毛、菌毛等特殊结构。细菌是单细胞微生物，用肉眼无法看见，需要用显微镜来观察。细菌的营养方式有自养及异养。细菌以简单的二分裂方式无性繁殖，其突出的特点为繁殖速度极快。

植物受到细菌侵染所致的病害有穿孔病、软腐病、溃疡病、根瘤病等。侵害植物的细菌都是杆状菌，大多数具有一至数根鞭毛，可通过自然孔口（气孔、皮孔、水孔等）和伤口侵入，借流水、雨水、昆虫等传播，在病残体、种子、土壤中过冬，在高温、高湿条件下容易发病。细菌性病害症状表现为萎蔫、腐烂、穿孔等，发病后期遇潮湿天气，在病害部位溢出细菌黏液，有明显恶臭味，是细菌病害的典型特征。

真菌病害与细菌病害区别：真菌侵染植物后会留下粉状物、霉状物、锈状物、点状物等病症，而细菌侵染植物后没有这些特征。

3. 病毒

病毒比细菌还小，大部分要用电子显微镜才能观察到。病毒是没有细胞结构，只能在寄主细胞中增殖的微生物。病毒由蛋白质和核酸组成。

植物感染病毒以后，常引起花叶、矮化和畸形，较常见的有一串红花叶病、美人蕉花叶病、兰花花叶病等。

4. 线虫

线虫为微小的蠕虫，可寄生在植物的多种器官上，其为害状极像病害的症状，故将其称病害，如仙客来根结线虫病、松材线虫病、穿孔线虫病等。

线虫属于线形动物门线虫纲，体形微小，在显微镜下方能观察到。对植物有害的线虫约 3000 种，大多生活在土壤中，也有的寄生在植物体内。线虫通过土壤或种子传播，能破坏植物的根系，或侵入地上部分的器官，影响植物的生长发育，还间接地传播由其他微生物引起的病害，造成很大的经济损失。线虫感染植物表现的症状有萎蔫、枯死、茎叶扭曲、叶尖捻曲干缩、叶斑、虫瘿和花冠肿胀等。

园林绿化中最常见线虫是根结线虫和松材线虫两大类。

（1）根结线虫发生后，植物根部有大量根瘤。剥开根瘤看见大量圆形颗粒物，即线虫体。

（2）松材线虫病又称松树萎蔫病，是松树毁灭性病害。针叶失绿变成黄褐色和红褐色，萎蔫，最后枯死，但针叶长时间不落。松树线虫病与天牛传播有关。

第二节
虫害基础知识

一、虫害概念

虫害主要由昆虫、螨类引起，当然还有其他类型害虫。害虫有的是取食植物根、茎、叶，例如蛴螬、刺蛾等；有的吸取植物营养并引起植物受害组织变色、畸形、生长发育受阻，例如蚜虫、介壳虫等。

昆虫和螨类与植物关系密切，在栽培植物中没有一种不受其危害。人们通常把危害各种植物的昆虫和螨类等称为害虫，把由它们引起的各种植物伤害称为虫害。根据害虫为害植物部位及为害方式，我们又把害虫分为食叶性害虫、刺吸性害虫、钻蛀性害虫、地下害虫四大类。

昆虫和螨类对植物的危害还表现在传播植物病害，如蚜虫、飞虱、叶蝉、瘿螨等可以传播植物病毒，因而防治媒介昆虫是防治许多植物病害的重要措施之一。也有不少对人类有益的昆虫种类，它们在田间捕食害虫或寄生于害虫体内，称为害虫的天敌。在害虫防治实践中，首先要掌握昆虫的一般形态特征及其生长发育规律，正确识别益虫和害虫，以进一步利用益虫和控制害虫。

二、昆虫类

昆虫种类繁多、形态各异，属于动物界中的节肢动物门、昆虫纲，是动物界中种类最多、分布最广、适应性最强和群体数量最大的一个类群，已发现 100 多万种。昆虫分为头部、胸部、腹部 3 段。头部具有口器和 1 对触角，并有复眼 2 个，通常有单眼 3 个，是昆虫取食、感觉的中心。胸部分为 3 节，一般有 2 对翅，3 对足。腹部包括消化系统和生殖系统。昆虫触角具有嗅觉、触觉与听觉，常见的有丝状、刚毛状、棒状、羽状、念珠状等。

昆虫的口器分为咀嚼式、刺吸式和舐吸式三大类。口器决定昆虫危害植物的方式，如刺蛾、蝗虫为咀嚼式口器以食叶为主，蚜虫、蝉为刺吸式口器以吸取植物营养为主，家蝇为舐吸式口器可以同时吸取液体或颗粒食物。

一些昆虫一生会经历卵、幼虫、蛹和成虫 4 个阶段，称作完全变态昆虫。幼虫与成虫的差异非常大，幼虫还要经历蛹的阶段才能成为成虫。蝴蝶、蝇、蛾等昆虫的发育都要经历完全变态的过程。

另一些昆虫一生只经历卵、若虫、成虫 3 个阶段，称作不完全变态昆虫，例如蚜虫、蟀、蝼蛄等。昆虫的卵经孵化而成的幼虫被称为若虫，体态与成虫相似。若虫在生长过程中要经历几次蜕变，才能完全发育成成虫。

昆虫龄期指的是昆虫生长阶段，昆虫从卵孵出来叫 1 龄幼虫，蜕第一次皮后叫 2 龄幼虫，蜕第二次皮叫 3 龄幼虫，以此类推。所以 2 龄幼虫并不是生长 2 年的虫子，只是到了幼虫生长的第 2 阶段，在体态等方面会有一些相应的变化。

昆虫具有趋光性、趋化性、趋温性、趋湿性，另外还有假死性、群集性的特点。我们可以利用昆虫这些特点进行围捕和诱杀，防治效果更佳。

三、螨类

螨属于无脊椎动物，节肢动物门，蛛形纲，蜱螨亚纲，已知约 5 万种。多数螨体形甚小，肉眼刚能看见，一般为 0.1 毫米至数毫米。

螨类与昆虫的最主要的形态区别是螨类没有明显的头、胸、腹之分，有 4 对足，没有翅和复眼。螨的生活史历经卵、幼螨、若螨和成螨 4 个阶段。

螨有很多种类，其中危害园林植物的主要有叶螨类，如朱砂叶螨、山楂叶螨、二点叶螨、酢浆草叶螨等。绝大多数螨类危害特点十分相似，均以其细长的口针刺破植物表皮细胞，吸食汁液，使被害部位失绿、枯死或畸形，但不同植物、不同被害部位常表现不同的受害状。

螨类的发育繁殖适温为 15～30℃，属于高温活动型，每年 6 月～9 月是螨类高发期。在热带及温室条件下，全年都可发生。温度的高低决定了螨类的发育周期、繁殖速度和产卵量的多少，干旱炎热的气候条件往往会导致其大发生。螨类发生量大，繁殖周期短，隐蔽，抗药性上升快，难以防治。

四、其他害虫

植物害虫除了昆虫和螨类外，还有其他危害生物，如蜗牛、蛞蝓、蚯蚓等。

1. 蜗牛和蛞蝓

蜗牛和蛞蝓同属软体动物门，腹足纲，柄眼目。具有如下主要特征：身体分头、足和内脏团 3 部分。头部长而发达，有 2 对可翻转缩入的触角。足部发达，一般有广阔跖面。通常有外套膜分泌形成的贝壳 1 枚，但也有的退化（如蛞蝓）。雌雄同体，卵生。

蜗牛多生于潮湿、阴暗、多腐殖质的草丛、灌木丛、田埂、石缝中或落叶下，常见的有害种类如同型巴蜗牛、灰巴蜗牛等。蜗牛食性较杂，可食害豆科、十字花科、果树等多种植物。初孵的幼虫仅仅食叶肉，留下表皮，稍大后用齿舌刮食叶茎，造成孔洞缺刻。严重者将苗木咬断，是苗期有害生物之一。

蛞蝓俗名鼻涕虫，身体裸露而柔软，似没有贝壳的蜗牛。贝壳退化成一块薄而透明的石灰质盾板，长在体背前端 1/3 处的外套膜内。蛞蝓在我国大部分省份均有分布，且食性杂，可危害菊花、一串红、月季、仙客来等多种花草。最喜食萌发的幼芽及幼苗，造成缺苗断垄。受害植物叶片被刮食，并被排泄的粪便污染，导致菌类侵入，引起某些病害。

2. 蚯蚓

蚯蚓是常见的一种陆生环节动物，生活在土壤中昼伏夜出，以畜禽粪便和有机废物垃圾为食，连同泥土一同吞入，也摄食植物的腐烂茎叶等碎片。它们主要在土壤的表层分布，那里有机质比较丰富。土壤的结构、酸碱度、含水量、通气性等都是限制其分布及数量的因素。蚯蚓虽然可使土壤疏松、改良土壤、提高肥力促进农业增产，但蚯蚓生活在草坪土壤中，取食土中的有机质、草坪枯叶、根等，夜间爬出地面，将粪便（主要是泥土）排泄在地面，在草坪上形成许多凹凸不平的土堆，影响草坪景观。草坪中的蚯蚓发生量大时，可用毒死蜱或茶枯饼喷雾或灌根。

第三节
病虫害防治方法

影响病虫害发生的因素主要有三个,即环境条件、寄主、病虫害来源。因此病虫害防治思路主要通过改变这三个要素出发。从环境出发就是创造不利于病虫害生存繁衍的环境条件,控制病虫害发生发展。从寄主出发就是增强寄主植物抗性,限制病虫害传播蔓延。从病虫害来源出发就是控制病虫害数量,直接消灭它们。

一、常见防治方法

1. 植物检疫

植物检疫是通过法律、行政和技术的手段,防止危险性植物病、虫、杂草和其他有害生物的人为传播,保障农林业的安全,促进贸易发展的措施。

植物检疫通常由县级以上农林行政主管部门所属的植物检疫机构实施,植物检疫名单由农业农村部制定,调运的种子等植物繁殖材料和已经列入检疫名单的植物、植物产品在运出发生疫情的县级行政区之前必须经过检疫,不合格者拒绝运往外地。

植物检疫虽然由政府行政机关来做,但我们应当树立植物检疫的意识,主动配合植物检疫流程,对没有"植物检疫证书"的外地苗木应当拒收。

2. 园艺防治

应及时剪除病虫枝、挡风枝、遮光枝、徒长枝、枯死枝。有土壤传染源的土壤应及时消毒。夏季应适量控制氮肥,增施磷肥、钾肥,不得使用未腐熟的有机肥和植物残体。应保护好土表的无病源落叶或经粉碎的枝叶、碎屑和地被植物。及时清除残枝落叶,减少病虫源。选用健康苗木和种子。合理密植,做到通风透光。清除杂草,减少病虫害滋生的场所。

3. 人工防治

应摘、刷、挖除悬挂或依附在植物体和建筑物上的虫茧、虫囊、卵块、卵囊、虫体。应剪除有虫枝叶、虫网幕。应直接捕杀个体大、危害症状明显的、有假死性或飞行能力不强的成虫。应挖除土壤中休眠的虫体。

4. 生物防治

生物防治就是利用一种生物对付另外一种生物的方法。生物防治,大致可以分为以虫治虫、以鸟治虫和以菌治虫三大类。它利用了生物物种间的相互关系,以一种或一类生物抑制另一种或另一类生物。它最大优点是不污染环境,是非生物农药防治病虫害方法所不能比的。

生物防治的方法有很多，如利用天敌防治，利用作物对病虫害的抗性防治，利用不育昆虫和遗传方法防治等。现在科技发达，生物农药也成了生物防治病虫害的一种简便方法。

生物防治应利用天敌资源，引进繁殖、饲养以及助迁招引优势天敌。释放天敌昆虫应正确掌握防治虫态、释放比例、释放时期和释放量。推广使用致病细菌、真菌、病毒等微生物制剂和防治病虫害的生物药剂。

5. 物理防治

根据害虫的某些习性，使用工具、设备或创造害虫所喜欢的物质条件，利用光、热、辐射等机械、物理等方法防治害虫。此法简便易行、无污染，特别适合于城市园林使用。

物理防治方法有：

（1）灯光诱杀，在成虫发生期应利用黑光灯、频振杀虫灯、高压电网杀虫灯诱杀成虫；

（2）诱饵杀虫，利用害虫喜欢的各种诱饵杀虫，如用炒香的麦麸拌药诱杀蝼蛄，糖醋酒液诱杀小地老虎等，还有利用黄色和蓝色粘虫板诱杀害虫；

（3）热处理，利用热力（干热或湿热）处理种子、种球及植物组织，消灭其内外病虫害，深翻土地，让太阳暴晒栽培土；

（4）阻止害虫爬上树木，在树干上设置塑料薄膜环可阻挡草履蚧、尺蠖、松毛虫等害虫上树危害。

6. 化学防治

首先必须对农药的浓度、剂型、药害、防治对象及使用方法充分了解；其次掌握病虫发生规律、虫口密度、危害程度以及气象条件（光照、温度、湿度、风等）对病虫等发生、发展和对农药发挥作用的影响等；再者，必须为使用农药准备好所需的各种条件和安全防护措施，同时对操作人员进行严格的技术培训。

农药使用方法有种子消毒、叶面喷洒、土壤处理三种。宜用触杀型农药防治虫口密度大、发生范围广的害虫。宜用胃毒型农药防治食量大的害虫。宜用熏蒸型农药防治隐蔽害虫或进行土壤消毒。宜用激素类农药抑制害虫生长发育或诱集、迷向，阻碍其繁衍。宜用保护剂、内吸剂等防治病虫害、杂草。

农药剂量要严格按照使用说明书正确使用，不能随意加大农药剂量和施药次数，必要时先做小范围使用后再推广。农药不要长期使用一种药品，注意和其他相同类型同作用的农药交替使用，防止病虫产生抗药性。按照农药混用表，用两种以上农药进行合理的混合，再加入相应的增效剂，可使药性互补，提高杀虫杀菌的效果。

7. 综合防治

园林植物病虫害防治应贯彻"预防为主，综合防治"的原则，千万不要单纯依靠化学农药来防治病虫害。化学农药防治虽然使用简便、成本低廉、效果显著，但是经过长期大量使用后，产生的副作用会越来越明显，不仅污染环境，而且使得病虫害产生抗药性，同时也会伤害有益生物。

综合防治是以防为主，根据植物、天敌、病原物之间相互依存、相互制约的关系，积极创造适合植物、天敌生长而不利于病原物发生的环境，充分发挥自然控制因素的作用，综合利用检疫、栽培、物理、化学、生物等各种防治方法，将有害生物控制在经济损失允许的范围内，把可能产生的破坏作用降低到最低限度，力求达到"安全、有效、经济、简便"的目标。

二、适时监控

适时监控，做到早发现早预防，可以有计划有目标地控制病虫害发生，减少病虫害带来的损失，起到事半功倍的防治效果。根据绿化工作人员的长期经验积累，发现一年中病虫害发生时间、种类、危害对象都是有规律可循的，只要掌握这些规律，就能实时监控病虫害的出现，采取针对性的防治措施。监控内容包括发生时间、病虫害种类、植物受害情况、虫口密度等。

病害从春天开始发生持续到秋天结束，其中高温高湿期是植物病害高发期，一定要加强监控，及时防治病害。

虫害从春天发生持续到秋天结束，其中6月～8月是各种害虫活跃时期；春天3月～5月重点预防蚜虫、黄杨绢野螟、地下害虫；夏天6月～8月重点预防蛀干害虫、食叶害虫、红蜘蛛等；9月～11月上旬，主要有蚜虫、木蠹蛾、蟋蟀、地老虎等。

三、病虫害防治月历

病虫害防治月历是人们长期实践经验的总结，也是指导今后植物保护的工作指南，有利于我们按时监测病虫害发生发展情况，合理安排病虫害防治计划，及时有效地防治病虫害。

植物病虫害防治月历参见表6-1。

表 6-1　植物病虫害防治月历表

月份	病虫害防治内容
一月份 二月份	① 清除枯枝、落叶、杂草,减少病虫害滋生条件； ② 结合修剪,去除病虫害枝条和越冬虫卵； ③ 检查植物防寒保暖措施,防治植物冻害； ④ 深翻土壤,施加有机肥或缓释性复合肥,增强植物抵抗病虫害能力； ⑤ 注意收听天气预报,及时排除暴风雪压坏树枝的危险

月份	病虫害防治内容
三月份	① 清除枯枝、落叶、杂草,减少病虫害滋生条件; ② 继续完成落叶乔灌木的修剪工作,注意植物花前花后的修剪顺序; ③ 喷洒3~5波美度石硫合剂,重点预防灌木丛和草坪病虫害发生; ④ 加强监控介壳虫、蚜虫、粉虱、天牛、黄杨绢螟等害虫的活动,及时防治
四月份	① 病害:预防叶斑病、白粉病、锈病、月季黑斑病、桃树流胶病等; ② 食叶性害虫:重点监控黄杨绢野螟和金叶女贞的苹小卷叶蛾危害; ③ 刺吸性害虫:加强监控各种介壳虫、蚜虫、网蝽等活动,及早防治; ④ 钻蛀性害虫:注意检查树干上有无新鲜排粪孔和树液,可用铁丝勾出幼虫; ⑤ 地下害虫:深翻土地,清除蛴螬、蝼蛄和金针虫; ⑥ 草坪病虫害:重点预防白粉病、锈病的危害
五月份	① 病害:预防叶斑病、白粉病、锈病、穿孔病、桃树流胶病等病害; ② 食叶性害虫:预防淡剑夜蛾、尺蠖、柳毒蛾、卷叶蛾、柳叶甲等虫害; ③ 刺吸性害虫:预防介壳虫、蚜虫、网蝽、红蜘蛛、粉虱、木虱; ④ 钻蛀性害虫:检查天牛、木蠹蛾等蛀干害虫活动情况,捕捉天牛成虫; ⑤ 地下害虫:注意检查蛴螬、蝼蛄和金针虫活动情况; ⑥ 草坪病虫害:预防白粉病、锈病、褐斑病的危害
六月份	① 病害:预防叶斑病、白粉病、锈病、穿孔病、炭疽病、煤污病等病害; ② 食叶性害虫:预防尺蠖、袋蛾、刺蛾、卷叶蛾、毒蛾、樟巢螟、叶甲等虫害; ③ 刺吸性害虫:预防介壳虫、网蝽、红蜘蛛、粉虱、木虱、叶蝉等; ④ 钻蛀性害虫:检查天牛、木蠹蛾等蛀干害虫活动情况,注意捕捉天牛成虫和敲除树干上产生的虫卵; ⑤ 地下害虫:继续监控蛴螬、蝼蛄和金针虫活动情况; ⑥ 草坪病虫害:预防蛴螬、黏虫、淡剑夜蛾、白粉病、锈病、褐斑病的危害
七月份	① 病害:预防叶斑病、白粉病、锈病、穿孔病、炭疽病、煤污病、枯萎病等病害; ② 食叶性害虫:预防尺蠖、袋蛾、刺蛾、螟蛾、毒蛾、樟巢螟、叶甲等虫害; ③ 刺吸性害虫:预防介壳虫、网蝽、红蜘蛛、粉虱、木虱、叶蝉等; ④ 钻蛀性害虫:防治天牛、木蠹蛾等蛀干害虫,捕捉天牛成虫和敲除树干虫卵; ⑤ 地下害虫:高温时,地下害虫多数转入地下深处; ⑥ 草坪病虫害:预防淡剑夜蛾、黏虫,高温高湿时注意检查各种病害发生情况
八月份	① 病害:预防叶斑病、穿孔病、炭疽病、煤污病、灰霉病等病害; ② 食叶性害虫:预防斜纹夜蛾、袋蛾、刺蛾、螟蛾、毒蛾、樟巢螟、叶甲等虫害; ③ 刺吸性害虫:预防介壳虫、网蝽、红蜘蛛、粉虱、木虱、叶蝉等; ④ 钻蛀性害虫:防治天牛、木蠹蛾等害虫,消灭蛀干害虫,剪除受害严重枝条; ⑤ 地下害虫:注意预防地老虎和金龟子; ⑥ 草坪病虫害:预防黏虫、淡剑夜蛾,高温高湿时注意检查各种病害发生情况
九月份	① 病害:预防叶斑病、炭疽病、白粉病、锈病、煤污病、叶穿孔病等病害; ② 食叶性害虫:预防斜纹夜蛾、袋蛾、刺蛾、黄杨绢野螟、樟巢螟等虫害; ③ 刺吸性害虫:预防介壳虫、网蝽、红蜘蛛、粉虱、木虱、蚜虫等; ④ 钻蛀性害虫:枝干上发现天牛、木蠹蛾等新鲜虫粪,用铁丝或毒棉签消灭幼虫; ⑤ 地下害虫:重点预防蛴螬、蝼蛄、金针虫和地老虎; ⑥ 草坪病虫害:预防黏虫、地老虎、淡剑夜蛾、白粉病、锈病、褐斑病等

月份	病虫害防治内容
十月份	① 病害:预防叶斑病、炭疽病、白粉病、锈病、煤污病、叶穿孔病等病害; ② 食叶性害虫:预防斜纹夜蛾、袋蛾、刺蛾、黄杨绢野螟、樟巢螟等虫害; ③ 刺吸性害虫:预防介壳虫、网蝽、红蜘蛛、粉虱、木虱、蚜虫、蓟马等; ④ 钻蛀性害虫:发现天牛、木蠹蛾等蛀干新鲜虫粪,用铁丝或毒棉签消灭幼虫; ⑤ 地下害虫:重点预防蛴螬、蝼蛄、金针虫和地老虎; ⑥ 草坪病虫害:预防黏虫、地老虎、淡剑夜蛾、白粉病、锈病、灰霉病等
十一月份	① 病害:预防白粉病、锈病、黑斑病等病害; ② 食叶性害虫:预防斜纹夜蛾、袋蛾、刺蛾、黄杨绢野螟、樟巢螟等虫害; ③ 刺吸性害虫:预防介壳虫、红蜘蛛、蚜虫等; ④ 钻蛀性害虫:发现天牛、木蠹蛾等蛀干新鲜虫粪,用铁丝或毒棉签消灭幼虫; ⑤ 树干刷白,清除病虫枝和越冬虫卵、蛹
十二月份	① 清除枯枝落叶和杂草,减少病虫害滋生条件; ② 结合修剪,去除病虫害枝条和越冬虫卵、蛹; ③ 加强畏寒植物的防寒保暖工作,防治冻害; ④ 制定来年植物保护工作计划,做好农药、工具保管和采购计划

第四节
植物常见病害

一、真菌性病害

1. 白粉病

发病特点:白粉病发生在叶、嫩茎、花柄及花蕾、花瓣等部位,初期为黄绿色不规则小斑,边缘不明显。随后病斑不断扩大,表面生出白粉斑,最后该处长出无数黑点。染病部位变成灰色,连片覆盖其表面,边缘不清晰。受害严重时叶片皱缩变小,嫩梢扭曲畸形,花芽不开。白粉病图片见彩图 1。

发病规律:主要发病时间为春、秋季,而以春季最为严重。秋季清除枯枝落叶,并销毁,以减少侵染源;生长季节及时摘除病芽、病叶和病梢。

防治方法:发病时可喷洒 25% 三唑酮(粉锈宁)3000 倍液或 80% 代森锌可湿性粉剂 500 倍液,宜交替用药。

易发生白粉病的有悬铃木、紫薇、大叶黄杨、月季、黄栌、葡萄、紫玉兰、大丽花、核桃、向日葵、瓜叶菊、草坪等。

2. 煤污病

发病特点:叶片、嫩梢、枝条、树干均能发生,严重时黑色煤尘状物布满叶片、枝条、树干,大多在叶片的正面,严重影响植物的景观效果和光合作用。煤污病图片见彩图 2。

发病规律：主要由蚧、蚜虫等刺吸性害虫危害后引起。这是因为蚧、蚜虫等排出的蜜露是致病菌的营养来源，为致病菌大量繁殖提供良好的条件。

防治方法：重点防治介壳虫、蚜虫，减少其排泄物或蜜露，从而达到防病目的。

该病常见于紫薇、小叶女贞、夹竹桃、枸骨等。

3. 锈病

发病特点：由真菌中的锈菌寄生引起的一类植物病害，危害植物的叶、茎和果实。叶面最初出现黄绿色小点，扩大后呈橙黄色或橙红色有光泽的圆形小病斑，边缘有黄绿色晕圈。病斑上着生针头大小橙黄色的小点粒，后期变为黑色。病组织肥厚，略向叶背隆起，其上有许多黄白色毛状物，最后病斑变成黑褐色，枯死。锈病图片见彩图 3。

发病规律：锈病多发生在春秋高温高湿的时候，注意梨和桧柏要分开种植。

防治方法：锈病发病初期喷 15% 三唑酮可湿性粉剂 1500 倍液控制病害发生，后期可以用 70% 甲基硫菌灵可湿性粉剂 800～1000 倍液，敌锈钠 250～300 倍液，10～15d/次。

该病最典型的是梨桧锈病，毛白杨、海棠、玫瑰、竹子、草坪等其他植物也受其危害。

4. 炭疽病

发病特点：该病主要发生在叶片上，常常发生在叶缘和叶尖部位，严重时导致大半叶片枯黑死亡。该病有急性型和慢性型，急性型的典型症状是病斑初期呈暗绿色，似水烫伤状，后期呈褐色至黑褐色，然后病部腐烂。慢性型的典型症状是病斑呈灰白色，其上生有呈轮纹状排列的黑色小颗粒，潮湿条件下溢出粉红色分生黏孢子团。炭疽病图片见彩图 4。

发病规律：病菌以菌丝体在病叶中越冬，翌年春季开始发病，以 6 月～9 月发病重，高湿有利于发病。

防治方法：发病前喷洒保护剂，如 80% 代森锌可湿性粉剂 700～800 倍液，或 75% 百菌清可湿性粉剂 500 倍液。发病期间及时喷洒甲基硫菌灵可湿性粉剂 1000 倍液。

该病常见于梅花、兰花、山茶花、芍药、萱草、玉簪、君子兰、桂花、百合、鸡冠花等。

5. 叶斑病

叶斑病是叶片组织受到局部侵染，导致出现各种形状斑点病的总称。叶斑病常见类型主要有褐斑病、黑斑病、角斑病、斑枯病、轮斑病等，受害植物范围广，也比较常见。叶斑病图片见彩图5。

下面以大叶黄杨褐斑病为例。

发病特点：在新叶上产生黄色或褐色小点，逐渐扩展为近圆形不规则的斑，直径可达3～10mm。后病斑变成灰褐色或灰白色，边缘色较深，病斑上有轮纹及许多黑色小霉点。

发病规律：该病5月中、下旬开始发生，8月为发病高峰期，11月后发病基本停止。

防治方法：发病前喷洒75%百菌清可湿性粉剂1000倍液加70%甲基硫菌灵可湿性粉剂1000倍液提前进行预防，发病初期可用多·锰锌可湿性粉剂400～600倍液与咪鲜胺乳油500～600倍液交替使用，防止单一用药病菌产生抗性。

6. 叶枯病

发病特点：叶枯病多从叶缘、叶尖侵染发生，病斑由小到大不规则状，红褐色至灰褐色，病斑连片成大枯斑，干枯面积达叶片的1/3～1/2，病健界限明显；后期在病斑上产生一些黑色小粒点。病叶初期先变黄，黄色部分逐渐变褐色坏死，最后在病叶背面或正面出现黑色绒毛状物或黑色小点。

发病规律：该病在7月～10月均可发生，植株下部叶片发病重。高温多湿、通风不良均有利于病害的发生。植株生长势弱的发病较严重。

防治方法：发病初期开始用药，药剂可选用70%甲基硫菌灵可湿性粉剂1000倍液、50%多菌灵可湿性粉剂600～800倍液、65%代森锌可湿性粉剂500倍液、1%等量式波尔多液等。

7. 霜霉病

发病特点：此病主要危害叶片，由基部向上部发展。发病初期在叶面形成浅黄色近圆形至多角形病斑，容易并发角斑病，空气潮湿时叶背产生霜状霉层，有时可蔓延到叶面。后期病斑枯死连片，呈黄褐色，严重时全部外叶枯黄死亡。霜霉病图片见彩图6。

发病规律：春、秋季发病较重，一般在凉爽、多雨、多雾、多露的条件下易发病。该病常见于葡萄等。

防治方法：药剂防治可以在发病初期用75%百菌清可湿性粉剂500倍液喷雾，发病较重时用58%甲霜·锰锌可湿性粉剂500倍液或69%烯酰·锰锌可湿性粉剂800倍液喷雾。隔7天喷一次，连续防治2～3次，可有效控制霜霉病的蔓延。

8. 合欢枯萎病

发病特点：该病为合欢的毁灭性病害，可流行成灾。感病植株的叶下垂呈枯萎状，叶色呈淡绿色或淡黄色，后期叶片脱落，枝条开始枯死。检查植株边材，可明显地观察到变为褐色的被害部分。在叶片尚未枯萎时，病株的皮孔中会产生大量的病原菌分生孢子，这些孢子通过风雨传播。合欢枯萎病图片见彩图7。

发病规律：多在高温雨季发生，排水不畅和通风透光差也会增加发病概率。

防治方法：尽量少剪枝，剪后伤口要涂保护剂。清除重病株，以减少侵染源。生长季节未出现症状时，开穴浇灌内吸性药剂，如50%甲基硫菌灵500倍液，40%多菌灵胶悬剂800倍液等。在移植时用1%硫酸铜溶液蘸根，枝干处的伤口涂保护剂，以防病菌侵染。

容易发生枯萎病的植物除了合欢，还有紫荆、唐菖蒲、香石竹、大丽花、兰花、翠菊等。

9. 大叶黄杨枯萎病

发病特点：大叶黄杨常见病害，其特点是发病猛，传染速度快，对绿化效果影响大。患病的大叶黄杨最初只是个别枝条的上部叶片青干失水，继而整个枝条和全株叶片枝条呈青枯失水状。发病后期，叶片呈黄白色，染病严重的会导致植株死亡。大叶黄杨枯萎病图片见彩图8。

发病规律：病原为存在于土壤中的镰刀菌。病菌多从根部伤口侵入，也可直接侵入植株。一般5月中旬开始发病，7月～8月为发病高峰期，有的植株从发病到死亡不超过一周。

防治方法：发现患病植株应及时将病株拔除并烧毁，栽培地可用75%百菌清可湿性粉剂600倍液浇灌消毒，用量为5～6kg/m²，连续浇灌三次，每次间隔5天；也可用硫黄粉与土壤充分拌匀，进行消毒。对于未患病的植株，可用50%多菌灵500倍液或65%代森锌1000倍液对植株进行交替喷雾进行防治，连喷2～3次。

10. 桃树流胶病

发病特点：桃树生理性流胶病主要发生在主干、主枝上，以主干发病最突出，发病初期病部肿胀，并不断流出树胶。此病会造成树皮与木质部腐烂，树势日趋衰弱，叶片变黄、变小，严重时，全株树干枯死。

发病原因：树干害虫、冻害、霜害、受涝、土壤黏重及各种树皮损伤或环割树皮，会引起流胶。

防治方法：

（1）增施有机质腐熟肥料，提高抗病能力；减少不必要机械损伤；

（2）冬季时需剪除病枯枝干，喷施29%石硫合剂150倍液；树干刷白；加强对桃蚜、桃瘤蚜、蛀食性害虫防治，减少虫伤危害树皮；

（3）在萌芽前或春季用乙蒜素的100倍液涂抹病斑，用1：1：100波尔多液或50%多菌灵500倍液喷洒或涂抹病株；

（4）在桃树生长旺盛期 5 月～6 月，正值高温高湿季节，病害发生严重，应采用 70％代森锰锌可湿性粉剂 500 倍液或 80％福·福锌可湿性粉剂 800 倍液喷洒，7～10 天喷 1 次，连喷 3～4 次，上述农药最好交替使用；

（5）积极防治蚜虫、介壳虫、天牛等害虫。

11. 腐烂病

发病特点：腐烂病由真菌引起，类型比较多，主要为烂皮、心腐、茎腐、软腐、根腐、芽腐、花腐等症状。烂皮病危害植物有杨、柳、榆、槐、海棠等。心腐代表有棕榈等。茎腐代表有发财树、海棠等。软腐代表有君子兰、马蹄莲、仙客来、郁金香、鸢尾等。根腐代表有鸢尾、兰花、芍药、君子兰、银杏等。芽腐代表有郁金香、唐菖蒲等。花腐代表有菊花、香石竹等。

防治方法：减少伤口。在发病前，用护树大将军 1 瓶母液加水 30kg 稀释液，全面喷涂树体和地面进行消毒。15 天用药 1 次。对伤口病斑涂抹 20 倍波尔多液，或 30 倍甲基硫菌灵。

二、细菌性病害

1. 细菌性软腐病

发病特点：可使植物的组织或器官发生腐烂。病菌均为弱寄生菌，主要为害植物的多汁肥厚的器官，如块根、块茎、果实、茎基等。发病不限于田间，运输途中和贮藏期间也有发生，且为害更重。

发病规律：病原在病残体或土中越冬，主要靠流水、昆虫或接触传播，在高温高湿、伤口多的情况下发生。

防治方法：38％噁霜·菌酯按 1000 倍液稀释喷施，7 天用药 1 次。

2. 根癌病

发病特点：根癌病又称冠瘿病。樱花和月季根癌主要发生在根颈处，也可发生在根部及地上部。病初期出现近圆形的小瘤状物，以后逐渐增大、变硬，表面粗糙、龟裂，颜色由浅变为深褐色或黑褐色，瘤内部木质化。由于根系受到破坏，故造成病株生长缓慢，重者全株死亡。

发病规律：病原细菌主要通过伤口（嫁接伤、机械伤、虫伤、冻伤等）侵入寄生植物，也可通过自然孔口（气孔）侵入。病菌侵入后，经数周或 1 年以上表现症状。每年发生于 6 月～10 月，以 8 月发生最多。

防治方法：加强检疫，杜绝使用带病植物。发现重病株要刨除，轻病株可用 300～400 倍的乙蒜素浇灌，或切除瘤后用 500～2000mg/L 链霉素或 500～1000mg/L 土霉素或 5％硫酸亚铁涂抹伤口。

该病除为害樱花、月季外，还能为害大丽花、丁香、秋海棠、天竺葵、蔷薇、梅花以及林木、果树等 300 多种植物。

3. 细菌性穿孔病

发病特点：病害主要发生在叶片上，枝梢和果实也能发病。受害叶片初期出现淡褐色水渍状圆形或多角形的病斑，周围有淡黄色晕圈，边缘容易产生离层，形成穿孔。

发病规律：细菌在病枝上越冬，翌年 5 月开始发病，6 月可见叶片穿孔。气候潮湿、管理不善、树势衰弱、老树等发病重。蚜虫等危害后形成的伤口，细菌易侵入。

防治方法：在发芽前，喷施 1∶100 等量式波尔多液等。

三、病毒性病害

1. 枣疯病

发病特点：枣疯病又称丛枝病。主要症状是出现大量稠密的枝丛，影响结果，发病 3～4 年后会导致整株死亡。

发病规律：枣疯病可通过嫁接和分根传播。经嫁接传播，枣疯病潜育期在 25 天至 1 年以上。金丝小枣最易感病。土壤干旱瘠薄及管理粗放的枣园发病严重。

防治方法：发病初期，每亩枣园喷施 0.2% 的氯化铁溶液 2～3 次，隔 5～7 天喷 1 次，每次用药液 75～100kg，对于防治枣疯病具有良好效果。还可以在树干中下部钻孔注射土霉素。

2. 花叶病

发病特点：花叶病是一种全株显症的病害，染病植株从上部叶最先显症，出现浓绿、淡绿相间的花叶或斑驳症状，严重的叶片皱缩畸形。病株生长衰弱，节间缩短、全株矮化。园林绿化中最典型的是杨树花叶病。花叶病图片见彩图 9。

发病规律：花叶病是由多种病毒侵染引起。蚜虫传播和高温、干旱的天气是诱发花叶病的主要因素。

防治方法：防治蚜虫，其次喷洒抗病毒制剂加植物生长调节剂。

四、根结线虫病

发病特点：根部受害后，主侧根上形成小瘤，小瘤在根上分布似念珠状。解剖小瘤，可以发现白色的粒状物，即线虫的雌成虫；植株受害后生长衰弱、矮缩，叶色逐渐发黄以致脱落，严重时植株枯死。

发病规律：雌虫产卵于根瘤内或土中，幼虫主要在浅土中活动，进入根部后，其分泌物能刺激根部产生瘤状物。主要通过种苗、肥料、流水和农具等传播。

防治方法：用 5％克线磷防治，直径为 6cm 花盆，穴施 1～2g，严重病株应拔除烧掉。

容易发生根结线虫病的植物有菊花、大叶黄杨、仙客来、四季海棠、牡丹、山茶花、四季海棠、桂花等。

五、非侵染性病害

1. 黄化病

发病特点：病害发生初期，新梢嫩叶失绿、叶脉仍为绿色，以后也逐渐褪绿，全叶呈黄色至白色，叶小且薄、扭曲干腐、坏死；腋芽萌生，丛生许多细小的侧枝；危害严重时，全株黄白色，嫩梢顶部焦头，以致枯死。

发病规律：盐碱地容易导致植物缺铁而黄化；积水潮湿可影响根部对铁元素的吸收能力，影响叶绿素的形成而发生黄化。该病常见于香樟、栀子花、杜鹃、君子兰等。

防治方法：在新叶生长期，喷洒 0.1％硫酸亚铁稀释液于叶面，最好加入一些肥料，以利于叶片吸收硫酸亚铁，每 15 天喷一次，连喷 3～4 次。

2. 冻害

发病特点：植物冻害是指气温降至冰点以下，植物因细胞间隙结冰引起的伤害。植物冻害属于非侵染性病害，是由气候因素引起的病害，不会传播给其他植物。

发病规律：冻害多发生在早霜、冬季寒流、早春发芽这三个重要时期。植物受害部位有嫩芽、嫩梢、叶片、枝条、根系等。

防治方法：在冬季来临之前，灌溉防冻水，包裹或覆盖怕寒植物。秋季修剪不要太晚，防止刺激新芽、新梢萌发受冻。秋末少施氮肥，多施钾肥，促进枝条木质化。

3. 药害

农药药害是指因施用农药对植物造成的伤害。产生药害的环节是使用农药作喷洒、拌种、浸种、土壤处理时等；产生药害原因有药剂浓度过大、用量过多、使用不当或某些作物对药剂过敏；产生药害的表现有影响植物的生长，如发生落叶、落花、落果、叶色变黄、叶片凋零、灼伤、畸形、徒长及植株死亡等，有时还会降低农产品的产量或品质。

农药药害分为急性药害和慢性药害。施药后几小时到几天内即出现症状的，称急性药害；施药后，不是很快出现明显症状，仅是表现为光合作用缓慢，生长发育不良，延迟结实，果实变小或不结实，籽粒不饱满，产量降低或品质变差等现象，则称慢性药害。

防治方法：

（1）选择对作物安全的农药；

（2）选择植物耐药力强的时期施药，一般苗期及花期，幼嫩组织及徒长植株，易产生药害；

（3）要尽量避开炎热天的中午喷药；

（4）正确掌握施药技术，严格按照规定浓度、用量配药，稀释水要用河水或其他淡水；

（5）采取补救措施，受害后加强管理，适当补施氮肥并灌水，促使其尽快恢复生长。

第五节
植物常见虫害

根据各种害虫为害植物部位及方式将害虫分为食叶性害虫、刺吸性害虫、钻蛀性害虫、地下害虫四大类，下面分别作以详细介绍。

一、食叶性害虫

食叶性害虫是以叶片为食的害虫。主要以幼虫取食叶片，常咬成缺口或仅留网状叶脉，甚至将叶片全吃光，少数种群潜入叶内，取食叶肉组织，或在叶面形成虫瘿，如黏虫、叶蜂、松毛虫等。这类害虫的成虫多数不需补充营养，寿命也短，幼虫期成为它主要摄取养分和造成危害的时期，一旦发生危害则虫口密度大而集中。又因为成虫能作远距离飞迁，幼虫也有短距离主动迁移危害的能力，故也是这类害虫经常猖獗为害的原因之一。某些种类常呈周期性大发生。

园林植物的食叶性害虫种类很多，主要有蛾类和蝶类、叶甲、金龟子、叶蜂、蝗虫等。蛾类有刺蛾、袋蛾、卷叶蛾、舟蛾、毒蛾、天蛾、夜蛾、螟蛾、枯叶蛾、尺蛾、斑蛾。蝶类有菜粉蝶、凤蝶等。

1. 刺蛾类

刺蛾是鳞翅目刺蛾科昆虫的通称，大约有 500 种。因为幼虫背上有毒刺，所以称为刺蛾。常见的有黄刺蛾、褐刺蛾、绿刺蛾、扁刺蛾等。刺蛾危害月季、桃树、海棠、杨树、柿子、紫薇、石榴等。幼虫咬食叶片，造成叶子残缺不全。

发病规律：刺蛾在北方年生 1 代，长江下游地区年生 2 代，少数年生 3 代，均以老熟幼虫在树下 3～6cm 土层内结茧以前蛹越冬。刺蛾在植物生长期间发生，以夏季危害最为严重。

防治方法：越冬期挖除树基四周土壤中的虫茧，减少虫源。其次在幼虫盛发期喷洒 80％敌敌畏乳油 1200 倍液或 50％辛硫磷乳油 1000 倍液、50％马拉硫磷乳油 1000 倍液、25％亚胺硫磷乳油 1000 倍液、5％高效氰戊菊酯乳油 3000 倍液。

（1）黄刺蛾　幼虫，黄绿色，大龄幼虫背部有 1 个哑铃形紫褐色大斑，体躯有 4 个枝刺。茧椭圆形，质地坚硬，灰白色，上有黑褐色不规则纵纹，形似雀蛋。黄刺蛾发生于 6 月～10 月，主要为害月季、蔷薇、紫薇、紫荆、芍药、樱花、梅花、石榴、碧桃等。黄刺蛾幼虫图片见彩图 10。

（2）褐边绿刺蛾　幼虫淡黄绿色，各体节有 4 个瘤突，其上生刺毛丛，背线黄绿色至蓝色，亚背线带红棕色。1 年发生 1 代，发生于 6 月～10 月，主要为害樱花、海棠、紫荆、梅等。

（3）褐刺蛾　幼虫体长 35mm，黄色，背线天蓝色，亚背线黄色或红色，枝刺对应黄色和红色。褐刺蛾发生于 6 月～10 月，主要为害鸡爪槭、紫薇、紫荆、石榴、柑橘、桂花、玉兰、樱花、碧桃、梅花等。褐刺蛾幼虫图片见彩图 11。

（4）扁刺蛾　幼虫翠绿色，背线浅白色；体扁椭圆形，背部稍隆起，形如龟背；每一体节横向着生 4 个刺突，第 4 节背面两侧各有 1 个红点。扁刺蛾发生于 6 月～10 月，主要为害三角枫、紫薇、紫荆、桂花、栀子花、樱花、白玉兰、红叶李、碧桃、梅花、芭蕉等。

2. 袋蛾

袋蛾又名蓑蛾、避债蛾，属于鳞翅目袋蛾科，因幼虫居于各种各样丝质袋中，负袋前行而得名。幼虫体黑褐色，藏在树叶和枝条形成的皮囊内，还会吐丝下垂。袋蛾幼虫食性很杂，取食树叶、嫩枝皮及幼果，危害植物有 600 多种，以蔷薇科、豆科、杨柳科、胡桃科及悬铃木科植物受害最重，是园林植物的常见害虫之一。幼虫咬食叶片时，呈孔洞或缺刻状，严重时可将叶片吃光。袋蛾幼虫图片见彩图 12。

发病规律：长江流域 1 年 1 代，个别种或在南方有 1 年 2 代的，危害植物主要集中在夏天，取食时间在早晚及阴天，以老熟幼虫在袋囊内越冬。

防治方法：

（1）人工防治　摘除袋囊；

（2）化学防治　7 月上旬喷施 90％敌百虫晶体水溶液或 80％敌敌畏乳油 1000～1500 倍液，2.5％溴氰菊酯乳油 5000～10000 倍液防治大袋蛾低龄幼虫；

（3）生物防治　寄生蝇寄生率高，要充分保护和利用。喷洒苏云金杆菌 1

亿～2 亿孢子/mL。

3. 夜蛾类

夜蛾属于鳞翅目夜蛾科，成虫喜欢在夜间活动，趋光性强；幼虫有夜晚活动也有白天活动的。夜蛾种类很多，其中与园林植物有关的主要有斜纹夜蛾、淡剑夜蛾、银纹夜蛾、葱兰夜蛾、小地老虎、黄地老虎、黏虫等。

（1）斜纹夜蛾　成虫褐色，前翅具许多斑纹，前缘近中部有一条灰白色宽阔的斜纹，因此得名。幼虫头部黑褐色，胸部多变，从土黄色到黑绿色都有，体表散生小白点，各节有近似三角形的半月黑斑一对。斜纹夜蛾幼虫图片见彩图 13。

发病规律：发生于 8 月～11 月，主要为害大丽花、菊花、鸡冠花、叶牡丹、仙客来、石竹、香石竹、白三叶、荷花等。斜纹夜蛾主要以幼虫危害，幼虫食性杂，且食量大，初孵幼虫在叶背为害，取食叶肉，仅留下表皮；3 龄幼虫后造成叶片缺刻、残缺不全甚至将叶片全部吃光，蚕食花蕾造成缺损，容易暴发成灾。幼虫体色变化很大，主要有淡绿色、黑褐色、土黄色。

物理防治：灯光诱杀和糖醋诱杀。

药剂防治：50％氰戊菊酯乳油 4000～6000 倍液，或 20％甲氰菊酯乳油 3000 倍液，或 80％敌敌畏、25％灭幼脲、25％马拉硫磷 1000 倍液。喷药 2～3 次，隔 7～10 天 1 次。

（2）银纹夜蛾　成虫前翅深褐色，翅中有银白色马蹄形斑纹，外缘有浅波状纹。幼虫体长 25～35mm，黄绿色，头部小而圆，胴部逐渐变粗，背线呈二条白色细线。幼虫行走时呈曲伸状。

该虫能为害菊花、大丽花、翠菊、美人蕉、垂丝海棠等。主要为幼虫蚕食叶片，形成缺刻，影响生长和观赏。

防治方法：发现幼虫大量分散为害时，可喷 1.2％烟碱·苦参碱乳油 1000～1500 倍液或初孵幼虫喷苏云金杆菌乳剂 500～800 倍液防治。

（3）葱兰夜蛾　葱兰夜蛾成虫黑色，具金属光泽，危害葱兰根、茎、花。繁殖速度较快，发现需及时施药。幼虫主体黑色，具白色斑点。幼虫主要危害葱兰、朱顶红、石蒜等植物，在 8 月～9 月危害最严重。葱兰夜蛾幼虫图片见彩图 14。

发病规律：夏季炎热时，幼虫会早晚爬出来取食，它喜欢生长在阴潮的环境下。此虫年发生 5～6 代，末代老熟幼虫于 11 月下旬在寄主植物附近入土，化蛹越冬。翌年 4 月～5 月羽化，产卵。幼虫一般喜欢群集于寄主植物丛上取食，所排的粪便也多堆积在寄主植物丛基，粪便呈米白色。夏季炎热时，幼虫早晚取食，白天隐藏；在比较阴潮的林下，幼虫则整天取食。

防治方法：幼虫发生时，喷施虫酰肼 1500 倍液、药剂毒死蜱 1500 倍液或辛硫磷乳油 800 倍液，选择在早晨或傍晚幼虫出来活动（取食）时喷雾，防治效果比较好。

4. 舟蛾类

舟蛾属于鳞翅目舟蛾科，种类较多，常见的有杨扇舟蛾、杨二尾舟蛾、榆掌舟蛾、槐羽舟蛾、栎蚕舟蛾等。成虫具有趋光性，昼伏夜出。幼虫大多体色鲜艳并具斑纹，体形较特异，体背面平滑，静止时常靠腹足固着，头尾翘起，受惊时不断摆动，形如龙舟，故称为舟蛾。

幼虫具有群聚性，大多取食阔叶树树叶，主要危害海棠、樱花、榆叶梅、紫叶李、山楂、梅、柳等树木。幼虫危害叶片，严重时可吃光叶片。

防治方法：可人工震落幼虫捕杀；灯光诱杀成虫。幼虫发生期喷 90％敌百虫晶体或 80％敌敌畏乳油、50％马拉硫磷乳油 1000～1500 倍液，药杀幼虫。

5. 尺蛾（尺蠖）

尺蠖是尺蛾类幼虫的统称，属于鳞翅目尺蛾科。成虫体细长，翅宽，形似枯叶，不易被人们发现。幼虫身体细长，行动时一屈一伸像个拱桥；休息时，身体能斜向伸直如枝状。尺蠖幼虫图片见彩图 15。

尺蠖在长江流域 1 年发生 4～5 代，以蛹在土中越冬，次年 4 月份出现成虫，昼伏夜出。尺蠖有好多种，如金星尺蠖、槐树尺蠖、木橑尺蠖等，主要危害槐、杨、柳、榆、黄栌、山楂、合欢、法桐、桃、大叶黄杨等植物。尺蠖发生严重时，常把叶片食光。

防治方法：灯光诱杀，利用频振式杀虫灯诱杀成虫。化学防治在幼虫低龄阶段，虫株率小于 5％时，用 25％灭幼脲 3 号悬浮剂 1500 倍液，或 50％辛硫磷乳油 1000 倍液喷雾。

6. 螟蛾类

螟蛾属于鳞翅目螟蛾科，种类很多，与园林有关的主要是黄杨绢野螟、樟巢螟、草地螟。草地螟将在第七章草坪管理中叙述。

（1）黄杨绢野螟　黄杨绢野螟主要危害瓜子黄杨、大叶黄杨、小叶黄杨、雀舌黄杨、冬青、卫矛等植物，其中又以瓜子黄杨和雀舌黄杨受害最重。以幼虫食害嫩芽和叶片，常吐丝缀合叶片，于其内取食，受害叶片枯焦，暴发时可将叶片吃光，造成黄杨整株枯死。

幼虫初孵时乳白色，化蛹前头部黑褐色，胴部黄绿色，表面有具光泽的毛瘤及稀疏毛刺，前胸背面具较大黑斑，三角形，2 块；背线绿色，亚背线及气门上线黑褐色，气门线淡黄绿色，基线及腹线淡青灰色。黄杨绢野螟幼虫图片见彩图 16。

防治方法：可用 20％甲氰菊酯乳油 2000 倍液、2.5％高效氯氟氰菊酯乳油

2000 倍液、2.5％溴氰菊酯乳油 2000 倍液等农药，还可推广使用一些低毒、无污染的生物农药，如阿维菌素、苏云金杆菌乳剂等。

（2）樟巢螟　樟巢螟以幼虫取食香樟树叶片。1～2 龄幼虫取食叶片，3～5 龄幼虫吐丝缀合小枝与叶片，形成鸟巢样的虫巢。老熟幼虫体长 22～30mm，褐色，头部及前胸背板红褐色，体背有 1 条褐色带，两侧各有 2 条黄褐色线，每节背面有细毛 6 根。樟巢螟幼虫图片见彩图 17。

防治方法：人工摘巢，烧毁虫苞。在虫害发生之前，用 45％丙溴·辛硫磷 1000 倍液，或 20％氰戊菊酯 1500 倍＋5.7％甲氨基阿维菌素苯甲酸盐 2000 倍混合液，喷杀幼虫，连用 1～2 次，间隔 7～10 天。

7. 卷叶蛾类

卷叶蛾属鳞翅目卷叶蛾科，成虫身体小，前翅宽；幼虫淡绿色，头黄褐色，吃植物叶片，或钻进果实里面吃果肉，有的把叶片卷成筒状，潜藏叶内连续危害植株，严重影响植株生长和开花。

卷叶蛾常见的有褐卷叶蛾、苹小卷叶蛾、黄斑卷叶蛾等，主要危害蔷薇、海棠、榆叶梅、樱花、丁香、贴梗海棠、枇杷等。

发病规律：一年发生 2～3 代，危害期常发生在春夏季，受害部位以叶片为主。

防治方法：在幼虫发生期，可用 75％辛硫磷乳油 1000 倍液喷杀幼虫（最好在晚上使用），或 90％敌百虫原药 1000 倍液喷杀。

8. 天蛾类

天蛾属于鳞翅目天蛾科。成虫体型较大，喙发达，飞行能力强，是世界上振翅最快的昆虫。幼虫肥大，圆柱形，光滑，体面多颗粒。天蛾种类很多，具代表性的有霜天蛾和咖啡透翅天蛾。

天蛾中的霜天蛾危害白蜡、金叶女贞和泡桐，同时也危害丁香、悬铃木、柳、梧桐等多种园林植物。咖啡透翅天蛾危害栀子花。天蛾幼虫取食植物叶片表皮，使受害叶片出现缺刻、孔洞，甚至将全叶吃光。

防治幼虫方法：25％灭幼脲 2000～2500 倍液，20％虫酰肼悬浮剂 1500～2000 倍液，50％辛硫磷乳油 2500 倍液，80％敌敌畏乳油 800～1000 倍液，2.5％溴氰菊酯乳油 2000～3000 倍液等药物，防治效果较好。

9. 毒蛾类

毒蛾属于鳞翅目毒蛾科，主要分布于长江以南地区，西北地区少见。成虫体粗多毛，昼伏夜出，幼虫体被长短不一的毛，在瘤上形成毛束或毛刷。幼虫具毒毛，因此得名。幼虫第 6、7 腹节或仅第 7 腹节有翻缩腺，是毒蛾类幼虫的重要鉴别特征。幼龄幼虫有群集和吐丝下垂的习性。毒蛾幼虫图片见彩图 18。

为害园林植物的毒蛾主要有黄尾毒蛾、桑毒蛾、侧柏毒蛾、榆毒蛾、柳毒蛾、舞毒蛾等。毒蛾寄主常有桑、苹果、梨、桃、山楂、杏、李、枣、柿、栗、海棠、樱桃、柳等。

物理防治：利用雄成虫的趋光性，在成虫发生期可安装频振式杀虫灯诱杀成虫。

化学防治：虫口密度大时，可喷施50％辛硫磷乳油2500倍液，或2.5％高效氯氟氰菊酯乳油2500～3000倍液，或2.5％溴氰菊酯乳油2000～3000倍液等化学农药，均有较好的防治效果。

10. 蝶类

蝶类害虫主要有凤蝶和粉蝶两大类，以幼虫危害植物。

凤蝶幼虫寄主多为芸香科、马兜铃科、樟科及伞形花科的植物。粉蝶寄主为十字花科、豆科、白花菜科、蔷薇科等，有的为蔬菜或果树害虫。

蝶类白天活动，主要以孵化后的幼虫取食嫩叶、芽、花蕾及花瓣，常将叶片咬成筛孔状，随着幼虫增长，将叶片啃成锯齿状，严重时可把叶片吃光，仅留下主脉。

防治食叶蝶类害虫方法：①结合花木修剪管理，人工采卵、杀死幼虫或蛹体；成虫羽化期可用捕虫网捕捉；②药剂防治，发生严重时喷雾20％除虫菊酯乳油2000倍液、20％灭幼脲胶悬剂1000倍液、5.7％甲氨基阿维菌素苯甲酸盐2000倍液、20％氰戊菊酯2000倍液、青虫菌粉或浓缩液400倍液。

11. 叶甲类

叶甲属于鞘翅目叶甲科，又名金花虫。成虫颜色变化大，有金属光泽，触角丝状。幼虫肥壮、体背常有枝刺、瘤突等附属物，口器咀嚼式。叶甲类成虫和幼虫均为植食性，取食植物的根、茎、叶、花等。成虫有假死性，多以成虫越冬。

园林中常见有榆蓝叶甲、柳蓝叶甲、玻璃叶甲、皱背叶甲等。

防治方法：幼虫和成虫危害时期，喷洒90％敌百虫晶体或50％马拉硫磷乳油各1000倍液。

12. 叶蜂类

叶蜂属于膜翅目叶蜂科，又名黄腹虫。叶蜂分布很广，种类繁多，与园林植物关系密切的有樟树叶蜂、梨樱叶蜂、厚朴叶蜂、白蜡叶蜂、榆树叶蜂、杨树叶蜂等，寄主有杨树、柳树、榆树、樟树、梨树、樱桃、李树、白蜡、厚朴、月季、玫瑰、蔷薇等。

成虫腹部基部宽大，不与后胸背板愈合，通常在嫩茎或叶上产卵。幼虫胸足3对，腹足7对，比一般幼虫多2对。这是叶蜂区别于其他害虫幼虫的特征。叶蜂以幼虫取食叶片，严重时把叶片吃光，4月～6月是危害主要时期。叶蜂幼虫图片见彩图 19。

防治方法：叶蜂幼虫 3 龄前抵抗力弱，并有群集性的特点，为防治最佳时期，及时喷施 10％氯氰菊酯乳油 800～1000 倍液，或 50％马拉硫磷乳油 800～1000 倍液，或 80％敌敌畏乳油 800 倍液，或 40％乐果乳油 1000 倍液，或 48％毒死蜱乳油 1000 倍液。

13. 象甲

象甲是鞘翅目象甲科昆虫的简称，亦称象鼻虫。成虫头部前面有特化成和象鼻一样长长的口器，主要危害花木果树。幼虫体肥而弯曲呈"C"字形，头部特别发达，能钻入植物的根、茎、叶或谷粒、豆类中蛀食，是经济作物上的大害虫。

象甲主要危害棕榈、竹子、松树等园林植物。

防治方法：①土壤处理，成虫出土前在树干周围利用 50％辛硫磷乳油 300 倍液进行地面封闭，喷药后浅翻土壤，以防光解；②树冠喷药，在 4 月份成虫发生旺盛期，采用 50％辛硫磷乳油 1000 倍液、40％水胺硫磷乳油 1000～1500 倍液树冠喷雾，均有较好防效。

二、刺吸性害虫

刺吸性害虫主要有介壳虫、蚜虫、叶蝉、木虱、粉虱、蓟马、椿象、网蝽等。

危害特性：成虫或若虫以刺吸式口器吸食植物汁液，造成枝叶枯萎甚至整株植物枯死；同时还会诱发一些植物的煤污病，而且某些种类的害虫本身还往往是一些病毒病的传播媒介。

1. 蚜虫

蚜虫又称蜜虫、腻虫等，多属于同翅目蚜科，为刺吸式口器的害虫，常群集于叶片、嫩茎、花蕾、顶芽等部位，刺吸汁液，使受害部皱缩、卷曲、畸形，严重时引起枝叶枯萎甚至整株死亡。蚜虫还会诱发煤污病、病毒病并招来蚂蚁危害等。蚜虫的繁殖力很强，一年能繁殖 10～30 代。

蚜虫的大小不一，身长 1～10mm 不等。大多数蚜虫具有柔软的绿色躯体，其他颜色也很常见，如黑色、棕色和粉红色。蚜虫常见种类有棉蚜、桃蚜、桃粉蚜、月季长管蚜、绣线菊蚜、槐蚜、松蚜等。蚜虫图片见彩图 20。

被害的植物有木槿、扶桑、石榴、紫荆、菊花、蜀葵、兰花、梅花、枇杷、碧桃、夜来香、珊瑚豆、月季、三色堇、郁金香、百日草、金鱼草、大丽花、瓜叶菊、香石竹、牵牛花、秋海棠、夹竹桃、樱花、榆叶梅、贴梗海棠、仙客来、风信子、令箭荷花等。

防治方法：常用农药有烟碱、吡虫啉、啶虫脒、抗蚜威等，其次还可用氧乐果乳油 1000 倍液或马拉硫磷乳油 1000～1500 倍液或敌敌畏乳油 1000 倍液喷洒。对桃粉蚜一类本身披有蜡粉的蚜虫，施用任何药剂时，均应加 1‰ 中性肥皂水或洗衣粉。

2. 粉虱

粉虱属昆虫纲同翅目粉虱亚目。若虫像介壳虫，扁卵圆形，常被有棉花状物质。成虫被有白粉，像小蛾。粉虱主要种类有樟粉虱、黑刺粉虱、柑橘粉虱、烟粉虱等。粉虱若虫见彩图 21。

防治方法：早期用药在粉虱零星发生时开始喷洒 20％ 噻嗪酮可湿性粉剂 1500 倍液或 25％ 灭螨猛乳油 1000 倍液、2.5％ 联苯菊酯乳油 3000～4000 倍液、2.5％ 高效氯氟氰菊酯乳油 2000～3000 倍液、20％ 甲氰菊酯乳油 2000 倍液、10％ 吡虫啉可湿性粉剂 1500 倍液，隔 10 天左右 1 次，连续防治 2～3 次。

3. 木虱

木虱属昆虫纲同翅目木虱科。成虫一般不危害植物，若虫扁平，宽卵形，常群集在一起取食。有的外被蜡质和大量蜜露，有的在叶上形成虫瘿。

木虱主要危害青桐、梨树、樟树、合欢、柑橘等多种园林树木，是苗木新梢期的重要吸汁害虫，如果防治不及时，会使苗木叶片卷曲，不能正常伸展，造成严重损失。

防治方法：使用 50％ 啶虫脒水分散粒剂 3000 倍液，10％ 吡虫啉可湿性粉剂 1000 倍液，40％ 啶虫·毒死蜱乳油 1500～2000 倍液，或 50％ 啶虫脒水分散粒剂 3000 倍＋5.7％ 甲氨基阿维菌素苯甲酸盐乳油 2000 倍混合液喷雾均可针对性防治。

4. 介壳虫

介壳虫属于同翅目蚧总科。介壳虫是一类小型昆虫，大多数虫体上被有蜡质分泌物。

介壳虫繁殖能力强，一年发生多代。卵孵化为若虫，经过短时间爬行，营固定生活，即形成介壳。由于虫体被厚厚的蜡质层所包裹，抗药能力强，一般药剂难以进入体内，防治比较困难，因此，最好在形成介壳时消灭它们。介壳虫往往是雄性有翅，能飞；雌虫和幼虫一经羽化，终生寄居在枝叶或果实上，造成叶片发黄、枝梢枯萎、树势衰退，且易诱发煤污病。

介壳虫种类很多，常见的有红蜡蚧、吹绵蚧、草履蚧、龟蜡蚧、矢尖蚧、桑白蚧、褐软蚧、康氏粉蚧等。

防治方法：根据介壳虫的各种发生情况，在若虫盛期喷药，因此时大多数若虫孵化不久，体表尚未分泌蜡质，介壳更未形成，用药仍易杀死。每隔 7～10 天喷 1 次，连续 2～3 次。可用 40％氧乐果乳油 1000 倍液，或 50％马拉硫磷乳油 1500 倍液，或 25％亚胺硫磷乳油 1000 倍液，或 50％敌敌畏乳油 1000 倍液，或 2.5％溴氰菊酯乳油 3000 倍液，喷雾。

吹绵蚧若虫图片见彩图 22，红蜡蚧若虫图片见彩图 23，龟蜡蚧若虫图片见彩图 24。

5. 蓟马

蓟马属于缨翅目蓟马科，是一种靠植物汁液生存的昆虫。幼虫呈白色、黄色或橘色，成虫则呈棕色或黑色。蓟马成虫体长约 1mm，金黄色，卵长 0.2mm，长椭圆形，淡黄色。肉眼可见叶背面成虫、若虫。成虫多在叶脉间吸取汁液，因其较小不易看到，生产中常被忽视。

蓟马以成虫和若虫锉吸植株幼嫩组织汁液，嫩叶受害后使叶片变薄，叶片中脉两侧出现灰白色或灰褐色条斑，表皮呈灰褐色，出现变形、卷曲，生长势弱。一年四季均有发生。受害严重的叶子会卷曲成饺子状，叶硬脆，但不落。

防治方法：可选择 25％吡虫啉可湿性粉剂 2000 倍液或 5％啶虫脒可湿性粉剂 2500 倍液、10％吡虫啉可湿性粉剂 1000 倍液或 20％啶虫·毒死蜱乳油 1500 倍液。为提高防效，农药要交替轮换使用。利用蓟马趋蓝色的习性，设置蓝色粘板诱杀成虫。

6. 叶蝉

叶蝉是同翅目叶蝉科昆虫的通称，因多为害植物叶片而得名。叶蝉体长 4.6～4.8mm，外形似蝉，黄绿色或黄白色，可行走、跳跃。成虫后足胫节刺毛列是叶蝉科最显著的识别特征。

叶蝉成虫在侧柏、法青等常绿树上或杂草丛中越冬。若虫或成虫用嘴刺吸汁液，叶片被害后出现淡白色斑点，而后点连成片，直至全叶苍白枯死。也有的造成枯焦斑点和斑块，使叶片提前脱落。成、若虫均善走能跳，成虫且可飞动离迁。若虫取食倾向于原位不动，成虫性活跃，大多具有趋光习性。

防治方法：利用黑光灯诱杀成虫。喷施 2.5％的溴氰菊酯乳油 2000 倍液，或 90％敌百虫原液 800 倍液，或 50％杀螟硫磷乳油 1000 倍液。

7. 潜叶蝇

潜叶蝇属于双翅目蝇类。成虫形似小苍蝇，体长 2～3mm。幼虫长圆筒形，长 3.2～3.5mm，蛆状；老龄幼虫体黄白色或鲜黄色。

潜叶蝇以幼虫潜入寄主叶片表皮下，曲折穿行，取食绿色组织，造成不规则的灰白色线状隧道。危害严重时，叶片组织几乎全部受害，叶片上布满蛀道，尤以植株基部叶片受害最重，甚至枯萎死亡。

防治方法：在幼虫潜叶为害初期及时喷洒 10％吡虫啉可湿性粉剂（毙克）

1000 倍液，5.7％甲氨基阿维菌素苯甲酸盐（乐克）乳油 2500～3000 倍液，40％啶虫·毒死蜱（必治）1500～2000 倍液，可连用 1～2 次，间隔 7～10 天。

8. 椿象

椿象属于昆虫纲半翅目蝽科。椿象，也叫"蝽"，因体后有一个臭腺开口，遇到敌人时就放出臭气，俗称"放屁虫""臭大姐"等。椿象使用如吸管般尖尖的刺吸式口器，穿透植物表皮而吸取汁液。

椿象主要危害梨、桃、柳、榆、桑、杨、槐、杜仲、泡桐、石榴等多种绿化树木和花卉，它们吸食花蕾、花瓣、叶片、嫩叶、果实的汁液，使绿化美化效果大打折扣。

防治方法：如果虫口太多，不可能全靠人工防治来解决时，可用 80％敌敌畏乳油 1000 倍稀释液或 90％敌百虫晶体 800～1000 倍稀释液喷雾。如在敌百虫液中加一些松碱合剂，可提高防治效果。

9. 网蝽

半翅目网蝽科昆虫，约有 2000 种。成虫体长 3～4mm，扁平，暗褐色，前翅长方形，其上布满网状纹，上有黑斑，前翅合叠时，其上黑斑构成"X"形黑褐斑纹。幼虫暗褐色，外形似成虫。网蝽图片见彩图 25。

网椿以成虫、若虫刺吸危害植物的叶片、嫩梢等，叶片于刺吸处出现黄白色斑点，数量大时可导致枯萎，为害状与叶蝉相似。叶背面常被此虫的排泄物污染，并容易引发煤污病。

与园林植物有关的网蝽种类主要有杜鹃冠网蝽、梨冠网蝽、悬铃木方翅网蝽，寄生于杜鹃、毛白杨、柳树、海棠、梅花、樱花、悬铃木等植物。

防治方法：喷施 1.2％烟碱·苦参碱乳油 1000 倍液或 10％吡虫啉可湿性粉剂 2000 倍液等。还可选用 40％氧乐果 1000 倍液，或 50％杀螟硫磷乳油 1000 倍液，或 50％辛硫磷乳油 1000 倍液喷雾。在生长季节，交替使用上述药剂连续防治，可以彻底消灭虫害。

10. 螨类

螨类属于蛛形纲蜱螨目，俗称红蜘蛛。螨类种类多，危害广，多数以危害叶片为主。红蜘蛛个体较小，一般体长不到 1mm，若螨可在 0.2mm 以下。成螨体形为圆形或长圆形，多半为红色或暗红色。若螨形态和成螨相似，黄褐色。危害园林植物的红蜘蛛属于叶螨总科，主要有山楂叶螨、朱砂叶螨、二点叶螨、柑橘叶螨、柏小爪螨等。红蜘蛛图片见彩图 26。

红蜘蛛危害症状：一般在叶片上取食，使叶片出现许多白色斑点，失绿脱水，严重时会使整个叶片焦枯，形似火烤。

红蜘蛛先在叶片背面主脉两侧危害，从若干个小群逐渐遍布整个叶片，发生量大时，在植株表面爬行，借风传播。红蜘蛛在 5 月中旬达到盛发期，7 月～8 月是全年的发生高峰期，尤以 6 月下旬～7 月中旬危害最为严重。红蜘蛛常使全树叶片枯黄泛白。

红蜘蛛体形较小。在一般情况下，用解剖镜或放大镜来观察，也可以先取一张白纸，再摘取受害叶片或枝梢，在纸面上连续拍打几下，检查纸面上是否有"小黑点"在移动，即可辨明。

防治方法：干旱炎热的气候条件往往会导致其大发生，因此，一定要在高温干旱来临之前及时防治。常用的农药有炔螨特、乐果、氰戊菊酯等。

三、钻蛀性害虫

钻蛀性害虫一般以幼虫在枝干内生活蛀食危害。树木受害轻时，养分、水分运输受到阻碍，被害严重的枝干被蛀食成千疮百孔，以致枯萎死亡或被风吹折。这类害虫主要有天牛、木蠹蛾、小蠹虫、透翅蛾、吉丁虫等。这类害虫除了成虫外，均隐蔽在植物枝条中生活。

通过树上排泄物可以区分钻蛀性害虫的种类：

（1）排出粪便是锯屑状的，多是各种天牛危害；

（2）粪便色淡，呈颗粒或圆球形，很可能是木蠹蛾幼虫危害；

（3）外观无较多排泄物排出，而局部皮层已呈现枯黄的，是吉丁虫危害；

（4）被害枝干有肿大的瘤状突起，蛀孔处常有条状的黏性虫粪，多为透翅蛾危害。

对于钻蛀性害虫除了打孔注射药剂的防治方法外，还可以采用根部浇灌法，药液经根系吸收后输送传导到虫害部位，长期不间断地释放药剂杀虫，能够省时省力控制害虫发生和发展。

1. 天牛

天牛是鞘翅目天牛科昆虫的总称，有许多种类。与园林绿化有关的天牛种类主要有星天牛、光肩星天牛、桑天牛、红颈天牛、云斑天牛等。天牛是植食性昆虫，会危害木本植物，大部分松、柏、柳、榆、核桃、柑橘、苹果、桃和茶等都会深受其害。

天牛成虫外形像牛，有很长的触角，会飞。成虫取食嫩枝叶及树皮，造成枝叶遍体鳞伤，成虫产卵前在枝干距地面 20～35cm 处，咬掉老皮，啃食韧皮部，形成弧形或"⊥"形的产卵穴，然后将卵粒产在穴中。

天牛幼虫淡黄或白色，体前端扩展成圆形，似头状。幼虫在树干或枝条上蛀食，在一定距离内在树皮上开口作为通气孔，向外推出排泄物和木屑。天牛幼虫危害一般从 3 月底开始，11 月底才开始短暂休眠。天牛幼虫图片见彩图 27。

防治方法：捕杀成虫，找到新鲜虫粪口注射农药80％敌敌畏乳油500倍液或50％马拉硫磷乳油300～500倍液，最后用湿泥封死蛀孔；熏蒸法，用磷化铝片塞入虫孔；根埋法，围绕树根挖3～4个坑，每坑内放50～80g克百威后填平灌水。

2. 小木蠹蛾

小木蠹蛾属鳞翅目木蠹蛾科，分布在我国广大地区。小木蠹蛾危害白蜡、构树、丁香、白榆、槐树、银杏、柳树、麻栎、苹果、白玉兰、悬铃木、元宝枫、海棠、苦楮、冬青卫矛、柽柳、山楂、香椿等。幼虫蛀食花木枝干木质部，幼虫沿髓部向上蛀食，枝上有数个排粪孔，有大量的长椭圆形粪便排出，受害枝上部变黄枯萎，遇风易折断。

成虫灰褐色，触角线状，胸背部暗红褐色，腹部较长；前翅密布细碎条纹，亚外缘线黑色波纹状，在近前缘处呈"y"字形。老龄幼虫体长30～38mm，头褐色，前胸背板深褐色斑纹中间有"O"形白斑。体背浅红色，每体节后半部色淡，腹面黄白色。小木蠹蛾幼虫图片见彩图28。

防治方法：灯光诱杀成虫。对已蛀入干内的中、老龄幼虫，可用80％敌敌畏乳油100～500倍液，50％马拉硫磷乳油或20％氰戊菊酯乳油100～300倍液，40％乐果乳油40～60倍液注入虫孔。

3. 小蠹虫

小蠹虫属于鞘翅目小蠹科。成虫体长3.7mm，体背黑色，头部小缩于前胸背板下，触角短小，末节膨大，前胸背板与翅鞘具刻点。幼虫无足式，似象甲幼虫。成虫和幼虫蛀食树皮或木质部，形成分支的隧道。常见种类有小蠹、日本小蠹等。

小蠹虫遍布我国南北各地区，危害马尾松、赤松、华山松、油松、樟子松、黑松等。以成虫和幼虫蛀害松树嫩梢、枝干或伐倒木。

防治方法：树干基部撒药防治，清除树干基部周围0.5～0.8m范围内的杂草，撒施辛·拌磷等可湿性粉剂，浅翻树盘，杀死越冬成虫。喷洒农药，选用40％氧乐果、毒·辛或菊酯类农药，浓度800～1000倍液。

4. 透翅蛾

透翅蛾属于鳞翅目透翅蛾科昆虫，有近700种。透翅蛾在世界很多地方都有分布，温带和热带地区的林区最为多见。成虫体细瘦，黑色，有明亮红黄等色斑纹，足长，翅常无鳞，透明。幼虫色浅，蠕虫形。幼虫是钻蛀性害虫，喜在树木枝干内蛀食木质髓部，引起树液向外溢出。某些种类也蛀食树根或瓜果。树木受害后往往内部被蛀食一空，树势衰退，枯干致死。透翅蛾主要危害杨树、苹果、桃树、葡萄等植物。

防治方法：对已蛀入枝干的幼虫，用 80％敌敌畏乳油 50 倍液、40％氧乐果乳油 50 倍液或 20％吡虫啉可湿性粉剂 200 倍液等用针管注入蛀虫孔内，并用胶泥封堵虫孔，毒杀幼虫。

5. 吉丁虫

吉丁虫俗称为爆皮虫，又称为宝石甲壳虫，属鞘翅目吉丁科。成虫大小、形状因种类而异，小的不足 1cm，大的超过 8cm。体色一般甚美，具金属光泽。幼虫体长而扁，乳白色。成虫咬食叶片造成缺刻，幼虫蛀食枝干皮层，被害处有流胶，为害严重时树皮爆裂，甚至造成整株枯死。

吉丁虫种类主要有十斑吉丁虫、六星吉丁虫、大叶黄杨吉丁虫。十斑吉丁虫危害柳树、杨树。六星吉丁虫危害梅花、樱花、桃花、海棠、五角枫等花木。大叶黄杨窄吉丁虫幼虫蛀食大叶黄杨茎杆，造成整块地植株发生萎蔫枯死，其危害株率在 20％～30％，严重时可达 90％。

防治方法：发现树皮翘起，一剥即落并有虫粪时，立即掏去虫粪，捕捉幼虫，或用小刀戳死幼虫。成虫未破孔飞出前，即羽化盛期前，用 80％敌敌畏乳油 1000 倍液或 10％氯氰菊酯乳油 2000 倍液等喷涂树干，毒杀幼虫和成虫，防止成虫飞出。

四、地下害虫

地下害虫是指在土中生活，危害植物根部、近土表主茎及其他部位的害虫，主要有蝼蛄、蛴螬、地老虎、金针虫、象甲等。这类害虫种类繁多，危害寄主广，它们主要取食园林植物的种子、根、茎、幼苗、嫩叶等，常常造成缺苗、断垄或植株生长不良。

1. 蛴螬

蛴螬是各种金龟子幼虫的总称，俗称"土蚕"，属于鞘翅目金龟总科。蛴螬体近圆筒形，常弯曲成"C"字形，乳白色，头橙黄色或黄褐色，有胸足 3 对，无腹足。蛴螬图片见彩图 29。

蛴螬食性广泛，危害多种农作物、经济作物和花卉苗木，喜食刚播种的种子、根、块茎以及幼苗，是世界性的地下害虫，危害很大。蛴螬取食植物根茎后引起植株萎蔫而死。而其成虫金龟子则食性很杂，花、叶和果实均是其取食对象。

蛴螬主要危害草坪、牡丹、芍药等花木的根颈部，导致植株生长不良，影响观赏效果。危害时间多集中在春、秋两季，以 4 月～5 月危害严重。成虫 6 月～7 月发生，一般具趋光性及假死性。

防治方法：

（1）药剂拌种，用50％辛硫磷与水和种子按1∶30∶（400～500）的比例拌种；

（2）毒饵诱杀，每亩地用辛硫磷胶囊剂150～200g拌谷子等饵料5kg，或50％辛硫磷乳油50～100g拌饵料3～4kg，撒于种沟中，亦可收到良好防治效果；

（3）物理方法，设置黑光灯诱杀成虫，减少蛴螬的发生数量。

2. 地老虎

地老虎俗称土蚕、切根虫等，属于鳞翅目夜蛾科。地老虎常见的有小地老虎、大地老虎和黄地老虎，其中以小地老虎危害最普遍和严重。地老虎以幼虫危害苗木幼茎及叶片，将幼苗近地面的茎部咬断，使整株死亡，造成缺苗断垄。每年春秋危害比较严重。小地老虎幼虫图片见彩图30。

幼虫老熟时体长37～47mm，圆筒形，全体黄褐色，表皮粗糙，背面有明显的淡色纵纹，满布黑色小颗粒。

防治方法：

（1）撒施毒土，用50％辛硫磷乳油0.5kg加适量水喷拌细土125～175kg制成毒土，每亩撒施毒土20～25kg；

（2）喷雾，可用50％辛硫磷乳油800倍液、2.5％溴氰菊酯（敌杀死）乳油3000倍液喷雾；

（3）毒饵，多在3龄后开始取食时应用，用50％辛硫磷乳油50g拌在5kg棉籽饼上，制成的毒饵于傍晚在苗木地每隔一定距离撒成小堆；

（4）灌根，在虫龄较大、为害严重的地块，可用80％敌敌畏乳油或50％辛硫磷乳油，或50％二嗪磷乳油1000～1500倍液灌根。

3. 蝼蛄

蝼蛄俗称"土狗子"，属于直翅目蝼蛄科，常见的有华北蝼蛄和东方蝼蛄两种。蝼蛄以成虫和若虫在土壤中开掘隧道，吃新播的种子、咬食幼苗根和茎，使幼苗干枯死亡。草坪也容易受其危害。蝼蛄一般于夜间活动，但气温适宜时，白天也可活动。蝼蛄图片见彩图31。

防治方法：施用充分腐熟的有机肥料，可减少蝼蛄产卵。用50％辛硫磷乳油0.3kg拌饵料100kg，可防治多种地下害虫，不影响发芽率。毒饵诱杀用90％敌百虫原药1kg加饵料100kg，充分拌匀后撒于苗床上，可兼治蝼蛄和蛴螬及地老虎。灯光诱杀，一般在闷热天气，晚上8～10点用黑光灯诱杀。

4. 金针虫

金针虫属于鞘翅目叩甲科，是叩头虫的幼虫，主要危害植物根、茎。金针虫成虫体扁平，长条形，淡黄褐色至深栗色，体上密布金色细毛，因为头部能上下活动似叩头状，故俗称"叩头虫"。幼虫体细长，25～30mm，金黄或茶褐色，有光泽，故名"金针虫"。

金针虫在华北地区草坪及苗圃内发生普遍，以幼虫长期生活于土壤中，主要咬食植株的根、嫩茎和刚发芽的种子。

防治方法：施用毒土。用48％毒死蜱乳油每亩200～250g，50％辛硫磷乳油每亩200～250g，加水10倍，喷于25～30kg细土上拌匀成毒土，顺垄条施，随即浅锄。

第六节
农药使用方法

农药广义上是指用于预防、消灭或者控制危害农业、林业的病、虫、草和其他有害生物，以及有目的地调节、控制、影响植物和有害生物代谢、生长、发育、繁殖过程的化学合成物；或者来源于生物、其他天然产物及应用生物技术生产的一种物质或者几种物质的混合物及其制剂。狭义上是指在农业生产中，为保障、促进植物和农作物的成长，所施用的杀虫、杀菌、杀灭有害动植物（或杂草）的一类药物统称，特指在农林上用于防治病虫以及调节植物生长、除草等的药剂。

农药种类很多，只有认真学习农药知识，了解农药特性，掌握使用方法，才能对症下药，有效控制病虫害。

一、农药分类及使用方法

1. 农药分类

（1）根据原料来源可分为有机农药、无机农药、植物性农药、微生物农药，此外，还有昆虫激素；

（2）根据加工剂型可分为粉剂、可湿性粉剂、可溶粉剂、乳剂、乳油、浓乳剂、乳膏、糊剂、胶体剂、熏烟剂、熏蒸剂、烟雾剂、油剂、颗粒剂和微粒剂等；大多数是液体或固体，少数是气体；

（3）农药根据防治对象分为杀菌剂、杀虫剂、杀螨剂、杀线虫剂、除草剂、生长调节剂；杀菌剂主要是用来防治真菌、细菌引起的病害，如叶斑病、锈病、白粉病等，常用杀菌剂有多菌灵、三唑酮等；杀虫剂主要是用来防治昆虫类害虫，通过触杀、胃毒、内吸、熏蒸方式杀死害虫；杀螨剂用来专门对付危害植物的红蜘蛛，如哒螨酮；杀线虫剂主要用来防治有害线虫；除草剂指用来杀死杂草的化学农药，例如2甲4氯等；生长调节剂是指调节植物生长发育的农药，例如吲哚乙酸、萘乙酸、矮壮素等。

2. 使用方法

农药使用方法有喷粉、喷雾、土壤处理、拌种、制作毒饵、熏蒸、熏烟、涂抹等。

二、农药使用时机

如防治日出性害虫应安排在上午8～9时，因为此时露水已干，温度也不太高，是日出性害虫取食、活动最旺盛的时候，这时用药不会因为有露水而冲淡药液或因温度过高而使农药分解，降低药效，有利于增加害虫食药和触药的机会。防治夜出性害虫应在下午5～6时。

农药使用与温度有很大关系，大多数农药使用时的适宜温度是20～30℃，温度过低不利于药效发挥，温度过高会使农药分解，持效期缩短。

农药使用与湿度也有关系，湿度过高会导致药剂失效或产生药害，例如，叶面因为湿度大会黏附粉剂，使农药不均匀分布而导致药害。

农药使用要把握好时机，病害要及早防治，不能延误；虫害除了加强监测预防外，还要在幼龄幼虫阶段施药，因为幼龄幼虫活动频繁，且具有群聚性，对农药敏感，而老龄幼虫相对来说抗药性较强。一般来说，防治咀嚼式口器害虫可用胃毒剂农药，防治刺吸式口器害虫可用内吸式农药，地下害虫和蛀干害虫可用熏蒸剂农药，防治成虫可用灯光及糖醋液诱杀。

三、农药标签和说明书主要内容

1. 农药名称

包含内容有农药名称、剂型、有效成分及含量。商品名经国家批准可以使用，不同生产厂家有效成分相同的农药，即通用名相同的农药可以有不同商品名。

2. 农药三证

国家对农药生产和销售实行严格管理，必须有农药登记证、生产许可证和产品标准证，要求三证齐全，缺一不可。

3. 净重或净容量

在标签的显著位置应注明产品在每个农药容器中的净含量，用国家法定计量单位克（g）、千克（kg）、吨（t）或毫升（mL）、升（L）、千升（kL）表示。

4. 使用说明

用于树木等作物时，使用剂量可采用总有效成分量或制剂量的浓度值（mg/kg、mg/L）表示，种子处理剂的使用剂量采用农药与种子质量比表示。

5. 注意事项

包括该农药与哪些农药不能混用、中毒症状和急救治疗措施；安全间隔期，即最后一次施药至收获时的天数；储藏运输的特殊要求；对天敌和环境影响等。

6. 质量保证期

不同厂家的农药质量保证期标明方法有所差异。一是注明生产日期和质量保证期；二是注明产品批号和有效日期；三是注明产品批号和失效日期。一般农药的质量保证期是 2～3 年，应当在质量保证期内使用，才能保证植物的安全和防治病虫害效果。

7. 农药毒性与标志

农药的毒性不同，其标志也有所差别。毒性的标志和文字描述皆为红字，十分醒目，使用时注意甄别。剧毒和高毒农药会使用骷髅符号表示，中等毒性用"×"符号加菱形外框表示，低毒用菱形符号表示。

四、安全合理用药

使用化学药剂应选用高效、低毒、低残留的环保型农药，尽量减少对环境和植物的伤害。同一种化学药剂不宜连续使用，在一定绿地范围内应有计划针对性施药。化学药剂的使用必须按单位面积、有效成分计算使用，严禁随意加大药量。

化学药剂混用必须掌握药剂的理化性能和保证对植物的安全性，未经试验不能随意混用。一般原则是生物农药不能和杀菌剂混用，多数有机磷杀虫剂不能与波尔多液、石硫合剂等混用，粉剂不能与可湿性粉剂、可溶粉剂混用。

使用生物农药应掌握使用的最佳环境条件和防治时期，严格按照要求使用和保存。为了使有害生物不产生抗药性，除农药合理混用外，采用交替、轮换使用不同品种或不同类型的农药，也是行之有效的方法之一。

各种病害入侵部位和病害扩散方式不同，防治方法也不一样。土壤传播的病害，只有对土壤进行处理才有效；种子带病传播的病害，常用种子处理方法防治；植株上侵染的病害，大多采用喷雾、喷粉法防治。同是杀菌剂，有的对真菌性病害有效，有的对细菌性病害有效。病害方面，病原菌休眠孢子抗药性强，孢子萌发时抗病能力减弱。充分了解这些特性，有利于开展防治工作。

掌握防治对象、防治时期、适药品种、适合剂量、适合浓度、使用方法，严禁盲目加大药量，严禁使用剧毒、高残留、难分解的农药。

五、安全保护措施

配制和施用农药时：

（1）穿戴工作服、胶鞋、胶皮手套、口罩、防护眼镜等；

（2）禁止吸烟、饮水、进食、嬉闹，不得用手擦眼睛、脸和口鼻；

（3）如有头疼、头昏、恶心、呕吐等症状，表明已农药中毒，应及时去医院治疗；

（4）盛装农药用具使用过后要清洗干净，不要有残留农药在里面，特别是装过除草剂的药桶一定要清洗干净后才能配制其他农药。

六、农药配制计算方法

绝大多数农药在使用前都需要兑水稀释到一定浓度后才能使用，有些不同的农药混配后不但可以提高药效，而且能够减少喷药次数，因此有必要了解农药浓度、稀释倍数和农药配制方法。

1. 百分比浓度

100 份药液或药粉中含纯农药的份数，用百分比符号"％"表示，如 40％乐果乳油，即 100 份乳油中含有乐果有效成分为 40 份。

2. 倍数法

稀释倍数可以用内比法和外比法来计算。内比法适用于稀释倍数小于 100 的情况，计算时要扣除原有农药所占的 1 份，如用一些乳油喷雾需稀释倍数 50 倍，应取 49 份水加入 1 份药剂中；外比法适用于稀释倍数大于 100 的情况，计算时一般不扣除原有农药所占的 1 份，如稀释 500 倍时，则将 1 份药剂加入到 500 份水中即可，不必扣除原药 1 份。

3. 浓度的稀释和计算

（1）求稀释剂的质量

内比法计算公式：稀释剂（水）的质量＝原药质量×（稀释倍数－1）

外比法计算公式：稀释剂（水）的质量＝原药质量×稀释倍数

举例 1：把 1kg 敌百虫稀释 80 倍，需加多少水？

$$稀释剂（水）的质量＝1kg×（80－1）＝79kg$$

举例 2：稀释 100g 氟铃脲乳油 1500 倍，需加多少水？

$$稀释剂（水）的质量＝100g×1500＝150000g＝150kg$$

（2）求农药原液（粉）的质量

原液(粉)质量＝将要配制好的溶液质量/稀释倍数

举例：配制 5％氟铃脲乳油 1500 倍药液 15kg，需提取 5％氟铃脲乳油原药多少？

$$原药液质量＝15kg/1500＝0.01kg＝10g$$

4. 农药混配方法

（1）杀虫和杀菌农药混配

$$杀虫剂农药量＝混合液质量/杀虫农药配比倍数$$
$$杀菌剂农药量＝混合液质量/杀菌农药配比倍数$$

例题：将杀菌剂甲基硫菌灵 800 倍和杀虫剂辛硫磷 1000 倍配成混合液药水 100kg。

计算：杀菌剂药量＝100kg/800＝0.125kg＝125g

杀虫剂药量＝100kg/1000＝0.1kg＝100g

兑水量＝100kg－0.125kg－0.1kg＝99.775kg

实际操作中，由于农药原液占配制药水比例很小，此时可以忽略不计，直接加水 100kg 即可。

（2）同类型农药混配　同类型农药由于作用相同，计算出来的某种农药需要量应除以 n 后才是正确的农药量，n 是几种农药的数量。

例题：将辛硫磷农药 1000 倍和氧乐果 1500 倍配制成 100kg 的混合液药水。

计算：

辛硫磷药量＝混合液质量/杀虫农药配比倍数/n＝100kg/1000/2＝0.05kg＝50g

氧乐果药量＝混合液质量/杀虫农药配比倍数/n＝100kg/1500/2≈0.033kg＝33g

这里农药混合配制时只有两种，因此 n 取 2。同样，此时由于两种农药量都很少，可以忽略不计，直接加水 100kg 就行了。

第七节
农药常见种类

农药种类很多，更新换代也很快。我们除了认识旧的农药类型，也要及时掌握新型环保农药。由于科技不断进步，有些毒性大、残留期长的农药逐步被国家明令禁止或限制使用，我们必须严格遵守这些规定。

一、杀菌剂

杀菌剂是一类用来防治植物病害的药剂。凡是对病原物有杀死作用或抑制生长作用，但又不妨碍植物正常生长的药剂，统称为杀菌剂。杀菌剂按作用方式可分为保护剂、治疗剂、铲除剂三大类。

在病原微生物没有接触植物或没有侵入植物体之前，用药剂处理植物或周围环境，以达到抑制病原孢子萌发或杀死萌发的病原孢子、保护植物免受其害的目的，这种药剂称为保护剂。如波尔多液、代森锌、硫酸铜、松脂酸铜、代森锰锌、百菌清等。

病原微生物已经侵入植物体内。药物从植物表皮渗入植物组织内部，经输导、扩散或产生代谢物来杀死或抑制病原，使病株不再受害，并恢复健康，具有这种治疗作用的药剂称为治疗剂或化学治疗剂。如甲基硫菌灵、多菌灵、春雷霉素等。

药物能直接接触并杀死植物的病原物，使其不能侵染植株，具有这种铲除作用的药剂为铲除剂。如五氯酚钠、石硫合剂等。

1. 波尔多液

波尔多液为天蓝色的胶状悬液，属于保护性杀菌剂，由硫酸铜和石灰乳配制而成，主要杀菌成分是碱式硫酸铜。波尔多液可有效地阻止孢子发芽，防止病菌侵染，并能促使叶色浓绿、生长健壮，提高树体抗病能力。该制剂具有杀菌谱广、持效期长、病菌不会产生抗性、对人和畜低毒等特点，是应用历史最长的一种杀菌剂。

自行配制时，硫酸铜、生石灰的比例及加水多少，要根据树种或品种对硫酸铜和石灰的敏感程度（对铜敏感的少用硫酸铜，对石灰敏感的少用石灰）以及防治对象、用药季节和气温的不同而定。生产上常用的波尔多液配制比例有石灰等量式（硫酸铜：生石灰＝1：1）、倍量式（1：2）、半量式（1：0.5）和多量式[1：(3～5)]。用水一般为160～240倍。

波尔多液不能贮存，要随配随用；阴天或露水未干时不要喷药，喷药后遇雨必须补施；不能与肥皂、石硫合剂及遇碱分解的农药混用。在病原菌侵入之前使用防治效果最好，能防治多种病害，如芍药褐斑病、炭疽病及多种叶斑病。

2. 石硫合剂

石硫合剂是由生石灰、硫黄粉熬制而成的红褐色透明液体，呈强碱性，其杀菌成分是多硫化钙。性质不稳定，易被空气中的氧气、二氧化碳分解。石硫合剂能防治多种病害及虫害，如白粉病、锈病、红蜘蛛、介壳虫等。花木休眠期用3～5波美度的石硫合剂，生长季节使用0.1～0.3波美度的石硫合剂。

石硫合剂不宜与其他乳剂农药混用，因其他乳剂会增加石硫合剂对植物的药害；不能与遇碱分解的农药混用。由于石硫合剂的熬制环节较多，母液浓度不易掌握，现在市场上可以购买石硫合剂结晶成品使用。

（1）石硫合剂使用方法

① 喷雾法　苗木和草坪均可喷雾。可防治树木花卉上的红蜘蛛、介壳虫、锈病、白粉病等。秋冬季节果树落叶后清园时一般都要喷一次石硫合剂。

② 涂干法　早春和晚秋用水将母液稀释180～400倍喷雾或用刷子均匀涂刷在树干上。休眠期树木修剪后使用石硫合剂涂刷紫薇、石榴树干和主枝，基本上能消灭紫薇绒蚧。

③ 伤口处置剂　涂伤口减少有害病菌的侵染，防止腐烂病、溃疡病的发生。

④ 配制涂白剂　采用石硫合剂0.4kg、生石灰5kg、食盐0.5kg、水40kg、食用油少许配制树木涂白剂。

（2）石硫合剂使用注意事项

① 要随配随用　配制石硫合剂的水温应低于30℃，热水会降低效力。气温高于38℃或低于4℃均不能使用，气温达到32℃以上时慎用，稀释倍数应加大至1000倍以上。

② 谨慎混用　石硫合剂忌与波尔多液、铜制剂、机械乳油剂、松脂合剂及在碱性条件下易分解的农药混用。与波尔多液前后间隔使用时，必须有充足的间隔期。先喷石硫合剂，间隔10～15天后才能喷波尔多液；先喷波尔多液，则要间隔20天后才可喷用石硫合剂。

③ 忌盲目施用　对石硫合剂敏感的作物施用容易引起药害，应先进行试验或依照当地农业技术部门指导使用。桃、李、梅花、梨等蔷薇科植物和紫荆、合欢等豆科植物对石硫合剂敏感，生长季、开花时应慎用，可采用降低浓度或在休眠期用药，以免产生药害。

④ 掌握好使用时机　树木休眠期和早春萌芽前，为使用石硫合剂的最佳时期。当叶片受红蜘蛛危害已很严重时，不宜再喷石硫合剂，以免引起叶片加速干枯、脱落。

⑤ 合理贮存　石硫合剂贮存时，不能用铜、铝容器，可用铁质或陶瓷容器。石硫合剂不能与酸性、碱性农药混用。

3. 代森锌

代森锌是有机硫保护性杀菌剂，杀菌谱广，对霜霉病、炭疽病等多种病害有较强的抑制作用，对多菌灵产生抗药性的病害，其也有较好的防效，对植物安全。代森锌的持效期较短，为7天左右。一般用作喷雾或种子、苗木的处理。常见剂型有65%和80%可湿性粉剂，喷雾使用浓度是500倍液和800倍液。不能与碱性农药混用。

4. 代森锰锌

代森锰锌又叫大生，是一种广谱保护性杀菌剂，药剂覆盖植物表面，可以保护植物不受病原菌的侵染。此药常用来防治炭疽病、菊花褐斑病、樱花褐斑穿孔病、碧桃褐斑病、苹果黑星病、鸡冠花黑胫病等，使用浓度常为 500 倍液，连续施药 3～4 次。

5. 多菌灵

多菌灵是一种高效、低毒、广谱的内吸性杀菌剂，容易被植物的根吸收，向上运转；在酸性条件（pH 值 2.5～3.0）下防病效果好；持效期大约 7 天，对植物的生长有一定的刺激作用。多菌灵对葡萄孢菌、镰刀菌、青霉菌、核盘菌、黑星菌等多种病原菌有效，但对鞭毛菌引起的病害无效。连续使用容易导致病菌产生抗药性。

6. 福美双

福美双是一种保护性杀菌剂，遇酸容易分解，不能与含铜药剂混合使用，对人畜低毒，主要用于防治土壤传染病害，对霜霉病、疫病、炭疽病无效。常见剂型有 50%、75%、80% 可湿性粉剂，一般使用 50% 可湿性粉剂 500～800 倍液喷雾。

7. 甲基硫菌灵

甲基硫菌灵是广谱内吸性杀菌剂，对多种植物病害有保护和治疗作用。在植物体内转化为多菌灵，杀菌谱和多菌灵相似，属于低毒杀菌剂，连续单一使用，容易导致病菌产生抗药性。剂型有 70% 可湿性粉剂。

8. 烯唑醇

新三唑类杀菌剂，具有保护、治疗、铲除和内吸顶向传导作用，杀菌谱广，特别对子囊菌、担子菌和半知菌有效，如对白粉病、锈病、黑星病菌和尾孢属病害有高效。制剂有 12.5% 可湿性粉剂，使用浓度为 1000～2000 倍液。

9. 三唑酮

三唑酮是一种高效、低毒、低残留、持效期长的内吸性杀菌剂，被植物各部分吸收后，能在植物体内传导。对锈病和白粉病具有预防和治疗作用。对鱼类、鸟类安全，对蜜蜂和天敌无害。常见制剂有 25% 可湿性粉剂和 20% 乳油。可湿性粉剂使用浓度为 700～2000 倍液。

10. 百菌清

百菌清是一种广谱保护性杀菌剂，没有作物内吸作用，对多种植物的病害只起预防作用。常用 600～1200 倍液喷雾，可用于防治月季黑斑病、菊花褐斑病、芍药褐斑病、牡丹轮纹病、杨树灰斑病等，在病害发生初期施药，每隔 7 天施药一次，连续 2～3 次。制剂有 70% 可湿性粉剂。

11. 敌锈钠

属于杀菌剂，有内吸作用，主要用于治疗植物锈病，对人畜低毒。工业品为粉红色或淡玫瑰色结晶，纯度＞97％。可溶于水。

12. 甲霜灵

甲霜灵属于内吸性杀菌剂，具有保护和治疗作用，有双向传导性，持效期10～14天，土壤处理持效期可超过两个月。甲霜灵对霜霉病、疫病和腐霉病治疗效果好，可作为拌种剂。不能与碱性制剂混用，长期单独使用容易产生抗药性，宜与其他杀菌剂复配混合使用。

13. 三乙膦酸铝

三乙膦酸铝是一种内吸性杀菌剂，在植物体内可以进行双向传导，具有保护和治疗作用，对霜霉属、疫霉属病菌侵染引起的病害具有较好的防治效果。常用800～1000倍液喷雾，可用于防治金鱼草疫病、葡萄霜霉病、一串红疫病等，发病初期施药，每隔7～10天喷一次药，持续2～3次。

14. 农用链霉素

农用链霉素可以防治多种植物的细菌性病害，如君子兰细菌性茎腐病，观赏植物的细菌性根癌病、软腐病等。常见制剂有0.1％～8.5％粉剂，15％～20％可湿性粉剂。可用于喷雾、注射、涂抹或灌根。喷雾、注射浓度为$100～400\mu g/g$；灌根常用浓度为$1000～2000\mu g/g$。农用链霉素可以和其他抗菌素、杀菌剂混合使用，可达到兼治或提高药效的目的，并可延缓病原抗药性的产生。

15. 嘧啶核苷类抗菌素

嘧啶核苷类抗菌素（抗菌素120）为白色粉末，易溶于水，在碱性介质中不稳定，是一种广谱性抗菌素，对多种植物病原菌有强烈的抑制作用，对花卉白粉病等防效较好。常见剂型为2％和4％嘧啶核苷类抗菌素水剂，防治花卉白粉病时，浓度为$100\mu g/g$。

16. 井冈霉素

井冈霉素属低毒杀菌剂。井冈霉素是一种放线菌产生的抗生素，具有较强的内吸性，易被菌体细胞吸收并在其内迅速传导，干扰和抑制菌体细胞生长和发育。

井冈霉素主要用于水稻纹枯病，也可用于豆类植物病害的防治，具有"防效高、无药害、无污染"的环保型农药的特点，深受国内外欢迎。

二、杀虫剂

杀虫剂主要指能够杀死昆虫类、螨类害虫的药物。杀虫方式是通过胃毒、触杀、熏蒸、内吸方式杀死害虫。

（1）胃毒，经虫口进入其消化系统起毒杀作用，如敌百虫等；

（2）触杀，与表皮或附器接触后渗入虫体，或腐蚀虫体蜡质层，或堵塞气门而杀死害虫，如拟除虫菊酯、矿油乳剂等；

（3）熏蒸，利用有毒气体、液体或固体的挥发而发生蒸气毒杀害虫或病菌，如溴甲烷等；

（4）内吸，被植物种子、根、茎、叶吸收并输导至全株，在一定时期内，以原体或其活化代谢物随害虫取食植物组织或吸吮植物汁液而进入虫体，起毒杀作用，如乐果等。

杀虫剂主要有有机磷类杀虫剂、拟除虫菊酯类杀虫剂、氨基甲酸酯类杀虫剂、沙蚕毒素类杀虫剂、昆虫生长调节剂类杀虫剂、微生物源杀虫剂、植物源杀虫剂、新型杀虫剂、杀螨剂等。

1. 有机磷常见杀虫剂

（1）乐果　乐果是一种高效低毒的广谱有机磷农药，具有触杀、内吸和胃毒作用，一般用 40％乳油 1000～1500 倍液或 60％可湿性粉剂 3000～5000 倍液喷雾防治蚜虫、红蜘蛛、叶蝉、潜叶蛾、粉虱等害虫，樱花对乐果敏感，应慎用。不能与碱性药剂混用。

（2）敌百虫　敌百虫是一种高效低毒的有机磷制剂，对害虫有强烈的胃毒作用，也有触杀作用。此杀虫剂毒杀速度快，在田间药效期 4～5 天，常用原液 1000～1500 倍液喷雾防治蔷薇叶蜂、大蓑蛾、卷叶螟、尺蠖、叶蝉、小地老虎等害虫，敌百虫不能和碱性药剂混用。

（3）马拉硫磷　马拉硫磷有触杀、胃毒和熏蒸作用，药效高，杀虫范围广，持效期一般一周左右，对人畜毒性小，较安全。常用 50％乳油 1000～2000 倍液喷雾防治蚜虫、红蜘蛛、叶蝉、蓟马、介壳虫、金龟子等害虫。马拉硫磷稳定性较差，药效时间不太长，不能与碱性或强酸性农药混用。主要防治对象是食心虫类、食叶虫类鳞翅目害虫。使用浓度为 50％马拉硫磷乳油 1000～1500 倍液。

（4）辛硫磷　辛硫磷是一种广谱、高效、低毒的有机磷杀虫剂，具有触杀和胃毒作用，毒杀速度快。在一般使用浓度下，对作物安全。制剂有 50％辛硫磷乳油。

防治对象和用法：稀释 1500～2000 倍液喷雾可用于防治槐尺蠖、柳毒蛾、黄刺蛾、杨尺蠖、天幕毛虫等害虫，同时也可防治蚜虫、红蜘蛛、木虱、叶蝉等害虫；使用 50％辛硫磷乳油 1000 倍液可用于防治地老虎、蛴螬、蝼蛄、金针虫等地下害虫。本品易光解，注意在暗处保存。

（5）毒死蜱　毒死蜱也叫乐斯本，是广谱杀虫、杀螨剂，具有胃毒和触杀作用，土壤中挥发性较高。毒死蜱对眼睛有轻度刺激，对皮肤有明显刺激。制剂有40％、40.7％、48％毒死蜱乳油。

防治对象和用法：稀释1000倍液可用于防治黄刺蛾、各种毛虫、卷叶虫、舞毒蛾等鳞翅目害虫，也可用来防治红蜘蛛、枣龟蜡蚧、梨园蚧、蚜虫等刺吸式口器的害虫。

（6）杀螟硫磷　杀螟硫磷是一种广谱杀虫剂，具有触杀和胃毒作用，可杀死蛀食害虫，药效一般3～4天。

防治对象和用法：一般用50％乳油1000～2000倍液防治蚜虫、刺蛾类、叶蝉、食心虫、介壳虫、蓟马、叶螨等害虫，也可用2％的粉剂喷粉防治，用量一般为1～3g/m²。对十字花科植株易生药害，不能与碱性农药混用。

（7）甲基异柳磷　甲基异柳磷是一种高效、广谱的有机磷土壤杀虫剂，具有很强的胃毒和触杀作用，因毒性较强，目前禁止在蔬菜、果树、茶叶、中草药材及甘蔗作物中使用。

防治对象和用法：对地下害虫如蛴螬、蝼蛄、地老虎及根结线虫均有较好的防治效果。制剂为40％甲基异柳磷乳油。每亩用药1kg，加麦麸5kg配成毒饵杀虫，或每亩用药0.5kg，加细土10kg配成毒土条施杀虫。

2. 拟除虫菊酯类杀虫剂

（1）高效氰戊菊酯　高效氰戊菊酯又称来福灵，是一种活性较高的拟除虫菊酯类杀虫剂，以触杀和胃毒作用为主，无内吸和传导作用。长期使用，害虫易产生抗药性。制剂有5％来福灵乳油。

防治对象和用法：本品对多种鳞翅目幼虫、同翅目害虫效果较好，对螨类无效。可防治槐尺蠖、茶尺蠖、杨扇舟蛾、草地螟、斜纹夜蛾、柳毒蛾、小青叶蝉、斑衣蜡蝉等多种害虫。

（2）溴氰菊酯　溴氰菊酯是仿照菊科植物中除虫菊素而人工合成的一种高效杀虫剂，有强烈的触杀和胃毒作用，药效期长，可达数个月之久，对皮肤有较大毒性，常用2.5％乳油3000～8000倍液喷雾防治刺蛾类、青蛾类、棉卷叶螟、小地老虎、蓟马、叶蝉等。它具有快速击倒昆虫、低毒低残留的特征。该药防治对象广泛、用量小、杀虫迅速。多用于鳞翅目、半翅目、同翅目、膜翅目害虫，对螨类、棉铃象甲虫防治效果较差。

（3）氯氰菊酯　氯氰菊酯又称为安绿宝、灭百可，为广谱、触杀性杀虫剂，具有速效、高效、低毒、低残留、对作物安全等特点，除对140多种害虫防治有特效外，有些菊酯类农药还对地下害虫和螨类害虫有较好的防治效果。

（4）甲氰菊酯　又称灭扫利，为棕黄色液体，具有触杀和胃毒作用，无内吸和熏蒸作用，有一定的杀螨活性，持效期可达15～20天。属中等毒性农药。

防治对象和用法：进口原装本品使用 3000～4000 倍液，可防治榆树金花虫、榆黄足毒蛾、舞毒蛾、天幕毛虫、苜蓿夜蛾、椿象、温室白粉虱、豆天蛾、尺蠖等多种园林树木和花卉害虫。防治螨类使用 1000～2000 倍液。

3. 昆虫生长调节剂类杀虫剂

（1）除虫脲　为白色乳状悬浮液，具有胃毒和触杀作用，对鳞翅目幼虫有特效，但杀虫缓慢，对人、植物和环境安全，具有耐雨水冲刷等优点。

防治对象和用法：本品稀释 10000 倍液喷雾，对槐尺蠖、杨尺蠖、刺蛾、豆天蛾、黏虫、花椒凤蝶、菜青虫等有较好的防治效果。防治松毛虫、柳毒蛾、舞毒蛾、天幕毛虫、斜纹夜蛾、杨裳夜蛾等食叶害虫幼虫，可使用 5000～8000 倍液，效果较好。

（2）灭幼脲　灭幼脲为昆虫激素类农药，主要表现为胃毒作用。对鳞翅目幼虫表现为很好的杀虫活性。对益虫和蜜蜂等膜翅目昆虫和森林鸟类几乎无害。

常用于防治桃潜叶蛾、毒蛾、尺蠖、夜蛾、黏虫、松毛虫、天幕毛虫、美国白蛾等。本药属迟效性农药，施药 3～4 天后，药效才明显。

（3）抑食肼　也叫虫死净，属于昆虫蜕皮激素类生长调节剂，对高等哺乳动物和环境安全，以胃毒为主。制剂有 20％抑食肼可湿性粉剂，20％抑食肼悬浮剂。

防治对象和用法：20％抑食肼可湿性粉剂兑水稀释 1000～1500 倍，对鳞翅目、鞘翅目、双翅目害虫，如二化螟、苹果蠹蛾、舞毒蛾、卷叶蛾、菜青虫、黏虫和有抗性的马铃薯甲虫均有较好防效，并能抑制害虫产卵。

4. 氨基甲酸酯类杀虫剂

（1）速灭威　速灭威有触杀、内吸、熏蒸作用，作用快，药效一般只有 2～3 天，常用 25％可湿性粉剂 200～400 倍液，或 20％乳油 1000～1500 倍液喷雾防治叶蝉、蚜虫、粉虱、介壳虫等害虫，不能与碱性农药混用。

（2）甲萘威　甲萘威又名西维因、胺甲萘。该药无刺激性、无气味、不污染环境、性质稳定、残效长。甲萘威具有触杀、胃毒及微弱的内吸作用，能防治 150 多种害虫，能同多种农药混用。不能与碱性药混用。常用浓度为 50％甲萘威 400 倍液。防治对象是介壳虫类。

5. 新型杀虫剂

（1）吡虫啉　吡虫啉是烟碱类超高效杀虫剂，具有广谱、高效、低毒、低残留，害虫不易产生抗性，对人、畜、植物和天敌安全等特点，并有触杀、胃毒和内吸等多重作用。

（2）啶虫脒　啶虫脒是一种新型杀虫剂，除了具有触杀、胃毒和强渗透作用外，还有内吸性强、用量少、见效快、药效持续期长等特点。药效和温度呈正相关，温度高，杀虫效果好。主要用于防治刺吸式口器害虫，例如防治蚜虫。

6. 微生物源杀虫剂

（1）苏云金杆菌　苏云金杆菌（简称 Bt）乳剂，为黄褐色液体，是一种细菌性微生物农药，具有胃毒作用，对鳞翅目害虫高效，持效期为 10 天左右，具有对人畜安全、对园林植物不产生药害、对环境无污染、不伤害天敌、价格低廉等特点。

防治对象和用法：Bt 乳剂可防治 180 多种鳞翅目食叶害虫，是目前世界上应用量最多的生物农药。2500IU/mg Bt 乳剂，常用 500～800 倍液喷雾，对各种尺蛾、舟蛾、刺蛾、天蛾、枯叶蛾、蝶类、蚕蛾、夜蛾、螟蛾等鳞翅目害虫均有很好的防治效果。但对灯蛾、毒蛾效果较差。16000IU/mg Bt 可湿性粉剂，通常使用 2500～3000 倍液防治害虫。

（2）阿维菌素　阿维菌素是一种高效、广谱的抗生素类杀虫杀螨剂，对昆虫和螨类具有触杀和胃毒作用并有微弱的熏蒸作用，无内吸作用。但它对叶片有很强的渗透作用，可杀死表皮下的害虫，且持效期长，不杀卵。由于害虫抗性等原因，现一般与毒死蜱等其他农药混配使用。

（3）甲氨基阿维菌素苯甲酸盐　又称甲维盐，是从发酵产品阿维菌素 B_1 开始合成的一种新型杀虫剂，它具有超高效、低毒、低残留、无公害等生物农药的特点，对鳞翅目昆虫的幼虫和其他许多害虫的活性极高，既有胃毒作用又兼触杀作用，在非常低的剂量（0.084～2g/hm^2）下具有很好的效果，而且在防治害虫的过程中对益虫没有伤害，有利于对害虫的综合防治，另外扩大了杀虫谱，降低了对人畜的毒性。

甲氨基阿维菌素苯甲酸盐对很多害虫具有其他农药无法比拟的活性，尤其对鳞翅目、双翅目超高效，如红带卷叶蛾、烟芽夜蛾、棉铃虫、烟草天蛾、小菜蛾、黏虫、甜菜夜蛾、旱地贪夜蛾、粉纹夜蛾、甘蓝银纹夜蛾、菜粉蝶、菜心螟、甘蓝横条螟、番茄天蛾、马铃薯甲虫、墨西哥瓢虫等。

7. 植物源杀虫剂

（1）烟碱·苦参碱　又称烟参碱、百虫杀，是一种重要的植物源生物农药。对害虫具有强烈的触杀、胃毒和一定的熏蒸作用，属于高效、低毒、低残留农药。制剂有 1.2％烟参碱乳油。

防治对象和用法：烟参碱乳油是无公害、无污染的害虫防治较理想药剂。对蚜虫、粉虱使用 800～1000 倍液喷雾防治，对尺蠖、草地螟、天幕毛虫、美国白蛾、刺蛾等使用 1000 倍液防治。

（2）苦皮藤素　苦皮藤素对昆虫具有拒食、麻醉和毒杀作用，主要作用方式是胃毒，是一种优良的植物源杀虫剂，对天敌和环境相对安全。剂型有 0.2％苦皮藤素乳油，0.15％苦皮藤素微乳剂。

防治对象和用法：苦皮藤素制剂对光照稳定，在田间持效期可达 10～14 天。可用于防治菜青虫、小菜蛾以及槐尺蠖等鳞翅目幼虫。防治鳞翅目幼虫应在 3 龄以前施药，0.2％苦皮藤素乳油或 0.15％苦皮藤素微乳剂稀释 1000 倍对菜青虫、槐尺蠖等鳞翅目幼虫具有很好的防治效果。

（3）苦参碱　苦参碱是天然植物性农药，对人畜低毒，是广谱杀虫剂，具有触杀和胃毒作用。对各种作物上的松毛虫、杨树舟蛾、美国白蛾、黏虫、菜青虫、蚜虫、红蜘蛛有明显的防治效果。

（4）鱼藤酮　鱼藤酮对昆虫，尤其是蚜虫、蓟马和跳甲有很强的杀除作用，对菜粉蝶、小菜蛾等幼虫有强烈的触杀和胃毒作用。鱼藤酮不能与碱性药剂混用。

（5）松脂合剂　松脂合剂是由松香和烧碱熬制的黑褐色液体，强碱性，有触杀作用，在冬季休眠期喷 8～12 倍液或生长季喷 10～18 倍液防治介壳虫、粉虱、红蜘蛛等害虫。不能和忌碱性农药和含钙的农药混用。

8. 杀螨剂

（1）哒螨灵　哒螨灵为广谱、触杀型杀螨剂，但无内吸、传导、熏蒸作用，对卵、幼螨、若螨、成螨都有防治效果。防治红蜘蛛时，用 20％可湿性粉剂或 15％乳油兑水稀释 2300～3000 倍喷雾，安全间隔为 15 天。

（2）炔螨特　炔螨特属有机磷类农药，有强烈刺激性气味，低毒。对螨有触杀、胃毒等作用，无内吸作用，对成螨及若螨有效但杀卵效果差。在 20℃ 以上效果好，在嫩小植物上使用时，要严格控制浓度，浓度高于 2000 倍时易发生药害。

（3）双甲脒　双甲脒又称螨克，为黄色液体，有易燃性，是一种广谱的杀螨剂，具有触杀、胃毒和拒食作用，对螨类各虫态均有效，但对越冬卵效果较差。药效期较长，属中等毒性农药，剂型有 20％双甲脒乳油。

防治对象和用法：本品用 1000～1500 倍稀释液喷雾防治山楂叶螨、苜蓿叶螨、柏小爪螨、截行叶螨的成螨和卵效果良好。使用 1000 倍稀释液喷雾防治柑橘叶螨、棉叶螨、毛白杨皱叶瘿螨、茶黄叶螨。在常用浓度下对木虱、锈螨、蚜虫也有良好的效果。

（4）噻螨酮　噻螨酮为棕黄色液体，是一种新型杀螨剂，对植物表皮层具有较好的穿透性，但无内吸作用。本品对多种害螨的卵、若螨有强烈的触杀作用，但对成螨无效，对卵有一定的抑制孵化作用，作用过程需要 10 天左右。该药在高温和低温时使用效果无明显差异。本品对叶螨类防治效果好，对锈螨、瘿螨效果差。持效期长，约 50 天，属低毒农药，对植物、天敌和蜜蜂较安全。剂型有

15%噻螨酮乳油。

防治对象和用法：本品常用 2000～3000 倍液喷雾，可以防治截形叶螨、仙人掌短须螨、柏小爪螨等。使用 1500～2000 倍液可防治侧杂食跗线螨、山楂叶螨、朱砂叶螨等。

（5）氟虫脲　本品为淡黄色或棕黄色液体，是酰基脲类杀虫杀螨剂，具有触杀和胃毒作用。该药剂作用缓慢，施药后需要 10 天左右药效才明显上升。本品对叶螨属和全爪螨属害螨有效，对若螨效果好，不能直接杀死成螨，但可导致雌成螨不育或所产的卵不能正常发育而死亡；属低毒性农药，对天敌安全，剂型有 5%氟虫脲乳油。

防治对象和用法：使用本品 1000 倍液喷雾，对柑橘全爪螨、苹果全爪螨、竹裂爪螨、云杉小爪螨等害螨有很好的效果。用 1500 倍液防治已产生抗性的害虫害螨也有较好的效果，尤其在虫、螨并发期，使用本品可降低防治成本，是较理想的选择性杀虫、杀螨剂。

（6）四螨嗪　四螨嗪又称阿波罗，是一种新型强力杀螨剂。该剂对多种园林植物害螨的卵、若螨具有强烈的触杀作用，而对成螨无效，需经 7～10 天才可见效，并能大幅度地降低雌成螨的产卵量及产出卵的孵化率。可与大多数常用杀虫剂、杀菌剂混用。属中等毒性农药，对植物、蜜蜂安全。剂型有 50%四螨嗪悬浮剂。

防治对象和用法：使用原装产品 4000～5000 倍液喷雾，可较好地防治柑橘全爪螨、山楂叶螨、云杉小爪螨、朱砂叶螨、柑橘锈壁虱、刺足根螨、雀梅毛瘿螨、苜蓿苔螨等。

（7）浏阳霉素　本品属抗生素类杀螨剂，以触杀作用为主，对若螨和成螨效果明显，而对卵作用缓慢。持效期 10 天左右，属低毒农药。

防治对象和用法：使用本品 1000～2000 倍液喷雾，对栾树、美国地锦、核桃、红瑞木、连翘、苹果、梨、柑橘、紫藤、樱花、樱桃、玉兰、国槐、变叶木、一串红、贴梗海棠、碧桃、杏、桃、山楂、石榴上面的各种类型螨虫具有明显的防治效果。使用 2000～3000 倍液喷雾可防治月季、茉莉、桂花、萱草、万寿菊、蜀葵、美人蕉等多种花卉上的二斑叶螨、朱砂叶螨。

9. 杀线虫剂

线虫是一种个体微小的植物寄生虫，其为害症状更似于病菌为害症状而不像一般昆虫为害症状。一般的杀虫剂对它几乎没有作用。

阿维·噻唑膦对根结线虫、孢囊线虫、茎线虫等土传寄生虫效果显著，且对作物土传病害的发生有着良好的抑制和防治作用。常用 150～200 倍液灌根或冲施（间隔 45 天再施用一次效果更佳）。

10. 杀蜗剂

（1）斯蜗特 斯蜗特为非农药类植物自卫型、绿色环保型杀蜗剂，对成虫、幼虫及卵皆高效。用本品4小时后，即可解除软体害虫对作物的危害。

防治对象和用法：广泛适用于防治花卉、草坪草、果树等各种作物的软体害虫危害。每60g兑水15kg，在日落后天黑前对作物及地面进行均匀喷雾。雨后的傍晚效果最佳。施用本品二日内成虫、幼虫及卵开始死亡。不可与其他各种杀蜗剂、农药混用。

（2）四聚乙醛 四聚乙醛也叫密达、除蜗灵，是一种针对有害软体动物有特效的杀螺剂，剂型为颗粒剂、可湿性粉剂，持效期可达20天以上。

防治对象和用法：每亩用6%四聚乙醛颗粒剂0.5～1kg，拌细土10kg制成毒土，在3月底4月初或8月底9月初这两个时期里，蜗牛地面活动旺盛时撒施在土壤表面。若发生严重，可以在植物根部撒施四聚乙醛颗粒8～10粒，也可收到理想的防治效果。

第八节
古树名木保护

一般树龄在百年以上的大树即为古树，而那些树种稀有、名贵或具有历史价值、纪念意义的树木则可称为名木。

一、古树分级管理

古树分为国家一、二、三级，国家一级古树树龄为500年以上，国家二级古树树龄为300～499年，国家三级古树树龄为100～299年。国家级名木不受树龄限制，不分级。

目前不少地方规定，柏树类、白皮松、七叶树的胸径在60cm以上，油松胸径在70cm以上，银杏、国槐、楸树、榆树等胸径在100cm以上，且树龄在500年以上的古树，定为一级古树。柏树类、白皮松、七叶树胸径在30cm以上，油松胸径在40cm以上，银杏、楸树、榆树等胸径在50cm以上，树龄在300～499年的，定为二级古树。树龄在100～299年的树木定为三级古树。

二、古树名木一般性保护

1. 保护树皮

严禁在树体上钉钉、缠绕铁丝和绳索、悬挂杂物或作为施工支撑点和固定物，严禁刻划树皮和攀折树枝，发现伤疤和树洞要及时修补。对腐烂部位应按外科方法进行处理。

2. 围栏

一级古树和生长在公园绿地或人流密度较大、易受毁坏的二、三级古树以及名木设置围栏保护。围栏与树干距离不小于1.5m，特殊立地条件无法达到1.5m的，以人摸不到树干为最低要求。围栏内种植一些地被植物，以保持土壤湿润、透气。

3. 定期检查

每年应对古树名木的生长情况作调查，并做好记录，发现生长异常需分析原因，及时采取养护措施并采集标本存档。

4. 水分控制

根据不同树种对水分的不同要求进行浇水或排水。高温干旱季节，根据土壤含水量的测定，确定根系缺水的情况，选择浇透水或进行叶面喷淋。根系分布范围内需有良好的自然排水系统，不得长期积水，必要时建立盲沟与暗井。

5. 合理施肥

古树已基本定型，对肥料需求不会太大。一般只在冬季于树冠投影圈内侧，挖深约20cm的施肥沟，投放经沤熟的有机肥，生长期不再施肥。对于生长过于衰败的，可能是因其根部受到严重伤害，需在生长旺季对叶面喷施叶面肥，切不可盲目施用化肥。对于生长极度衰退的珍贵古树，可用活力素进行注射。

6. 修剪慎重

修剪古树名木的枯死枝、梢，事先应由主管技术人员制定方案，报主管部门批准后实施。修剪要避开伤流盛期。小枯枝用手锯锯掉或铁钩钩掉，截大枝应做到锯口保持平整，做到不劈裂、不撕皮，过大的粗枝应采取分段截枝法。操作时应注意安全，锯口应涂防腐剂，防止水分蒸发及滋生病虫害。

7. 支撑保护

古树名木树体不稳或粗枝腐朽且严重下垂，均需进行支撑加固，支撑物要注意美观，支撑可采用刚性支撑和弹性支撑。

8. 病虫害防治

定期检查古树名木的病虫害情况，采取综合防治措施，认真推广和采用安全、高效低毒的农药及防治新技术，严禁使用剧毒农药。化学农药应按有关安全操作规程进行作业。

9. 预防雷击

树体高大的古树名木，周围30m之内无高大建筑应设置避雷装置。

10. 管养记录

对古树名木要逐年做好养护记录存档。

三、古树名木特殊保护

古树名木生长在不利的特殊环境，需作特殊养护，进行特殊处理时需由管理部门写出报告，待主管部门批准后实施，施工全过程需由工程技术人员现场指导，并做好摄影或照相资料存档。特殊保护方法如下：

（1）土壤密实、透水透气不良、土壤含水量大，影响根系的正常生命活动，可结合施肥对土壤进行换土。含水量过高可开挖盲沟与暗井进行排水。

（2）人流密度过大及道路广场范围内的古树名木，可在根系分布范围内（一般为树冠垂直投影外2m），进行透气铺装。透气铺装的材料应具有较好的透水、透气性，应根据地面的抗压需要而采用不同的抗压性材料。透气铺装可采用倒梯形砖铺装、架空铺装等方法，也可以采用透水混凝土铺装。

（3）由于土质变化，引起土壤含水量的变化。对因地下工程漏水引起的，需找到漏点并堵住。如因土质含建筑渣土而持水不足，应结合换土，清除渣土，混入适量壤土。

四、古树名木死亡原因分析

古树名木衰老枯死，是内因与外因共同作用的结果。内因是古树名木树龄大，生长活力低，再加上树型较高大，因而抗病虫害侵染力低，抗风雨侵蚀力弱，这是其衰败的内因所在。外因比较复杂，主要有以下几点：

（1）极端气候原因　古树名木历经千百年风霜岁月，屡受严寒酷暑、大涝大旱等恶劣气候的侵袭，造成皮开干裂，根裸枝残等现象，使其生长不良，甚至濒临死亡。

（2）雷电火灾等原因　古树一般高大，遇雷击轻则树体烧伤、断枝、折干，重则焚毁，造成树体严重损坏。

（3）地下水位的升降原因　由于各种原因引起树木周围地下水位的改变，使树木根系长期浸于水中，导致根系腐烂；或长期干涸，导致植株枯萎。

（4）病虫害原因　古树因其过于衰老，生长量小，也易遭病虫危害。

（5）野生动物的危害　野生动物和昆虫啃食树皮、树根、树叶、花果，虫鸟凿树为巢，都会让树体残缺不全。

（6）工程建设的影响　各类工程建设中，由于对古树名木树根损伤严重，修剪过大，造成其衰败，直至死亡。

（7）人为活动引起土壤板结　由于游人频繁践踏，致使树体周围土壤板结，密度增大，严重影响土壤的气体交换、根系活动和正常生长。

（8）各种污染的影响 有毒有害气体、液体、固体使得古树名木周围生存环境遭到破坏，严重影响其健康生长。

（9）人为造成的直接损害 人为烟熏、火烤、刻字，还有砍枝、撞击、移栽等行为直接导致树体受损。

（10）管理不当影响 修剪过重，超过了树的再生能力，施药浓度过大造成的药害，肥料浓度把握不当造成烧根，均会造成古树生长衰退。

五、树干伤口处理

对于枝干上因病、虫、冻、日灼或修剪等造成的伤口，首先应当用锋利的刀刮净削平四周，然后用2％～5％硫酸铜溶液或石硫合剂原液等消毒，再后就是涂抹保护剂，如铅油、接蜡等。如用激素涂剂，对伤口的愈合更有利，用含有0.01％～0.1％的α-萘乙酸膏涂在伤口表面，可促进伤口愈合。由于雷击使枝干受伤的树木，应将烧伤部位锯除并涂保护剂。

六、树洞修补

大树，尤其是古树名木，因各种原因造成的伤口长久不愈合，长期外露的木质部受雨水浸渍，逐渐腐烂，形成树洞，严重时树干内部中空、树皮破裂，一般称为"破肚子"。树洞处理方法有开放法、封闭法和填充法。

1. 开放法

将洞内腐烂木质部彻底清除，刮去洞口边缘的死组织，直至露出新的组织为止，用药剂消毒，并涂防护剂。同时改变洞形，以利于排水，也可以在树洞最下端插入排水管。以后需经常检查防水层和排水情况，防护剂每隔半年左右重涂一次。

2. 封闭法

将树洞处理消毒后，在洞口表面钉上板条，以油灰和麻刀灰封闭，再涂以白灰乳胶、颜料粉面，以增加美观，还可以在上面压树皮状纹或钉上一层真树皮。

3. 填充法

填充物最好是水泥和小石砾的混合物，如无水泥，也可就地取材。填充材料必须压实，为加强填料与木质部连接，洞内可钉若干电镀铁钉，并在洞口内两侧挖一道深约4cm的凹槽。填充物从底部开始，每20～25cm为一层，用油毡隔开，每层表面都向外略斜，以利于排水，填充物边缘应不超过木质部，使形成层能在它上面形成愈伤组织。外层用石灰、乳胶、颜色粉涂抹，为了增加美观、富有真实感在最外面钉一层真树皮。

第七章
草坪管理

　　草坪是园林绿化常见的一种景观。草坪草由于生长习性不同，因此对生长环境、杂草、病虫害抗性也不同，如果养护不好，很容易造成过早退化、死亡的后果。草坪养护因为内容较多又很重要，所以单独一章进行详细叙述。

第一节
草坪常见种类

一、草坪概念

草坪指经过人工管理的多年生低矮草本植物密植形成的草地，多见于庭园、公园、体育运动场等地。草坪起着水土保持、净化水源、净化空气以及供人观赏、游憩、运动等作用。

二、草坪分类

（1）按生长气候类型分，有暖季型草坪和冷季型草坪两大类；

（2）按照草坪使用功能分，有游憩草坪、运动场草坪、观赏草坪、交通安全草坪、防护草坪等；

（3）按照草坪植物组合种类分，有单播草坪、混播草坪、缀花草坪三大类。

三、草坪类型及特点

1. 暖季型草坪

多见于长江流域附近及以南地区，在热带、亚热带及过渡气候带地区分布广泛，主要草种包括狗牙根、结缕草、假俭草、画眉草、野牛草、美洲雀稗等。此类草种的主要特点是冬季呈休眠状态，早春开始返青，复苏后生长旺盛。进入晚秋，一经霜害，其茎叶枯萎褪绿。在暖季型草坪植物中，大多数只适于南方栽培，只有少数几种，可在北方地区良好生长。

2. 冷季型草坪

多见于长江流域附近及以北地区，主要草种包括高羊茅、黑麦草、早熟禾、剪股颖等。此类草种的主要特征是耐寒性较强，在夏季不耐炎热，春、秋两季生长旺盛，适合于我国北方地区栽培。其中也有一部分品种，由于适应性较强，亦可在我国中南及西南地区栽培。

3. 游憩草坪

可开放供人入内休息、散步、游戏等用。一般选用叶细、韧性较大、较耐踩踏的草种。

4. 观赏草坪

不开放，不能入内游憩。一般选用颜色碧绿均一，绿色期较长，能耐炎热又能抗寒的草种。

5. 运动场草坪

根据不同体育项目的要求选用不同草种,有的要选用草叶细软的草种,有的要选用草叶坚韧的草种,有的要选用地下茎发达的草种。

6. 交通安全草坪

主要设置在陆路交通沿线,尤其是高速公路两旁,以及飞机场的停机坪上。

7. 防护草坪

用以防止水土流失,防止尘土飞扬,主要选用生长迅速、根系发达或具有匍匐茎的草种。

8. 单播草坪

指用一种植物材料组成的草坪,常用于暖季型草坪,特点是均一性好,但抗逆性差。

9. 混播草坪

指由多种植物材料组成的草坪,常用于冷季型草坪,特点是抗逆性强。

10. 缀花草坪

指以多年生矮小禾草为主,混有少量草本花卉的草坪。

四、草坪草种类介绍

园林绿化常用草坪草种类见表7-1。

表 7-1　园林绿化常用草坪草种类

序号	草坪草名称	科属	形态特征	生长习性	病虫害
1	沟叶结缕草（马尼拉）	禾本科结缕草属	暖季型草坪草;横走根茎和匍匐茎;叶质硬,叶面具纵沟;常绿期280～300天	耐践踏,耐修剪,耐寒;耐旱;抗杂草力强,修剪次数少	锈病、淡剑夜蛾、蛴螬
2	狗牙根（百慕大）	禾本科狗牙根属	暖季型草坪草;具有根状茎和匍匐枝;叶片披针形,叶质软;常绿期240天左右	喜温暖湿润气候,耐阴和耐寒性较差,耐践踏,侵占能力强	褐斑病、币斑病、锈病、蛴螬、螨类、介壳虫和线虫等
3	矮生百慕大（天堂草）	禾本科狗牙根属	暖季型草坪草;特征和狗牙根相似,但叶深绿色,叶丛密集,质地细腻,植株低矮;冬天可播黑麦草	喜光,稍耐阴;耐寒、耐旱、病虫害少;苏浙沪地区绿色期为280～300天	锈病、蛴螬、螨类、介壳虫和线虫等
4	野牛草	禾本科野牛草属	暖季型草坪草;多年生草本,高不到20cm,具匍匐茎;叶片线形,粗糙,两面疏生白柔毛;匍匐茎结成厚密的草皮	喜阳光,耐半阴;耐瘠薄、耐旱、耐寒,不耐湿;适合北方生长,绿草期<200天	抗病虫能力强

序号	草坪草名称	科属	形态特征	生长习性	病虫害
5	假俭草	禾本科 蜈蚣草属	暖季型草坪草;匍匐茎发达,蔓延迅速;叶片线形,质地中等粗糙,茎叶在冬日宿存地面而不脱落	喜光,耐阴,耐干旱,较耐践踏,抗杂草能力比较强,修剪次数少	病虫害少见
6	地毯草	禾本科 地毯草属	暖季型草坪草;具长匍匐枝,秆压扁,节密生柔毛;叶宽条形,质柔薄	适于热带和亚热带气候,喜光,较耐阴,耐践踏,侵占力强,耐寒和耐旱能力差	抗病虫能力强
7	马蹄金	旋花科 马蹄金属	暖季型草坪草;匍匐地面,节上生根;叶互生,心状圆形或肾形,全缘;花黄色,花冠钟状	喜光又耐阴,耐湿,稍耐旱,不耐寒,不耐践踏	叶点霉病、白绢病、夜蛾、蛴螬、地老虎
8	多年生黑麦草	禾本科 黑麦草属	冷季型草坪草;丛生,根系发达,秆直立,高80~100cm;叶狭长,深绿色	喜温暖湿润且夏季较凉爽的环境,春秋生长快,夏季休眠,不耐干旱	锈病、蛴螬、地老虎、夜蛾等
9	匍匐剪股颖（四季青）	禾本科 剪股颖属	冷季型草坪草;具有长的匍匐枝,节着土生有不定根;叶片线形,两面均具小刺毛	性喜冷凉湿润气候;耐寒、耐热、耐瘠薄、较耐践踏、耐低修剪;生长迅速	褐斑病、币斑病、枯萎腐霉病、仙环病、蛴螬、蝼蛄、小地老虎、草地螟
10	早熟禾	禾本科 早熟禾属	冷季型草坪草;具匍匐根状茎,秆直立和圆筒状;叶片条形,扁平内卷	喜光又耐阴,喜温暖湿润气候,耐寒力强,耐旱较差,春秋生长好,夏季休眠	叶斑病、根茎腐烂病、锈病、黑粉病、炭疽病、甲虫、谷象等
11	高羊茅	禾本科 羊茅属	冷季型草坪草;秆直立,高90~120cm;叶片线状披针形,下面光滑无毛,上面粗糙	喜寒冷潮湿、温暖潮湿的气候,不耐高温,喜光,耐半阴,耐酸,耐瘠薄,抗病性强	草地螟、蝼蛄、金龟子、黏虫、蜗牛等;褐斑病、锈病、白粉病等
12	紫羊茅	禾本科 羊茅属	冷季型草坪草;株高40~60cm,具横走根茎;叶从根际生出,叶片对折或内卷,呈窄线形	喜冷凉湿润气候,不耐高温;喜光,耐半阴,耐酸,耐瘠薄,抗病性强	霜霉病、蛴螬、蝼蛄、金针虫、地老虎、夜蛾、蓟马、叶蝉等
13	白车轴草	豆科 车轴草属	冷季型草坪草;多年生草本;叶3出,小叶倒卵形,叶面中部有"V"形白斑;头状花序,花白色	喜温暖湿润气候,低于-15℃死亡,35℃以上会夏枯;不耐干旱,耐半阴	白绢病、白粉病、叶斑病、叶蝉、夜蛾、地老虎、白粉蝶

第二节
草坪建植方法

草坪建植主要有播种和营养体繁殖两种方法。播种方法具有建植成本低、见效慢的特点，营养体繁殖具有建植成本高、见效快的特点。播种方法包括常规播种法、植生带和机械喷播法。营养体繁殖包括草块铺贴、栽植草茎等方法。

如何选择草坪建植方法，则需要根据草坪功能、建植成本、见效时间和草种特性来决定。

一、播种建植方法

1. 草种选择

一般来说，北方可选择冷季型草种（早熟禾、高羊茅、黑麦草、紫羊茅、剪股颖等），南方可选择暖季型草种（狗牙根、矮生百慕大、结缕草等）。无论北方或南方，应选择适合本地的优良种子，草坪种子纯度应达到95%以上，冷季型草坪种子发芽率85%以上，暖季型草坪种子发芽率应达到70%以上。

2. 播种时间

冷季型草坪草可以春秋播种，但在夏末秋初播种较好，此时土壤温度较高，有利于种子萌发，又避开了夏季杂草的危害，而且新生草坪草幼苗在冬季来临之前有充分的生长发育时间。暖季型草坪草的生长期在夏季，因此，春末夏初播种最合适。

3. 种子处理

播种前应当做发芽试验和催芽处理，确定合理的播种量。播种前还要对种子进行消毒、杀菌。

（1）草种质量检测：草种要光亮饱满，纯净度好，发芽率高，但凭外观检查还不够，还应当在播种前做发芽率试验，才能知道种子的真正质量如何。

（2）浸种催芽：大多数草坪种子很容易发芽，尤其是冷季型草种，不用催芽处理可直接播种，但对一些发芽困难的草种，则需于播种前进行种子催芽处理。种子经过催芽，出芽快，质量好，最常用的有冷水浸泡法，即可在播种前将种子浸泡于冷水中数小时，捞出晾干，随即播种。

（3）种子消毒：消毒主要目的是预防因种子带菌传播的病害，通常应用50%多菌灵可湿性粉剂配制成种子重量0.3%～0.5%的溶液或70%百菌清可湿性粉剂配制成种子重量0.3%的溶液，翻拌浸泡种子24小时。

4. 地形准备

整地之前应先清除杂草，防治地下害虫。表面杂草清除干净后，还需对地下杂草根、草籽、真菌、**细菌**、线虫、地下害虫进一步灭杀，可用甲醛、五氯硝基苯等农药。

整地应当深翻土壤，然后按照设计要求整出地形，坡度最低要达到排水要求0.3%～0.5%。如果场地面积过大，又不能形成地形坡度，那就要在场地中间分段设置排水暗沟，四周设置排水明沟。如果在地下车库顶板上种植草坪，种植土厚度应当在20cm以上。为了浇水方便，还应当建设浇灌系统。

场地初整完成后，应当结合施肥再次细整地形，把表面土壤耙平、耙细，见不到大颗粒石子和泥块。施肥以有机肥为主，也可使用缓释性的复合肥。

5. 播种方法

播种时应先浇水浸地，保持土壤湿润。用等量沙土与种子拌匀后撒播，播种后应均匀覆盖细土0.3～0.5cm厚并轻压，喷水细密均匀，浸润土层8～10cm，以后保持土壤湿润。种子发芽出苗后可以减少浇水次数，见干见湿。

播种方法很多，可以参考如下表述。

（1）播种量：播种量由草种类、纯净度、发芽率、发芽条件和建草坪速度来决定，一般播种深度为0.5～1cm。

（2）覆土镇压：人工或播种器均匀播种后覆土，覆土厚度是种子大小的2～3倍，最后用木板或镇压器轻轻镇压，保证种子与土壤能够充分接触即可。

（3）浇水保湿：播种后应及时浇水，而且应当每天浇水，保持土壤湿润。正常情况下，15天左右可以出苗，一个月基本成坪。

（4）现在除了人工播种外，还有手摇的小型播种机，挂在身上边走边摇，相对人工抛撒要均匀一些。无论人工抛撒种子，还是用播种机，工作的行走路线应当是横竖交替，不要遗漏。

6. 播种经验

常用草坪播种及修剪情况，见表7-2。

表7-2　常用草坪播种及修剪信息表

序号	种名	播种/（g/m²）	出齐苗/天	适宜温度/℃	修剪高度/cm	播种时间
1	细弱剪股颖	4～10	14	15～30	0.7～5	春、秋
2	匍匐剪股颖	4～10	14	15～30	0.7～5	春、秋
3	草地早熟禾	10～15	14	15～30	3～5	春、秋
4	紫羊茅	20～30	20	15～25	2.5～6.4	春、秋
5	高羊茅	30～40	14～21	20～30	4.3～7.6	春、秋
6	黑麦草	20～35	10	20～30	1.3～3.8	春、秋
7	白车轴草	5～15	15	19～24	无要求	春、秋
8	马蹄金	5～9	15	20～30	无要求	春、秋
9	狗牙根	10～15	10～20	20～35	0.3～7.6	5月～8月
10	结缕草	10～20	14～35	20～35	5.1～10.2	5月～8月
11	地毯草	15	10～20	20～35	1.9～5	5月～8月
12	假俭草	2～5	10～20	20～35	1.3～2.5	5月～8月

7. 混播草坪

草坪混播的草种及配合比应符合设计要求。草坪混播应符合互补原则，草种叶色相近，融合性强。播种时应当将单个品种依次单独播撒，应保持各草种分布均匀。

8. 交播草坪

交播草坪就是在一块草坪地上交替生长冷暖两类草坪草，用来保持草坪常年绿色。

草坪交播是用单种或多种草种播在已成坪草坪上的一种交替成坪方式，一般指在秋季快要泛黄的暖季型草坪上，播入多年生黑麦草或一年生早熟禾等冷季型草种，使草坪在冬季也有很好的观赏性，以达到草坪四季常绿的观赏效果。

在华东地区，百慕大草坪交播黑麦草是最常用的方法。每年秋季，也就是9月初～10月上旬开始撒播黑麦草籽，如果播种太迟，遇到低温不利于草籽发芽，在播种黑麦草之前，应当先把百慕大修剪一遍，同时把草坪上杂草、落叶、草屑、垃圾清理干净，然后再播撒草籽，这样有利于黑麦草的草籽落入土壤中生根发芽。播撒草籽时，可先浸泡种子后再播种。播种时应当横、竖来回均匀撒播两次，播后轻轻镇压，保证草籽和土壤充分接触。发芽前应每天浇水1～2次，幼苗期可1～2天浇水一次。播种后浇水保湿，确保种子不干燥，直到黑麦草生根发芽。

在百慕大草坪上播种黑麦草时，由于黑麦草比较容易发芽，而且生长速度快，所以注意播种密度不要太大，比正常播种黑麦草的种子量减半就可以了，若播种量太大，黑麦草生长茂密，在第二年春季不利于百慕大复苏，甚至导致百慕大死亡，同时还会增加黑麦草修剪量。

当第二年春季百慕大草坪复苏时，我们要在短时间内把黑麦草不断进行超低修剪，压制它生长，为百慕大全面复苏创造条件。

在冬季来临时，除了百慕大草坪能交播黑麦草外，其他暖季型草坪也能交播黑麦草或其他冷季型草籽。暖季型草坪在交播中一般不用每年播草籽，但冷季型草籽是要每年都播种的，因此会增加养护成本和工作量。

二、草块、草卷铺贴

1. 草块和草卷

草块一般都是泥质土壤栽培，正方形，铺贴时损耗多、接缝多、平整度差，但供货价格便宜。草卷面积比草块要大，一般都是砂培，铺贴时损耗少、接缝少、平整度好，是采购较多的品种。草块、草卷应当尺寸基本一致，厚度均匀，杂草率<5%。

2. 草块铺贴时间

草块铺贴没有严格的时间限制，一般在草坪生长期都可以进行。

3. 地形准备

草块、草卷铺贴前，第一步先清除杂草和土壤消毒，然后再整理地形。如果杂草不清除干净，大量杂草仍然能通过铺贴草皮的缝隙冒出来，增加今后清除杂草的难度。常用化学消毒剂有甲醛、五氯硝基苯等。

地形应当符合设计和排水要求，无特殊要求的地形，坡度控制在 $0.3\%\sim0.5\%$。经过初整和细整后，达到土壤平整、疏松、细腻，不得有大的石头和土块，更不能有低洼积水现象。如果地形不够细腻平整，草坪铺出来就会高低不平，观感很差。

4. 铺贴方法

（1）铺前灌溉，在铺贴草块 24 小时前，应该把整理好的地块灌水一次，让土壤变软，可以使草坪和土壤铺贴更紧密。

（2）覆砂找平，为了草坪更加平整美观，可以覆砂找平后再贴草块。

（3）密铺，应将选好的草坪切成 300mm×300mm、250mm×300mm、200mm×200mm 等不同草块，顺次平铺，草块下填土密实，块与块之间应留有 20～30mm 缝隙，再行填土，铺后及时滚压浇水；若草种为冷季型则可不留缝隙；密铺草块、草卷应当相互衔接，高度一致，平整度要好。

（4）间铺，铺植方法同密铺。用 $1m^2$ 的草坪有规则地铺设 2～3m^2，间铺缝隙应当均匀，并填以栽植土。

（5）点铺，应将草皮切成 30mm×30mm，点种。用 $1m^2$ 草坪宜点种 2～5m^2。

三、种植草茎

（1）茎铺，暖季型草种以春末夏初为宜，冷季型草种以春秋为宜。

（2）撒铺方法：应选剪 30～50mm 长的枝茎，及时撒铺，撒铺后滚压并覆土 10mm。

四、草块、草茎种植后养护

（1）灌溉，草坪铺贴和滚压完成后应该马上浇水，以后保持土壤湿润，浸润土壤深度大于 10cm。

（2）滚压，为了铺贴草块更加平整和紧密接触土壤，可以用滚筒在浇水 1～2 天后碾压，滚筒不能太重，大约 50kg；如果没有滚筒，可以用铁锹反复拍打，使其与土壤密切接触。

（3）保护，新铺草坪在2～3周内应避免人为践踏，可以设置警告牌。

（4）施肥，根据草坪生长情况决定是否施肥，肥料以复合肥为主。

（5）修剪，草坪修剪应该在草坪和土壤紧密结合在一起时，过早修剪会提起草块、草茎，影响草坪生长。修剪量必须遵循"三分之一"原则，不能超过草坪总高度1/3。

五、成坪后要求

草坪覆盖率不能低于95%，单块裸露面积应不大于$25cm^2$，杂草及病虫害的面积应不大于草坪面积5%，草坪平整度满足要求，草坪长势良好，色泽光鲜。

六、植生带技术

植生带是采用专用机械设备，依据特定的生产工艺，把草种、肥料、保水剂等按一定的密度定植在可自然降解的无纺布或其他材料上，并经过机器的滚压和针刺的复合定位工序，形成的一定规模的工厂化产品。

只要整平地面后把植生带往上一铺固定，再覆层薄土即可正常喷水及养护。植生带具有以下特点：

（1）机器定置配比，播种量精确、稳定、合理，混播品种均匀；

（2）出苗率高、出苗齐、有效防止种子流失、苗期易养护、成坪快、更美观；

（3）早期对杂草有较好的抑制作用；

（4）施工简化；

（5）有利于种子生长；

（6）综合造价低，主要表现在降低养护管理成本上。

植生带铺植方法：把植生带铺在坡面上，边缘交接处要重叠1～2cm，在植生带上均匀覆土，厚度以不露出种子带为宜，一般在2～5mm，有条件的，覆土后碾压一下更好。

植生带铺种完毕后即可浇水，最好用喷灌方式，喷头要细，避免水柱直冲，水量以保持地表湿润为宜。出苗后可逐渐减少喷水次数，加大浇水量，一次浇透为宜。

成坪后的养护与常规草坪相同。

七、喷播技术

喷播方法是近几年国际绿化行业的创新技术，主要用于施工面积大的地块和公路、铁路两侧护坡的种植。喷播技术是以水为载体，将经过技术处理的植物种子、纤维覆盖物、黏合剂、保水剂及植物生长所需的营养物质，经过喷播机混合、搅拌并喷洒到所需种植的地方，从而形成初级生态植被的绿化技术。

喷播方法：运用喷播机。喷播的主要配料一般包括水、植物生长素、黏合剂、染色剂、草籽、复合肥料等（根据情况的不同也可另加保水剂、松土剂、活性钙等材料）。

喷播后养护管理，喷播种植后根据土壤墒情、降水等情况，适时喷洒浇水，根据草坪草生长情况和草坪的用途，适量追施肥料或叶面喷施叶肥，及时除杂草、修剪。

第三节
草坪养护方法

草坪在建植成功之后，要长期保持其使用价值就必须作好养护管理工作。养护管理工作的好坏，直接关系到草坪的美观和使用年限。草坪养护内容包括浇水、修剪、施肥、清除杂草、切边、滚压、打孔、覆土、病虫害防治、更新复壮等。

一、浇水与排水

草坪何时需要灌水，主要根据草坪的表现来确定。当草坪缺水时，草坪草表现出不同程度的萎蔫，进而叶片由鲜绿色变为蓝绿色或灰绿色。另外一种方法是根据土壤水分状况来确定灌水时间，如果 10～15cm 土层是干燥的，颜色较淡，这时就要灌水。还有一种简单的检测方法，那就是在草坪上走几步，听脚步声音判断是否缺水，如果脚步与草坪摩擦声音很响很清晰，那就是缺水，反之，听不到摩擦声音，那就是不缺水。

一般来说，冷季型草坪主要浇水时间集中在 3 月～6 月和 8 月～11 月。在春秋季要充分浇水，每周一次；夏季适量浇水，每两周一次，宜早晨和晚上浇水，安全越夏。暖季型草坪在夏季勤浇水，每周两次，宜早、晚浇；春秋季每两周一次，冬季可不浇水。无论冷季型草坪还是暖季型草坪，浇水次数要根据土壤干湿和天气变化情况适当调整，不能生搬硬套，每次浇水要湿透土表下面 10～15cm。

北方在 11 月中下旬要浇足、浇透冻水，因为冷季型草坪的绿色期长短和能否顺利越冬的关键取决于土壤水分状况，浇好冻水至关重要。春天来临时，浇好返青水，浇水要湿透土表下 10cm。

草坪排水一般是利用坡度自然排水，没有坡度的大面积草坪应当设置盲沟，把多余的水引入排水系统。

二、草坪修剪

草坪修剪的作用除了整齐美观外，还可以促进根茎发达，叶片变密，减少病虫害。

草坪修剪时间一般集中在 4 月～11 月，修剪次数常因季节、地区、草种不同而异。暖季型草坪草冬季休眠，在春秋生长缓慢，应减少修剪次数；夏季天气较热，草坪草生长旺盛，应多次进行修剪。另外，粗草类（如假俭草）修剪次数要多于细草类（马尼拉草、细结缕草）。冷季型草坪在冬天和夏天休眠的时候应减少修剪次数，在春秋生长较快应该多修剪。

在生长季节要采取条纹状交叉修剪方式，不能总是沿着一个方向修剪。在斜坡上修剪草坪，剪草机要与坡度平行逐行修剪，千万不要沿着上下方向修剪，那样操作人和机器都很危险。草坪修剪方向不同，草坪草茎叶的取向、反光也不相同，因而产生了像许多体育场常见的明暗相间的色条带。为了保证草坪草茎叶正常生长，每次修剪的方向和路线应有所改变。如不改变修剪方向，将使草坪土壤受到不均匀挤压，甚至出现车轮压槽、土壤板结、草茎损伤的现象。

草坪在每次修剪时，剪掉的部分不要超过草坪茎叶生长自然高度的 1/3，此称为"三分之一"规则。如果一次修剪量过大，会造成草坪草光合作用急剧下降，地上茎叶生长与地下根系生长不平衡，严重时可导致草坪草退化甚至死亡。正确的做法是增加修剪次数，逐渐降低高度。这样虽然比较费工、费时，但可以使草坪免受伤害而长势良好。

草坪修剪高度是指修剪后留在地面上的草茎叶的高度，也叫"留茬"。草坪的修剪高度常与草坪的类型、用途、草品种有关。每一种草坪都有它特定的耐修剪高度范围，高于耐修剪高度范围，草坪草变得蓬松、柔软、匍匐，草坪质量不良；低于耐修剪高度范围，影响草坪必要的光合作用，减少营养物质的存储，容易导致草坪死亡。

确定了草坪留茬高度后，在其基础上根据修剪"三分之一"原则，计算出草坪开始修剪时的高度，如确定留茬高度为 3cm，那么草坪长到 4.5cm 时就要开始修剪，其他依此类推。不管任何草坪，当草高超过 10～15cm 时应进行修剪，大多数草坪留茬高度 3～5cm 为宜，切忌齐根下剪。

多数情况下，暖季型比冷季型草坪草耐低修剪。如果冷季型草坪修剪高度低于 2.5cm 时，会降低根系活力，使草坪失绿、变稀；在夏天和入冬前，冷季型草坪则应适当提高修剪高度。草坪修剪后的高度可以根据草种和草坪功能灵活调节，千万不能生搬硬套。草坪修剪后垃圾要及时清除，保持现场整洁，防止滋生病虫害。

草坪一年中修剪几次关系到养护成本和工作计划安排，因此有必要了解一下。草坪修剪有关参数见表7-3。

表7-3　草坪修剪留茬高度及频次

序号	草坪种类	留茬高度/cm	修剪次数/年
1	草地早熟禾	3～5	20～40
2	高羊茅	5～8	20～40
3	黑麦草	3～8	20～40
4	匍匐剪股颖	2～6	20～40
5	野牛草	3～6	12～24
6	结缕草	3～5	12～24
7	狗牙根（百慕大）	2～4	12～24
8	假俭草	2.5～5	12～24

草坪修剪次数会因管理要求有所不同。在草坪进入冬季，修剪高度要比正常修剪高度低一些，这样可使草坪草冬季绿期加长，春季返青提早。夏季高温干旱的天气，修剪次数要适当减少，以减少植株和土壤失水及病害从伤口侵入的机会。为了草坪草健康生长，应当加强梳草搂草，清除枯枝烂叶，定期喷施磷酸二氢钾。

修剪草坪时应该注意以下几点要求：

（1）修剪草坪刀具要锋利，以利于草坪草伤口愈合；

（2）草坪机械修剪路线应当平行操作，且每次修剪要改变方向；

（3）修剪下来的草屑要带走，防止病虫害传播；

（4）在草坪病害流行以及高温高湿时，草坪修剪后要喷洒保护性杀菌剂；

（5）草坪修剪后可适当追肥，以磷钾肥为主；

（6）为有利操作和防治病虫害，修剪前一天不浇水，修剪之后间隔一天再浇水；

（7）严禁在草坪上对割草机进行加油或检修。

三、草坪施肥

施肥是草坪养护中又一重要环节。草坪修剪的次数越多，从土壤中带走的营养越多，因此，必须补充足够的营养，以恢复生长。为保持草坪叶色嫩绿、生长健壮和改善土壤营养状况也必须施肥。

草坪施肥一般以施氮肥为主，兼施复合肥。草坪植物主要进行叶片生长，并无开花结果的要求，所以氮肥更为重要，施氮肥后的反应也最明显。除了氮肥，草坪对钾肥需求量也较大，对磷肥需求量相对较少。为了提高草坪越冬、越夏的抗逆性，此时可增加钾、磷肥用量。

施肥的原则是施好返青肥，生长季节看苗施肥，重施晚秋肥。返青肥是保证草地正常返青和春夏草地景观良好的关键，施肥种类最好是硫铵（或尿素）＋磷酸二氢铵。生长季节可用磷酸二铵或磷酸二氢钾或少量硫酸铵，促使草坪生长。晚秋可施氮、磷、钾复合肥，每平方米 30～40g。其作用在于促进根系生长发育，延长绿色期并为草地正常越冬及返青生长储备营养。

在建造草坪时应施基肥，草坪建成后在生长季需施追肥。每年至少施一次有机肥，结合草坪平整土壤进行。在施好有机肥、培土的基础上，施用追肥。

冷季型草种的追肥时间最好在早春和秋季，第一次在返青后，通过增加氮肥促进草坪生长。第二次在仲春，天气转热后应停止追肥；秋季施肥可于 9 月～10 月进行。暖季型草种的施肥时间是晚春。在生长季每月或 2 个月应追一次肥，最后一次施肥不应晚于 9 月中旬。

具备喷灌系统的草坪，可以将化肥先溶于少量水中，去渣，倒入水池中，成为 0.1％～0.2％ 的水溶液，喷施于草坪，这样操作既均匀又省力。若无喷灌系统宜撒施，撒施应注意均匀，待露水干后操作，以免灼伤草坪，确保今后草色草高一致。最好的方法是将肥料均分两份，一份按南北方向撒施，一份按东西方向撒施。选择在下雨前进行或洒肥后浇水，可使肥料溶解并渗透到土壤中去。

四、清除杂草

杂草的入侵会严重影响草坪的质量，使草坪失去均匀、整齐的外观，同时杂草与目的草争水、争肥、争阳光，从而使目的草的生长逐渐衰弱，因而除杂草是草坪养护管理中必不可少的一环。防除杂草的最根本方法是合理的水肥管理，促进目的草的生长，增强与杂草的竞争能力，并通过多次修剪，抑制杂草的发生。一旦发生杂草侵害，除用人工"挑除"外，还可用化学除草剂，如用 2 甲 4 氯杀死双子叶杂草；用西玛津、扑草净、敌草隆等封闭土壤，抑制杂草的萌发或杀死刚萌芽的杂草；用灭生性除草剂清除草坪建造前的所有杂草。除草剂的使用比较复杂，效果好坏受很多因素影响，使用不当会造成很大的损失，因此使用前应慎重做试验和准备，配制和工具应由专人负责。

草坪杂草应及时连根清除，做到除早、除小、除净，采用化学除草必须慎重，不能产生药害。

结合各地调查情况看，叶草、水蜈蚣、天胡荽、狗牙根、酢浆草、马唐、空心莲子草、牛筋草、香附子、向茅等 10 种杂草为草坪上的恶性杂草。这类杂草生长时间较长或繁殖力较强，较难防除，对草坪的危害最大。此外，蒲公英、早熟禾、狗尾草、车前、旱稗等 5 种杂草为草坪上的重要杂草，全国普遍发生，对草坪的危害较严重。以上 15 种草坪杂草应列为重点监测对象加以防除。

草坪杂草的防除主要通过土壤处理、草种选配、人工防除、化学防除的四种方式共同构建防护网，从而有效控制杂草的危害。

五、草坪切边

草坪常常和乔灌木组合在一起，处于植物组团中的边缘。最常见的是大量小灌木色块和草坪紧紧相连，如不对草坪切边，草就会慢慢长到色块中影响美观。草坪切边除了防止草坪长进色块中，其优美的曲线还能起到分隔和美化作用。

切边的方法：用小铲子沿着灌木色块的曲线挖沟，沟上口宽 15cm 左右，深度大约 10cm，沟大致呈 "V" 形，不要上下一样宽。草坪切边不是一劳永逸的事情，要经常检查和维护，使草坪切边整齐美观。

六、覆土、滚压

这里的覆土是指在已建植成功的草坪上覆土，目的是填平坑坑注注、覆盖被水土冲刷后暴露出来的草根、促进受伤草坪恢复、控制枯草层等。覆土通常选用含砂土壤，也可全部覆砂。

草坪滚压的作用是增加草坪草分蘖，促进匍匐茎生长，使匍匐茎的上浮受到抑制，节间变短，增加草坪密度。生长季节滚压，使叶丛紧密而平整，抑制杂草入侵。草坪铺植后滚压，使草坪根部与坪床土紧密结合，吸收水分，易于产生新根，以利于成坪。可对因冻胀和融化或蚯蚓等引起的土壤凹凸不平进行修整。对运动场草坪可增加场地硬度，使场地平坦。滚压可使草坪形成花纹，提高草坪的观赏效果。

草坪滚压方法：在春季至夏季滚压为好，建坪后不久进行滚压，降霜期、早春修剪时期也可进行滚压。土壤黏重、水分过多时，可在草坪草生长旺盛时进行。一般人推轮重量为 60~200kg。滚压可结合修剪、覆土。运动场草坪比赛前要进行修剪、灌水、滚压。通过不同走向滚压，使草坪草叶反光，形成各种形状的花纹。

七、梳草

梳草是对草坪枯草层的清理工作，是草坪管理的高级层次。一般情况下，草坪枯草层维持在 1cm 厚度以下是有益的，超过 1cm 厚度会影响草坪土壤透气、透水，还容易滋生病虫害。草坪面积较小时可以用人工进行梳草，也就是用钢丝制成的短齿耙沿着横、竖、斜三个方向用力耙枯草层，使其与草坪分离。草坪面积大时可用梳草专用机械梳草。梳草工作一般安排在土壤和枯草层干燥时进行。

八、打孔松土

草坪土壤易板结，应该经常松土透气。一般小面积草坪可使用钉耙，纵横向依次均匀地将土挖松，深度为 4～8cm，半月 1 次。

打孔松土即在草坪上扎孔打洞，目的是改善根系通气状况，调节土壤水分含量，有利于提高施肥效果。这项工作对提高草坪质量起到不可忽视的作用。一般要求 50 穴/m^2，穴间距 15cm×5cm，穴径 1.5～3.5cm，穴深 8cm 左右，可用中空铁钎人工扎孔，亦可采用草坪打孔机。草坪每年需打孔通气 1～2 次。打孔通气最佳时间在每年的早春。

第四节
草坪病虫害防治

草坪病虫害很多，也很复杂，需要我们认真学习专业理论和掌握防治技能，具体内容详见本书的第六章植物病虫害防治，这里只简单介绍一下。草坪病害主要由真菌、细菌、病毒、线虫等引起，极容易传播感染，类型有褐斑病、腐霉枯萎病、锈病、白粉病、币斑病、霜霉病等。虫害主要由淡剑夜蛾、草地螟、小地老虎、蛴螬、蝼蛄、蚯蚓等引起，分地上和地下虫害两大类，危害程度受虫口密度影响。

病虫害防治方法有物理防治、生物防治和化学防治。物理防治有灯光诱捕、人工捕捉等。生物防治即利用天敌或病原微生物防治。化学防治使用化学合成的杀菌剂、杀虫剂。

一、草坪病害防治

1. 褐斑病

褐斑病常见于各种草坪，发生时间在 5 月～9 月。受害叶片和叶鞘上病斑呈梭形、长条形，不规则，长 1～4cm，初期病斑内部青灰色水浸状，边缘红褐色，后期病斑变褐色甚至整叶水渍状腐烂。当条件适宜时，几天之内枯草圈就可从几厘米扩展到几十厘米，甚至 1～2m。由于枯草圈中心的病株可以恢复，结果使枯草圈呈现"蛙眼"状，即其中央绿色，边缘为枯黄色环带。在清晨有露水或高湿条件下，枯草圈外缘（与枯草圈交界处）有由萎蔫的新病株组成的暗绿色至黑褐色的浸润圈，即"烟圈"。草坪褐斑病图片见彩图 32。

防治方法：发病时使用波尔多液或 25％多菌灵可湿性粉剂 500 倍液，70％甲基硫菌灵可湿性粉剂 1000～1500 倍液等。

2. 腐霉枯萎病

几乎绝大多数草坪草都会受到腐霉菌的危害，特别是冷季型草坪草受害更为严重。此病容易发生时间在 5 月～9 月。腐霉枯萎病表现特征为出现棕褐色或橙色的枯死斑，或出现大面积的枯草区。腐霉菌可侵染草坪草的各个部位，芽、苗和成株，造成烂芽、苗腐、猝倒、根腐、根颈部和茎叶腐烂。高温高湿条件下，对草坪的破坏最甚，常会使草坪突然出现直径 2～5cm 的圆形黄褐色枯草斑。清晨有露水时，病叶呈水浸状暗绿色，变软、黏滑，连在一起，用手触摸时，有油腻感，故得名为油斑病。当湿度很高时，尤其是在雨后的清晨或晚上，腐烂叶片周围会出现一层绒毛状的白色菌丝层。腐霉枯萎病图片见彩图 33。

防治方法：高温高湿季节应及时对草坪喷布杀菌剂。常用杀菌剂有三乙膦酸铝、甲霜灵、百菌清、甲霜灵·锰锌、噁霜灵等。

3. 夏季斑枯病

夏季斑枯病可以侵染多种冷季型禾草，其中以草地早熟禾受害最重。夏季斑枯病首先出现在夏天的炎热天气，通常伴随着一个强降雨时期发生。发病草坪最初出现直径 3～8cm 枯黄色圆形小斑块，以后逐渐扩大成为圆形或马蹄形枯草圈，多个病斑连接成片，形成大面积的不规则形枯草区，直径大多不超过 40cm。

防治方法：主要药剂种类有草病灵 2 号、3 号、4 号，70％代森锰锌可湿性粉剂，70％甲基硫菌灵可湿性粉剂，50％三乙膦酸铝可湿性粉剂等。

4. 锈病

锈病分布广、危害重，几乎每种禾草上都有一种或几种锈菌危害。其中以冷季型草中的多年生黑麦草、高羊茅和草地早熟禾及暖季型草中的狗牙根、结缕草受害最重。锈菌主要危害叶片、叶鞘或茎秆，在感病部位生成黄色至铁锈色的夏孢子堆和黑色冬孢子堆，被锈病侵染的草坪远看是黄色的。锈病容易发生时间在 4 月～11 月。草坪锈病图片见彩图 34。

防治方法：一般在发病早期，常用 25％三唑酮可湿性粉剂 1000～2500 倍液，12.5％烯唑醇（特普唑）可湿性粉剂 2000 倍液等兑水喷雾。通常在修剪后，用 15％三唑酮可湿性粉剂 1500 倍液喷雾，间隔 30 天后再用 1 次，防治锈病效果可达 85％以上。

5. 白粉病

草坪白粉病为草坪禾草常见病害。可侵染狗牙根、草地早熟禾、细叶羊茅、匍匐剪股颖、鸭茅等多种禾草，其中以早熟禾、细叶羊茅和狗牙根发病最重。受侵染的草皮呈灰白色，像是被撒了一层面粉。开始的症状是叶片上出现 1～2mm 大小病斑，以正面较多。以后逐渐扩大成近圆形、椭圆形绒絮状霉斑，初白色，后变灰白色、灰褐色。霉斑表面着生一层粉状分生孢子，易脱落飘散，后期霉层中形成棕色到黑色的小粒点，即病原菌的闭囊壳。随着病情的发展，叶片变黄，早枯死亡。白粉病容易发生时间在 5 月～11 月。草坪白粉病图片见彩图 35。

防治方法：常见药物有三唑酮、三唑醇、烯唑醇（特普唑）、戊唑醇等。一般在发病早期，通常在修剪后用 25％三唑酮可湿性粉剂 1000～2500 倍液、12.5％烯唑醇（特普唑）可湿性粉剂 2000 倍液等兑水喷雾。另外，还可选用 25％多菌灵可湿性粉剂 500 倍液，70％甲基硫菌灵可湿性粉剂 1000～1500 倍液等。

6. 仙环病

仙环病主要为害冷季型草坪。草坪感染病菌后形成一些弓形或环形草带，带内的草比两侧的草长得快，并呈暗绿色，有时草坪圈呈现内外 2 个深绿色草环。草坪呈现出深绿色茂盛生长环，有时环内生长有大量的蘑菇，但草坪草无病症或只呈现环形生长的蘑菇圈，圈内外草坪草均无任何病症。多种草坪都会受害，常发生在春末和夏初。

防治方法：必要时可用棉隆熏蒸土壤，也可打孔浇灌百菌清等药剂。

7. 白绢病

白绢病主要发生在我国中南部多雨高温地区，危害剪股颖、羊茅、黑麦草、早熟禾等多种禾本科和阔叶草坪草，南方马蹄金草坪受害非常严重。病株叶鞘和茎上出现不规则形或梭形病斑，茎基部产生白色棉絮状菌丝体，叶鞘和茎秆间有时亦有白色菌丝体和菌核。发病草坪开始出现圆形、半圆形，直径可达 20cm 的黄色枯草斑。以后枯草斑边缘病株呈红褐色枯死，中部植株仍保持绿色，使枯草斑呈现明显的红褐色环带。草坪白绢病图片见彩图 36。

防治方法：可用异菌脲（扑海因）、噁霜灵（杀毒矾）等杀菌剂喷雾或灌根。

8. 红丝病

草坪的重要病害，严重危害剪股颖、黑麦草、早熟禾、狗牙根以及其他多种草坪禾草。病草坪出现圆形或不规则形草斑，直径 5～50cm 不等。病草水渍状，迅速死亡。草地上出现枯黄色死叶是早期识别特征之一。病株叶和叶鞘上生水渍状病斑，由叶尖向叶茎逐渐枯死。在饱和湿度下病部覆盖着粉红色、橘红色至暗红色菌丝体，形成长达 10mm 的红色丝状菌丝束以及直径可达 10mm 的棉絮状节分生孢子团，此时枯草斑呈红褐色，易于识别。

防治方法：发病草坪喷施代森锰锌、福美双或其他杀菌剂。

9. 币斑病

币斑病，又称钱斑病或圆斑病，主要侵染早熟禾、巴哈雀稗、狗牙根、假俭草、细叶羊茅、细弱剪股颖、匍匐剪股颖、多年生黑麦草、草地早熟禾、匍匐茎羊茅、奥古斯汀草、普通剪股颖、结缕草等多种草坪草。币斑病的明显症状是形成圆形、凹陷、漂白色或稻草色的小斑块，斑块大小像 5 分硬币到 1 元硬币，因而得名为币斑病。潮湿而高温的天气有利于币斑病的发生。草坪币斑病见彩图 37。

防治方法：可喷施三唑酮、丙环唑、甲基硫菌灵、代森锰锌等杀菌剂。

10. 镰刀菌枯萎病

镰刀菌枯萎病主要危害早熟禾、剪股颖、羊茅等草坪，可造成草坪草苗枯、根腐、茎基腐、叶斑和叶腐、匍匐茎和根状茎腐烂等一系列复杂症状。病叶上最初为水渍状暗绿色枯萎斑，后变红褐色到褐色，病斑多从叶尖向下或从叶鞘基部向上变褐枯黄。草坪上的症状开始初现淡绿色小的斑块，随后迅速变成枯黄色，在高温干旱的气候条件下，病草枯死变成枯黄色，根部、冠部、根状茎和匍匐茎变成黑褐色的干腐状。枯草斑圆形或不规则形，直径 2～30cm。枯萎的草坪上出现或不出现叶斑。当湿度高时，病草茎底部和冠部可出现白色至粉红色的菌丝体和大量的镰刀菌孢子。

防治方法：可用草病灵 2 号和 3 号、多菌灵、甲基硫菌灵等内吸杀菌剂喷雾或灌根。

11. 霜霉病

霜霉病主要危害燕麦草、早熟禾、羊茅、剪股颖等多种禾草。感染霜霉病植株早期略矮，叶片变厚或变宽，叶片不变色。发病严重时，草坪上出现直径为 1～10cm 黄色小斑块。受害植株根黄且短小，很容易被拔起。在潮湿条件下，感病叶片出现白色霜状霉层。病害通常在春末和秋季发生，而且最先在排水不良的地方发生。高温多雨、低洼积水、大水漫灌等均利于病害流行。

防治方法：用 0.2%～0.3% 的甲霜灵、三乙膦酸铝、噁霜灵等药剂进行拌种，或用上述药剂的 1500～2000 倍液喷雾，都可取得较好防治效果。

12. 炭疽病

炭疽病是一种世界性的病害，发生在大多数草坪草上。它是一种常见的叶部病害，对早熟禾及匍匐剪股颖危害特别严重。

在较冷凉潮湿的条件下，病原菌主要侵染根、根颈和茎基部，尤以茎基部症状最明显。病斑初期呈水浸状，后发展成椭圆形灰褐色大斑，后期病斑上长出黑色小疣点，即病原菌的分生孢子盘。根颈和茎基部严重发病时整株或部分分蘖生育不良，变黄枯死，叶片发病早衰。叶片上生椭圆形、长圆形红褐色病斑，病叶相继变黄、变褐以致枯死。病草坪上产生直径数厘米至数米的枯草斑，初红褐色，后枯黄色，最后变褐色。

防治方法：发病初期用百菌清或三乙膦酸铝等内吸性杀菌剂兑水喷雾，一般浓度为 $500\sim800$ 倍液，可取得较好的防治效果。

二、草坪虫害防治

1. 淡剑夜蛾

幼虫体色变化大，初孵化时灰褐色，头部红褐色，取食后虫体呈绿色；老熟幼虫为圆筒形，体长 $13\sim20mm$，头部为浅褐色，腹部青绿色，沿蜕裂线有黑色"八"字纹。幼虫有假死性，受惊动卷曲呈"C"形。淡剑夜蛾幼虫图片见彩图 38。

淡剑夜蛾主要危害草地早熟禾、高羊茅、黑麦草等禾本科冷季型草坪，是草坪的主要害虫之一，致使草坪斑秃，甚至死亡。

防治方法：90％晶体敌百虫 1000 倍液，或 50％辛硫磷乳油 $1500\sim2000$ 倍液，或 2.5％溴氰菊酯乳油 $2000\sim3000$ 倍液，或 25％灭幼脲 $2000\sim2500$ 倍液等药物。

2. 黏虫

黏虫又称剃枝虫、行军虫，俗称五彩虫。黏虫主要发生在我国长江以北地区，是一种暴食性害虫，大发生时幼虫常把植物叶片吃光，甚至将整片地叶片都吃光。黏虫主要为害黑麦草、早熟禾、剪股颖、高羊茅等冷季型草坪。6 月～10 月是黏虫危害草坪的主要时间，容易造成草坪毁灭性灾害。

老熟幼虫体长 38mm。头红褐色，头盖有网纹，额扁，两侧有褐色粗纵纹，略呈八字形。黏虫幼虫体表有许多纵行条纹，背中线白色，边缘有细黑线，背中线两侧有 2 条红褐色纵条纹，近背面较宽，两纵线间均有灰白色纵行细纹。黏虫幼虫图片见彩图 39。

防治方法：2.5％溴氰菊酯乳油兑水 500 倍喷雾；20％氰戊菊酯乳油兑水

500 倍喷雾。

3. 草地螟

草地螟别名草皮网虫、黄绿条螟等。分布于东北、华北、西北、华东等地，是草坪草的一大害虫。老熟幼虫体长 19～21mm，头黑色有白斑，胸、腹部黄绿或暗绿色，有明显的纵行暗色条纹，周身有毛瘤。危害特点为初孵幼虫群集取食嫩叶的叶肉，残留表皮，并常在植株上结网躲藏，因此，在草坪上又称为"草皮网虫"。草地螟有时成群迁移，常常使灾害扩大。草地螟幼虫图片见彩图 40。

草地螟发生量较大时，可喷施 4.5% 高效氯氰菊酯乳油 1500～2000 倍液；或 2.5% 高效氯氟氰菊酯乳油 2000～2500 倍液；或 2.5% 溴氰菊酯乳油 2500～3000 倍液等。

4. 蛴螬

蛴螬是金龟子的幼虫，也是危害草坪的主要害虫。蛴螬体肥大，体型弯曲呈"C"形，多为白色，少数为黄色，头部褐色。蛴螬主要取食草坪草根，造成草坪草一丛一丛枯死，严重危害时草坪出现连片死亡，形成大面积秃斑。被害草坪用手轻轻一抓，很容易掀起大片草坪草，在掀起的草坪草下有大量蛴螬。蛴螬图片见彩图 29。

蛴螬危害草坪主要在春秋两季，以秋季最盛。受害草坪多呈长条状枯死斑，严重降低草坪的观赏价值。

防治方法：种子处理，播种前用 50% 辛硫磷乳油拌种；土壤处理，虫口密度较大时，撒施 5% 辛硫磷颗粒剂，用量 $1g/m^2$。

5. 小地老虎

小地老虎又名切根虫。小地老虎分布很广，以雨量丰富、气候湿润的长江流域和东南沿海发生量大。幼虫老熟时体长 37～47mm，圆筒形，全体黄褐色，表皮粗糙，背面有明显的淡色纵纹，满布黑色小颗粒。该虫是以幼虫咬食地面处根茎为害，导致缺株，严重影响植株的生长发育。幼虫 3 龄前昼夜活动，多群集于叶片和茎上，危害极大，可使草坪成片空秃。危害多种草坪草，以剪股颖、马蹄金为主。小地老虎幼虫图片见彩图 30。

防治方法：用 2.5% 溴氰菊酯乳油 2000 倍液或 20% 氰戊菊酯乳油 2000～3000 倍液，或 50% 辛硫磷乳油 1000 倍液，或 90% 晶体敌百虫 1000 倍液在防治适期地面喷洒，也可用 2.5% 敌百虫粉每亩喷粉 1.5～2kg。

6. 蝼蛄

蝼蛄，昆虫，背部一般呈茶褐色，腹部一般呈灰黄色，根据其生存年限的不同，颜色稍有深浅的变化。前脚大，呈铲状，适于掘土，有尾须。生活在泥土中，昼伏夜出，吃农作物嫩茎。蝼蛄咬食草籽、草根和嫩茎，根茎部受害后呈乱麻状，使植株发育不良或干枯死亡。另外，蝼蛄在近地面来往穿行，造成纵横隧道和土壤表面隆起，使幼苗与土壤分离，因失水而大片枯死。春、秋季节是蝼蛄危害高峰期。蝼蛄图片见彩图31。

防治方法：用90％敌百虫原药1kg加饵料100kg，充分拌匀后撒于苗床上，可兼治蝼蛄和蛴螬及地老虎，也可以用50％辛硫磷乳油1000倍液或2.5％敌杀死2000倍液灌根。灯光诱杀一般在闷热天气，晚上8～10点用黑光灯诱杀。

7. 蚯蚓

蚯蚓属于环形动物门，不是昆虫。蚯蚓一般喜欢生活在潮湿低温、有机质含量高的土壤里，虽然对疏松土壤有利，但在土表大量排泄，使草坪表面形成许多凹凸不平的小土堆，影响草坪的美观。

防治方法：使用溴氰菊酯500倍液淋灌或过磷酸钙的稀释液也可能起到驱逐蚯蚓的作用。

第五节
草坪更新复壮

草坪经过若干年生长，会逐渐退化变差，其中原因有草种自然老化、环境影响、人工践踏、修剪过重、肥水使用不当等等。当草坪退化时，我们就要设法更新换代，让草坪恢复生机，常用的方法有全部更换和部分更换。全部更换就是把原来草坪全部铲除，重新整地播种，但这种方法费时费力，成本很高，一般在草坪长势很差、秃斑很广、杂草很多的时候进行。部分更新就是把少量不好的草坪换上新草皮或撒草籽，让其恢复生机，保持绿色成片。虽然部分更新这种方法比较省事简单，但会影响草坪的整体景观效果。

草坪重在平时保养，认真做好浇水、修剪、施肥、病虫害防治等日常管理工作，同时减少人为践踏，这样就可以大大延缓草坪退化和死亡。

下面介绍草坪更新的具体措施：

1. 补播草籽

草坪若出现斑秃或局部枯死，需及时更新复壮，即早春或晚秋施肥时，将经过催芽的草籽和肥料混在一起均匀撒在草坪上，或用滚刀将草坪每隔20cm切一道缝，施入堆肥，可促生新根。

2. 加土滚压

对经常修剪、浇水、清理枯草层造成的缺土、根系外露现象，要在草坪萌芽期或修剪后进行加土滚压，一般每年1次，滚压多于早春土壤解冻后进行。

3. 断根法

在初夏用滚刀或带钉滚筒进行滚压，深度10cm，滚刀距20cm，滚筒钉距5cm，纵横依次滚压，切断老根，断根后立即施肥，促使新根生长。

4. 一次更新法

把已经衰老的草皮，全部翻挖出来，拣除杂草，撕成小束，用点栽法重新栽种，此法适用于萌发力强的草种，如匍匐剪股颖。还有一种方法，那就是重新播草种或铺种新草皮，但是翻新的工作量很大。

5. 带状更新法

第一年将已衰老的草皮每隔30cm成带状留一带，1~2年后，待挖走草皮的地方已长满新草时，再将留下的一带草皮挖走，2~4年更新完毕。此法适用于具匍匐茎的大面积草皮，如结缕草。

6. 改种地被

我们知道，林下和阴暗处许多草坪是长不好的。那怎么办？比较简单省事的办法就是改种耐阴的麦冬草、吉祥草等。

麦冬是多年生草本植物，具有四季常绿、耐阴、耐寒、耐旱、抗病虫害等多种优良性状。麦冬也能开花，从叶丛中抽出来的紫色花序具观赏性。麦冬有很多品种，常见的有阔叶麦冬、细叶麦冬、金叶麦冬和小叶麦冬等。麦冬可以分株种植，一旦种植麦冬以后，覆盖效果很好，管理简单，省去今后大量人力。

吉祥草是多年生草本植物，适合生于阴湿山坡、山谷或密林下，性喜温暖、湿润的环境，较耐寒、耐阴，对土壤的要求不高，适应性强，以排水良好肥沃壤土为宜。吉祥草和麦冬一样，种植成功后管理比较简单。

林下荫蔽处除了改种麦冬和吉祥草外，二月兰、大吴风草和玉簪等耐阴植物也是可以选种的，并且开花很漂亮，可以形成人们喜爱的林下草地景观。

第八章
园林绿化工具

　　古人云："工欲善其事，必先利其器。"这足以说明工具在工作中的重要作用。园林工具可以提高工作效率，减轻劳动强度，但使用不当也会降低工作效率和造成各种伤害，因此有必要掌握园林工具的一些基本常识。

第一节
动力机械

常用园林动力机械有：草坪修剪机、绿篱修剪机、便携式割灌机、油锯、打药机、旋耕机、树枝粉碎机、鼓风机、水泵、电动平板车等。这些机械有燃油提供动力的，也有电动的。

燃油机械根据发动机工作原理又分为四冲程和二冲程两种。四冲程的发动机完成一次做功需要 4 个过程：进气，压缩，做功，排气；二冲程的机器进气和压缩是同时进行的。四冲程的机器多半是用汽油或柴油的；二冲程机器大多是用混合油的。

一般二冲程机械燃油都用汽机油混合而成（其中机油为二冲程发动机专用机油），配比标准，汽、机油比例约为 25：1。四冲程机械的汽油和润滑油分开加注。

一、草坪修剪机

小型汽油草坪修剪机有滚刀式和旋刀式两大类，前者适用于高尔夫球场高档草坪，后者适用于普通园林草坪。草坪修剪机由刀盘、发动机、行走轮、行走机构、刀片、扶手和控制部分组成，有调节修剪高度装置和草屑收集箱。

草坪汽油修剪机一般是四冲程发动机，汽油和润滑油分开加注到不同的油箱里面。

工作原理：刀盘装在行走轮上，刀盘上装有发动机，发动机的输出轴上装有刀片，刀片利用发动机的高速旋转对草坪进行修剪。

使用条件：$2000m^2$ 以下草坪选用手推式草坪修剪机，$2000m^2$ 以上的草坪选用自走式草坪修剪机，$10000m^2$ 以上草坪可选用草坪修剪驾驶车。草坪修剪机样式见图 8-1。

图 8-1　草坪修剪机

二、便携式割灌机

割灌机是小型发动机通过传动轴带动刀片或者打草绳高速旋转完成割草、割灌木、开荒等，具有操作简便、灵活等特点。割灌机通常由发动机、传动杆、操作手柄、刀头组成，发动机为二冲程。便携式割灌机常背负在身上使用，与草坪修剪机比起来，修剪草坪效率不高。便携式割灌机样式见图 8-2。

第八章　园林绿化工具　　**185**

割灌机安装打草绳适合打嫩草，安装刀盘可以切割树枝。割灌机使用时噪声比较大，还容易飞溅伤人，使用前应当戴好防护镜，并且清理出地面石子。一台割灌机打草效率大约为 8 亩/天。

割灌机使用混合油料，机油和汽油按比例混合后加注到油箱，其中机油为二冲程发动机专用机油。割灌机有润滑油加注孔，可以给机器润滑。

图 8-2　便携式割灌机

三、绿篱修剪机

绿篱修剪机（简称绿篱机）是用来修剪绿篱和色块的专用工具，分为汽油绿篱机和电动绿篱机两大类。汽油绿篱机是指依靠小汽油机为动力带动刀片切割转动的。汽油绿篱机主要包括二冲程发动机、传动机构、手柄、开关及刀片机构等。修剪机效率高，每人每天可修剪 7～8 亩，相当于 6 人用剪刀修剪 1 天的工作量。汽油绿篱修剪机样式见图 8-3。

电动绿篱修剪机工作原理和汽油绿篱修剪机差不多，只是汽油动力部分改为电动机。电动绿篱修剪机剪枝部分有剪刀和圆刀盘两种形式。电动绿篱修剪机由电池包和剪刀机械部分共同组成，需要充足电才能使用。电动绿篱修剪机最大好处是噪声小，非常适合居民小区绿化修剪使用，见图 8-4。

图 8-3　汽油绿篱修剪机

图 8-4　电动绿篱修剪机圆盘式

四、油锯

油锯用以伐木和修剪大型枝条，动力部分为汽油发动机，具有携带方便、操作简易的特点，但噪声比较大。

油锯的发动机为二冲程发动机，使用燃油为汽油与机油混合油，混合油配比（机油∶汽油）有 1∶25 和 1∶50 两种，具体方法参见油锯使用说明书，样式见图 8-5。

图 8-5　油锯

油锯有普通油锯和高枝油锯两种。高枝油锯是园林绿化中修剪高空枝条的工具，也是操作难度大、危险性强的一种机械。

五、打农药机

打农药机由汽油机和药桶组成，利用动力泵喷出雾状药水，可以移动行走，射程 10～15m，防治效率 5 亩每小时。打农药机样式见图 8-6。

图 8-6　打农药机

六、水泵

水泵是输送液体或使液体增压的机械。水泵的型号很多，常用的有汽油机水泵和电动潜水泵。水泵是园林绿化常用来灌溉和排水的工具。水泵要严格遵照说明书使用，注意检查和保养。汽油机水泵配上药桶也可以用来打农药。汽油机水泵样式见图 8-7，电动潜水泵见图 8-8。

图 8-7　汽油机水泵

图 8-8　电动潜水泵

七、旋耕机

旋耕机是以旋转刀齿为工作部件的驱动型土壤耕作机械，又称旋转耕耘机。旋耕机因其碎土能力强、耕后地表平坦等特点，得到了广泛的应用。园林绿化常用它翻地、整地，省时省力。旋耕机见图8-9。

图 8-9　旋耕机

八、树枝粉碎机

树枝粉碎机也叫木材粉碎机，可切削直径1～20cm的枝杈及枝干。园林绿化主要用它粉碎树木修剪时产生的大量枝条。该机器方便运输，也能配制种植土。树枝粉碎机由粉碎装置和风机组成。粉碎机见图8-10。

树枝粉碎机操作注意事项：

（1）严禁将手伸入斗内送料；（2）严禁将喂入斗拆下直接喂入；（3）喂入物料时要均匀，不宜过多，以免发生闷车现象；（4）作业时如发生异常声响，应立即停车检查，禁止在机器运转时排除故障。

图 8-10　树枝粉碎机

九、植树挖掘机

植树挖掘机有大型机和小型机之分，园林绿化养护常用的是小型机，即手提式植树挖掘机。手提式植树挖掘机分为单人操作和双人操作的机型，其主要结构由机架、操作把手、汽油发动机、燃油箱、变速离合器、钻头等部分组成，整机重量分别为10kg（单人机）和25kg（双人机），动力部分一般采用小型二冲程（1.9～3.7kW）风冷式发动机。手提式植树挖掘机挖坑直径为20～30cm，挖坑深度为30～50cm，作业效率为60～80坑每小时。

手提式植树挖掘机使用方法见使用说明书，样式见图8-11。

图 8-11　手提式植树挖掘机

十、鼓风机

鼓风机用来清理草丛和地被中落叶，省时省力，但缺点是噪声大，有灰尘污染。鼓风机应当用在行人少的绿化地方，同时调整好适当风力，以能吹出落叶为宜，不要贪图风大和速度快。鼓风机样式见图8-12。

图 8-12　鼓风机

第二节
手动工具

手动工具具有携带方便、操作简单等特点。常用手动工具有各种剪刀、锯条、小锄头、洋镐、铁锹、钉耙、弹簧耙、小板车、老虎钳、活动扳手、铁锤、胶皮水管、人字梯、背负式打药桶、扫把等。

1. 修枝剪

专门用来修剪 2cm 以下小枝条的工具。细弱枝条可以直接剪掉；大一点枝条在剪枝时，另一只手要抓住枝条往下压，以此助力修剪。修枝剪见图8-13。

2. 大平剪

专门用来修剪小灌木、色块、绿篱植物。大平剪使用前可自己打磨锋利。大平剪见图8-14。

图 8-13　修枝剪

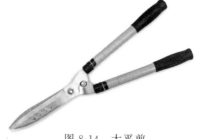

图 8-14　大平剪

3. 手锯

手锯携带方便、操作灵活，专门用来锯掉较大枝条。手锯见图8-15。

4. 小锄头

专门用来栽草花和小灌木的常用工具。木柄小锄头使用时间长了头部容易脱

图 8-15　手锯

落，建议用铁柄连体小锄头。小锄头见图 8-16。

5. 小花铲

用来种植盆花。小花铲见图 8-17。

图 8-16　小锄头

图 8-17　小花铲

6. 高枝剪

专门用来修剪直径 2cm 以下的高空枝条。它可以通过伸缩杆调节长度，用拉绳使力剪断枝条。高枝剪还可以带锯条作业。操作高枝剪时应注意避让下面行人，遇到较大枝条时应分段修剪。高枝剪见图 8-18。

7. 草耙

专门用来清除草坪、花木修剪后遗留的草屑和树叶。为了能够清理干净，草耙齿条要求柔软，可以上下轻微弹跳。草耙见图 8-19。

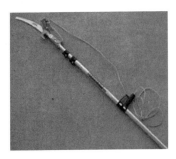

图 8-18　高枝剪

图 8-19　草耙

8. 背负式打药桶

专门用来防治病虫害的小型工具。药桶剩余农药专门收集，不要乱倒，用过后要清洗干净。喷头要经常清洗，防止堵塞。现在背负式打药桶有手压和电池充电后加压两种。

第三节
工具使用与维保

动力机械由于结构比较复杂，并具有一定的危险性，因此有必要重点介绍动力机械的操作方法和保养知识，使它们长期保持良好的状态，减少机械故障和工伤事故发生，保证工作质量。

一、草坪修剪机使用方法及保养

1. 草坪修剪机使用方法

（1）使用草坪修剪机割草之前，必须先清除割草区域内的杂物，以免损坏打草头、刀片；

（2）使用前应充分检查机器的刀盘、皮带、离合器等部分是否正常，不能带故障使用；

（3）穿厚底鞋和长裤，戴防护眼镜，做好自身防护工作；

（4）斜坡角度超过15°的不能修剪草坪，下雨或浇灌后不能立即修剪草坪；

（5）剪草遇到山坡时只能沿斜坡横向修剪，不能顺坡上下修剪，防止机械和人滑倒受损；剪草时不要长期沿着一个方向修剪，应当轮换方向修剪；

（6）冷机状态下启动发动机时应先关闭风门，启动后再适时打开风门；

（7）操作剪草机时应保持平衡匀速，转弯时应减小油门；

（8）任何情况下不允许将手伸入剪草机刀盘内清理草渣，以免刀片伤手；

（9）若草皮面积太大，割草机连续工作时间最好不要超过4h；

（10）割草机使用后，应对其进行全面清洗，并检查所有的螺钉是否紧固，刀片有无缺损，检修高压帽等；

2. 草坪修剪机保养

（1）每次工作后拔下火花塞再进行检查和保养，防止在清理刀盘、转动刀片时发动机自行启动发生意外事故。

（2）草坪机刀片要经常研磨保持锋利，修剪出的草坪才会整齐好看。刀片平衡也很重要，如果刀片不平衡，会造成机器震动，容易损坏草坪机的零部件。

（3）机油维护。每次使用割草机之前，都要检查机油油面，看是否处于机油标尺上下刻度之间。新机使用 5h 后应更换机油，使用 10h 后应再更换一次机油，以后每使用 30～50h 更换一次机油。换机油应在发动机处于热机状态下进行。加注机油不能过多，否则，将会出现黑烟大、动力不足和发动机过热等现象。加注机油也不能过少，否则，将会出现发动机齿轮噪声大、活塞环加速磨损和损坏甚至出现拉瓦等现象，造成发动机严重损坏。

（4）空气滤清器维护。每次使用前和使用后应检查空气滤清器是否脏污，应勤换勤洗。若太脏会导致发动机难启动、黑烟大、动力不足。如果滤清器滤芯是纸质，可卸下滤芯，掸掉附着在其上的尘土；如果滤芯是海绵质，可用汽油清洗之后，适当在滤芯上滴些润滑油，使滤芯保持湿润状态，更有利于吸附灰尘。滤芯每 25h 清洁一次，灰尘大应更频繁。

二、割灌机使用方法及保养

1. 割灌机使用方法

（1）使用割灌机时要带上提前配好的混合油和当作刀具用的尼龙打草绳；

（2）打草绳长度不宜过长，10～15cm 为宜；

（3）检查工作场地有无石块等杂物，然后设置作业警戒区和警示牌，注意避让行人和建筑玻璃；使用割灌机时，工作点周围半径 5m 内不应有无关人员；

（4）应佩戴防护眼镜和耳塞，穿长袖衣、长裤和防滑鞋；

（5）割灌机启动时，人应面对刀盘，不能背对刀盘，以防发生事故；

（6）加油前务必关掉发动机，让发动机冷却，否则燃料可能会溢出，有造成火灾的危险；

（7）使用的油料为汽油与机油的混合物，机油为 2T 机油。使用专用油壶配制，汽油、机油比例一般为 25：1；混合燃料时，先倒机油再倒汽油，倒进配油壶混合后再给割灌机加油；

（8）温度低时启动机器应将阻风门打开，热机启动时可不用阻风门；

（9）打草时要紧握操作杆，使打草绳保持离地一定高度和倾斜角，切忌沿着草坪根修剪；

（10）工作时，每耗完一箱油料应休息十分钟，让机器冷却下来。

2. 割灌机日常保养

（1）累计使用 20 小时，应对各个润滑点加注润滑油；

（2）累计使用 25 小时，清理滤清器灰尘，太脏时就要更换新的滤芯；

（3）累计使用 25 小时，清理火花塞积碳，检查电极距离，正确距离是 0.5mm；

（4）累计使用 100 小时，清理消声器积碳。

（5）长期不用时应放空油箱里面汽油；拆下火花塞，向气缸内加入 1～2mL 二冲程机油，拉动启动器 2～3 次，装上火花塞；做好清洁工作，最后放置通风干燥处保存。

三、汽油绿篱修剪机使用方法及保养

1. 汽油绿篱修剪机使用方法

（1）使用汽油和机油混合油料，其混合比 25：1，机油为二冲程专用机油；

（2）使用前检查机器的刀片等各部分是否正常，有问题的应该维修正常后使用；

（3）启动绿篱机时应先将机器放到地上，人朝向绿篱机剪刀的方向拉动启动绳，不允许提着机器启动或背向剪刀方向启动；

（4）工作时，每消耗一箱油后，应休息 10 分钟；

（5）每工作 1 小时给刀刃加注机油；

（6）修剪枝条直径应小于 10mm；

（7）戴防尘眼镜或面部防护罩；

（8）穿防滑、结实的鞋。

2. 汽油绿篱修剪机保养

参考割灌机日常保养方法。

四、油锯使用方法及保养

1. 油锯使用方法

（1）在开始工作前一定要检查锯链润滑情况和油箱内润滑油的油量；锯链必须一直都有小量润滑油甩出，切勿在锯链没有润滑的情况下工作；

（2）在使用高枝油锯修剪时，应先剪下口，再剪上口，这样就能够避免夹锯的现象发生；对于一些比较大的杂树枝，可以使用分段切割的方法；

（3）大树修剪时应在周围摆放工作告示牌，防止无关人员进入危险地方；

（4）油锯为二冲程发动机，使用机油与汽油的混合物，比例 1：25；

（5）工作时，每消耗一箱油后，应休息 10 分钟。

2. 油锯日常保养

（1）刀具部分新机使用时应注意锯链的松紧程度，以能推动锯链转动，用手提锯链，导齿与导板平行为宜，使用几分钟后，注意再次张紧锯链；

（2）链条在工作后一定要放松，链条会在冷却时收缩，没有放松的链条会损坏曲轴和轴承；如果链条是在工作状态下被张紧，那么冷却时链条就会收缩，链条过紧会损坏曲轴和轴承；

（3）其他保养参照割灌机保养方法。

五、汽油机水泵使用方法及保养

1. 汽油机水泵使用方法

（1）汽油机水泵必须放置在平坦地方使用；

（2）汽油机水泵为四冲程发动机，汽油与机油应分开加注；

（3）检查吸水管过滤器是否安装到位，防止吸进杂物；

（4）工作前，必须把泵体加满水；

（5）发动汽油机水泵时将燃油阀打开，关闭阻风门，启动正常后打开风门，热机除外。

2. 汽油机水泵日常保养

（1）注意检查吸水管是否漏水漏气，有无堵塞；

（2）检查水泵叶轮是否有泥浆和杂物；

（3）其他保养参见草坪修剪机保养方法。

六、打药车使用方法及保养

1. 打药车使用方法

（1）工作前检查发动机能否正常运转；

（2）农药要按照规定比例配制好；

（3）人应该站在上风口，不要逆风喷药；

（4）注意过往行人，有人走过时应压低喷枪或暂时关闭喷枪；

（5）农药喷洒结束后要把药桶和喷枪清洗干净；打农药机使用后要冲洗干净保存，防止下次使用不同类型农药时有不良化学反应。

2. 打药车日常保养

打药车使用四冲程发动机，日常保养参见草坪修剪机。

七、机械操作通用方法及保养

1. 机械操作通用方法

（1）使用任何机械前都要认真阅读使用说明书，严格按照说明书要求进行使用和保养；

（2）机械使用前要认真检查一遍，看看油箱有没有燃油，润滑系统怎样，刀具是否安装牢固和锋利，机器能不能正常启动和工作；

（3）出发前要带上足够的燃油、常用维修工具；

（4）电力机械要充足电才能使用，平时不用时也要给电池充满电；

（5）连接市政供电网的电器要正确接入电源，确保拖线内芯没有外露；

（6）操作机械的工人不允许穿拖鞋、短裤和裙子进行操作，要穿戴好安全保护用具；

（7）不允许未经培训和无关人员擅自操作园林机械；

（8）所有汽油机工作场所不允许吸烟；

（9）机械使用完毕要清理干净，定期进行保养。

2. 机械通用保养方法

（1）四冲程新机械在第一次使用前需进行磨合，机械启动并放至最小油门，空机运转至一箱汽油耗尽后更换机油；

（2）机器启动时应低速运转 2～5min 再进入工作状态，停机时应将油门调至最低；

（3）四冲程机械每连续工作 50 小时就需要更换机油；

（4）机械连续工作 15 小时就需要检查空气滤清器，并做好清洁，根据情况及时更换新的空气滤清器；

（5）经常检查火花塞打火间隙是否合理，是否有积碳；

（6）根据机械的使用情况适时检查化油器是否堵塞；

（7）及时检查刀片是否牢固、锋利；

（8）二冲程机械连续工作 30 小时就必须在传动部位加注高温油；

（9）机器使用完毕后当日必须做好清洁工作；

（10）建立机械使用、保养和维修记录；

（11）常用易损零件和耗材应当根据经验进行储备，防止使用时材料短缺。例如尼龙打草绳、刀片、空气滤清器、火花塞等；

（12）汽油易燃易爆，不要长期保存，加强保管安全措施。

八、更换机油的鉴别方法

（1）搓捻鉴别：取出油底壳中的少许机油，放在手上搓捻。搓捻时，如有黏稠感觉，并有拉丝现象，说明机油没有变质，仍然可以使用，否则应更换。

（2）油尺鉴别：取出机油标尺对着光亮处观察刻度线是否清晰，当透过油尺上的机油看不清刻度线时，则说明机油过脏，须立即更换。

（3）油滴检查：在白纸上滴一滴油底壳中的机油，若油滴中心黑点很大，呈黑褐色且均匀无颗粒，周围黄色浸润痕迹很小，说明机油变质应当更换。若油滴中心黑点小而且颜色较浅，周围的黄色浸润痕迹较大，表明机油还可以使用。

（4）检查均应在发动机停机后机油还未沉淀时进行，否则有可能得不到正确结论，因为机油沉淀后，浮在上面的往往是好的机油，而变质机油或杂质存留在油箱的底部，因此，抽检表面机油可能造成误检。

第四节
工具登记管理

园林工具要有专门的地方存放，并注意防丢失，还要严禁烟火。园林工具要实行登记保管制度，应记录工具名称、型号、数量、购买日期、保养时间、维修情况、备件情况。购买工具的发票、保养手册、维修站联系号码也要保管好。

动力机械是登记保管的重点，尤其是每次保养和维修记录要写清楚，做到专人保管使用、定期保养、及时维修。登记保管记录可以采用专用表格并装订成册，便于查询。

工具出库前，领班要督促操作人员仔细检查工具是否完好，是否能正常工作，是否有燃油和润滑油，刀具是否锋利，电动工具的电池是否充满电，电源接线板要仔细检查电线有无破损，接线板接线长度能否满足作业要求，个人防护设备是否穿戴整齐，所有园林工具一定要经过认真检查正常后才能出库工作，绝不能到工地上才发现有故障问题。

收工后，领班要清点工具有无丢失，询问工具在当天使用中有无新问题，发现没有清洁干净的工具，要督促有关人员做好清洁工作。电动工具的电池要插上电源线充电。

领班要认真了解机械使用和保养情况，掌握备件库存情况，及时提醒有关人员维修保养工具，确保易耗备件有合理库存。如果机器和工具长时间不用，要把它们擦拭干净，把容易生锈部位涂抹润滑油。为了安全，应当把机器油箱的燃油放出来，保存在安全地方。

第九章
组织工作管理

　　绿化工作要纳入物业公司管理体系中，接受物业公司领导。绿化管理工作除了参照物业公司管理制度和规则外，也要有一套独立的科学管理规定和方法。本章从组织机构、工作流程、质量标准体系、绩效考核等几个方面进行论述。

第一节
组织机构

物业公司常把绿化和保洁职能合并归口于一个部门管理，也有单独组成绿化管理机构的，但它们都作为物业公司下属部门，负责绿化和保洁的专业化管理。

一、组织机构人员配置

绿化管理组织应根据其规模大小合理设置组织架构。绿化管理组织一般设置公司部门经理一名、项目主管一名、项目绿化队长一名、项目绿化班长若干名。如果公司人员不多，绿化队长一职可以省略。绿化队或者绿化班组中应当设置植物保护员、仓库保管员、工具设备维修工等专职或者兼职人员。

绿化养护单位应在责任区范围内配备专职绿化工人，要求每天有人在岗作业，实行常态化管理。

养护工人编制定额应按照一级绿化养护标准执行，人均大约 $3000m^2$。其他级别养护的人数安排可根据实行的绿化养护标准、工作难易和养护合同约定，一般控制在 $5000\sim6000m^2$ 绿化面积安排一个人，最大不能超过 $10000m^2$ 绿化面积安排一个人。

二、绿化主管岗位职责

（1）遵守物业公司的各项规章制度，树立全心全意为业主服务意识；
（2）指导保洁、绿化人员完成保洁、绿化养护管理的各项工作任务；
（3）认真做好园林植物的年、季、月的养护管理计划，将批准后的计划下达班组，检查落实情况；
（4）制定培训计划，做好各项岗位培训工作；
（5）维持园林机械设备的良好状态，定期检查设备的使用、维护和保养情况；
（6）做好绿化保洁工作的安全检查，负责突发事故的应急处理；
（7）检查保洁工作质量、工作记录、仪容仪表；
（8）做好绿化保洁相关考核工作；
（9）完成领导交付的其他任务。

三、绿化班长岗位职责

（1）遵守物业公司的各项规章制度，树立全心全意为业主服务意识；

（2）配合主管工作，领导绿化工完成绿化养护管理的各项工作任务；

（3）做好绿化养护工作计划的分配实施工作，完成绿化养护工作计划；

（4）保证园林机械良好状态，定期检查设备的使用、维护和保养情况，做好相关记录；

（5）负责安排绿化工的日常养护管理工作，对园区绿化进行及时有效的合理养护；

（6）负责园区绿化的每日巡检工作，发现问题及时整改，不能立即整改的列入后面工作计划中，必须充分掌握园区绿化养护状况，做到心中有数、未雨绸缪；

（7）定期盘点农药、化肥、配件等库存情况，向上级准确提供采购计划信息；

（8）协助领导做好绿化工的相关考核工作；

（9）完成领导交付的其他任务。

四、绿化工岗位职责

（1）遵守物业公司的规章制度，树立全心全意为业主服务意识；

（2）认真完成安排的年、月、周工作计划，发现问题和隐患应向主管或班长汇报；

（3）对养护范围内的园林植物有高度的责任心和爱心，发现破坏绿化行为及时制止并向主管或班长汇报；在绿化养护工作中不允许有损坏绿化的野蛮操作行为；

（4）保证所管的园林机械设备处于良好使用状态；定期检查所管设备的使用、维修、保养情况，出现问题及时处理，如实汇报；

（5）积极参加技术学习和培训，提高工作能力，对绿化植物精心合理养护，达到养护标准；

（6）完成领导交付的其他任务。

第二节
养护质量标准

园林景观规模有大有小，有重点绿地和一般绿地，业主对养护要求也不一样，因此有必要实行分级管理。养护质量标准由高到低分为特级养护、一级养护和二级养护三个等级。

全国各大城市园林管理部门对于制定分级标准也有所不同，请严格遵守当地主管部门发布的养护标准。为了执行好绿化养护质量各等级标准，园林单位应该有与之对应的管理规定和人财物的投入，确保绿化养护质量达标，同时也可作为承接绿化养护的收费等级标准。

由于各地城市园林绿化养护标准略有不同，现以江苏城市园林养护标准为例进行说明。根据绿地的位置、功能、性质、植物拥有量及生长姿态，将绿化养护分为一级养护、二级养护、三级养护三个等级，详情见表9-1。

表 9-1 江苏城市园林绿化养护标准

等级标准	树木	草坪	花卉	绿地及地被
一级养护	(1)生长旺盛,树冠完整,主侧枝分枝均匀,内膛通风通光。 (2)叶色正常,无卷叶、黄叶(生长季节),无病虫害。 (3)枝干健壮,无枯、死枝,无蛀干害虫。 (4)缺株在2%以下	(1)生长旺盛,草根不裸露。 (2)生长季节不枯黄,杂草率≤15%,覆盖率达95%以上。 (3)修剪及时,修剪高度符合要求,无垃圾及杂物	(1)全年换花六次。 (2)花卉生长正常,无枯枝、残花率≤10%,无缺株、倒伏。 (3)花坛图案清晰,色彩鲜艳,花朵繁茂。 (4)花境花卉层次分明,高矮有序	(1)生长茂盛,枝条茂密。 (2)修剪成型、完整。 (3)无垃圾杂物
二级养护	(1)生长正常,树冠基本完整,主侧枝分枝基本均匀,数量适宜,内膛通风通光。 (2)叶色基本正常,有少量卷叶、焦叶、黄叶(生长季节),有少量虫粪。 (3)枝干生长正常,无明显枯、死枝,病虫害虽有,但能及时根除。 (4)缺株在4%以下	(1)生长良好,无高大杂草,杂草率≤25%,90%<覆盖率≤95%。 (2)修剪高度符合要求,能及时处理垃圾及堆料堆物	(1)全年换花四次。 (2)花卉生长正常,缺株、倒伏不超过3~5处,无枯枝,残花率≤15%。 (3)花卉基本整齐	(1)生长正常,无明显枯枝、断枝。 (2)修剪及时,形状较完整。 (3)基本无垃圾杂物
三级养护	(1)生长基本正常,树冠基本完整,选留主侧枝不够合理,内膛较乱。 (2)叶色基本正常,有部分黄叶(生长季节)、焦叶、卷叶,有部分虫粪,有被虫咬食的痕迹。 (3)枝干生长正常,有少量枯、死枝,有少量蛀干害虫。 (4)缺株在6%以下	(1)生长基本正常,25%<杂草率≤35%,85%<覆盖率≤90%。 (2)修剪不够及时,有部分堆料杂物	(1)全年种植更换花卉两次。 (2)花卉生长基本正常,枯枝败叶清除不够及时,有部分枯枝,残花率≤25%	(1)生长基本正常,有枯枝、断枝。 (2)修剪不够及时。 (3)无明显的垃圾杂物

第三节
管理制度和规定

一、现场管理要求

绿化养护人员进入居民小区、学校、工厂和机关单位时应当佩戴有关证件，或者穿上印有园林绿化标志的工作马甲，服从业主方的管理规定，按时上下班。

养护人员应爱护工具和设备，确保工具、设备保持良好使用状态。进入现场，工具应当随身携带，不准随意放置避免遗忘。

养护作业时不应影响业主的正常活动。在居民小区、学校和机关单位操作草坪机、割灌机、绿篱机等噪声大的机械时应主动避开业主休息或工作的时间，建议尽量使用噪声小的各种电动园林机械。每次作业完成后应及时打扫绿化垃圾，保持现场卫生整洁。严禁绿化养护工人在作业现场打闹，注意文明礼貌。

养护人员进行养护作业时，应小心谨慎，避免辖区公共设施及建筑物的损坏，若发现任何破坏环境行为或故意损害行为应及时劝阻，对不听劝告者，立即报告绿化监管人员或物业项目部领导。

绿化工人应坚持每天巡检制度，发现问题应积极主动解决，解决不了要立即向上级报告。

养护作业完成后应妥善处理工作现场，保持地面清洁、无污水、无积水和遗留杂物。

二、绿化巡检制度

巡检的目的是主动发现绿化养护中存在的问题，特别是及早发现苗木病虫害发生发展过程和苗木生长不良情况，以及避免园林景观人为破坏，确保植物生长和景观设施处于良好状态。

1. 巡检方式

分为日检、周检、月检三种方式。

（1）日检　由绿化工每天对所负责的包干区内植物、景观设施进行检查，并且做好巡检记录。发现问题时，自己能解决的应当立即解决，不能自己解决的要及时上报绿化班长或绿化主管。对破坏花草树木、园林景观设施的人和事，要敢于批评和阻止，无法阻止的要及时上报绿化班长或绿化主管。日检重点是植物病虫害的监测，一定要仔细观察。

（2）周检　由绿化主管带领员工进行全面检查，保证每周一次。巡查小区范围内的乔木、灌木、地被草坪、绿地卫生状况，认真填写绿化巡查记录表，参照检查的内容和工作计划进行。对不合格项填写整改通知单，作为考核的依据。发现问题要如实填写，重大问题要及时上报有关部门和领导。

（3）月检　由物业公司环境管理部负责，保证每月一次。全面检查小区范围内的乔木、灌木、地被草坪、绿地卫生状况，填写绿化养护工作考核表。检查方式有现场检查、听取小区环境主管工作汇报、查看巡检表和工作记录等，如实打分，做好考核的依据。

2. 巡检内容与重点

乔木重点检查病虫害发生情况，检查有无枯枝及折断枝、植物生长势及肥水情况、植物修剪情况。修剪主要看分枝是否合理，树形是否美观，有无交叉枝、徒长枝、病虫枝等。

灌木重点检查病虫害发生情况，检查攀爬及寄生植物情况，有无枯黄枝条及折断枝，植物生长势及肥水情况，植物修剪、造型情况，松土除草情况。

绿篱及造型植物重点检查病虫害发生情况，检查植物修剪、造型情况，有无寄生植物或杂生植物、杂草情况，有无枯黄枝条、空膛、空脚现象，植物生长势及肥水情况，松土除草情况，有无垃圾杂物等。

地栽花卉重点检查有无残花、黄叶，有无病虫害，施肥及水分情况，有无枯黄枝，生长势、松土除草情况，有无垃圾杂物等。

草坪检查杂草情况，修剪是否及时，施肥、浇水是否合理，表面平整度怎样，有无斑秃、垃圾杂物等。

绿化保洁检查草坪内有无垃圾、杂物及落叶，灌木及绿篱下有无落叶、杂物，地栽花卉区内有无垃圾、杂物，有机肥裸露情况，花盆花槽内有无烟头等杂物。

棕榈科植物及丝兰检查枯黄叶是否及时清除，花苞及花果枝是否及时清除，病虫害情况等。

三、计划管理规定

自管绿化养护时，应根据养护质量标准编制相应的养护作业规程、病虫害防治规程，并定期制定月度、季度养护工作计划，病虫害防治计划，经过绿化主管审核批准后实施。

外包绿化养护时，应要求承包方做出季度、月度、周的养护工作计划和相应的养护工作方案。计划和方案应经过物业项目部审核确认，并接受物业项目部有关人员监控。

四、安全管理规定

（1）绿化养护单位应妥善保管农药，实施农药出入库登记制度，确保安全使用。

（2）绿化主管应确认承包方建立了农药出入库登记制度，定期抽查农药安全管理记录和行为。

（3）对绿化植物喷洒农药时，一般应提前一周通知物业公司项目部客服中心，客服中心前台应及时张贴告示，提醒广大业主注意安全防范农药危害。

（4）绿化工在喷洒农药时要采取预防措施，避免喷雾飘进业主室内。喷洒农药时应尽量选择无风晴朗天气，有风时要站在上风口操作。喷洒农药遇到业主路过时，要主动避让或暂停工作。

（5）绿化工在进行大型乔木修剪时，应在明显位置放置工作标识牌，避免无关人员进入危险工作区域。

（6）在使用机械时应采取安全措施，遵守安全操作规程，避免对人员或设施造成伤害或损坏。

（7）在使用水管喷淋时，应注意不给穿越道路的行人和车辆造成通行不便。

五、工具管理规定

（1）绿化主管部门负责绿化工具的采购、管理、使用和维护；

（2）绿化工具的采购应货比三家，从中选优，确保价格合理、质量可靠、服务良好；

（3）绿化主管人员应组织制定绿化工具的使用操作规程、维修保养规程和安全操作规程，确保工人正确、安全使用和维护绿化工具；

（4）绿化工具使用人员应经过必要的培训，掌握操作技巧，了解安全要求，能够正确使用绿化工具；

（5）绿化养护人员应认真执行相应的操作规程，做好机具的日常和定期维护工作，提高机具的使用寿命；

（6）植物病虫害防治工具在使用后应及时清洗干净，妥善保管。

六、其他管理制度

公司应当设置员工考勤制度、绩效考核制度、养护质量检查制度、安全生产管理制度等。

第四节
生产管理

生产管理部门是执行绿化养护任务的具体单位，应当全面了解生产和管理过程，做到有目的、有计划、有措施、有物质的准备，只有这样才能有条不紊地开展工作，完成预定的工作目标。

绿化项目管理中常用的有生产计划、养护工作月历、主要工作时间节点、主要工作频次、工作日志、各种工作记录等资料。

自管项目，由绿化主管、园艺师负责绿化工培训、技术指导和督查工作，由绿化班组实施绿化养护任务。

外包绿化养护，由承包方实施养护，物业公司绿化管理人员负责监管和考核。

为做好绿化养护工作，应当有一个清晰的工作计划和一套完整的工作记录。工作计划和工作记录可供查询、总结、指导我们过去和将来的工作，要坚持写下去。

一、养护工作月历

养护工作月历表是园林绿化养护工作长期积累的经验总结，也是制定绿化工作月度计划最重要的参考资料，有了养护工作月历，我们就能提前知道一年中每个月份有哪些常规的事情要做，就可以提前做好工作月度计划和各项物质准备，使园林绿化养护工作按部就班地顺利推进。

由于我国幅员辽阔，地区环境条件差别很大，园林绿化养护工作月历也会因为地区不同存在差异，要结合当地具体情况灵活应用他人的成功经验，千万不要生搬硬套。下面提供一套养护工作月历，仅供大家参考，详情见表9-2。

表 9-2　绿化养护工作月历

月份	主要养护工作内容
一月份 二月份	①冬季整形修剪，以落叶树为主； ②结合大树松土和树木修剪，清除过冬害虫； ③冬季施肥，以有机肥为主或者缓释性复合肥； ④草坪切边和清除杂草； ⑤防寒措施检查； ⑥大雪时预防积雪压断树枝
三月份	①做好植物补种计划和各项准备工作，补种或更换已死亡植物； ②冷季型草坪加强浇水、施肥、修剪工作；混播黑麦草必须低修剪，高度控制在3cm以下，以利于暖季草坪返青；

月份	主要养护工作内容
三月份	③病虫害防治,重点有蚜虫、黄杨卷叶螟、尺蠖以及白粉病等病虫害; ④最低温稳定在5℃以上可拆除树木防寒保暖材料,但要注意倒寒流出现; ⑤重点防控杂草生长,做到除早、除小、除净
四月份	①补种或更换已死亡的植物; ②花木开始发芽展叶,浇水工作要跟上,保持土壤湿润; ③对草坪和花灌木结合浇水施肥一次,以氮肥为主; ④对混播的黑麦草继续其修剪,压制其生长,让暖季型草坪旺盛生长; ⑤病虫害预防,重点防治蚜虫、介壳虫、黄杨尺蠖以及白粉病、锈病各种病害,注意预防地下害虫和天牛; ⑥杂草防治不放松; ⑦对萌发力强的紫薇、木槿进行剥芽处理; ⑧球类、绿篱和色块在五一劳动节前整形修剪一次; ⑨花坛草花在五一劳动节前更换,达到花繁叶茂的状态; ⑩花后植物修剪
五月份	①浇水工作量越来越大,合理安排每周浇水计划; ②根据草坪和花木生长情况及时追肥; ③对缺失的草坪及时补播草籽或更换草皮,对残留的混播黑麦草继续进行低修剪,直到暖季草坪全覆盖草地; ④球类、绿篱、色块整形修剪一到两次,保证整齐、美观;及时清除枯叶、残花; ⑤病虫害防治,防治蚜虫、介壳虫、天牛、黄杨尺蠖、黄杨绢野螟、蛴螬和地老虎; ⑥草坪切边,防止草坪侵入绿篱或色块中; ⑦草坪和色块内杂草防除
六月份	①梅雨季节注意防洪排涝,防止植物根部积水和大树倒伏; ②草坪修剪后必须喷洒杀菌剂进行保护,发现病害喷药两到三次; ③高温干旱时及时浇水,草坪和色块苗是重点; ④植物球类、绿篱、色块及时进行整形修剪,保证整齐、美观; ⑤草坪生长不良时可以追肥一到两次; ⑥病虫害防治,包括黄杨绢野螟、尺蠖、刺蛾、介壳虫、白粉病、锈病叶斑病、煤污病等; ⑦草坪和色块内杂草防除
七月份 八月份	①高温抗旱,及时浇水和喷雾,重点是草坪、花灌木不能缺水; ②草坪、植物球类、绿篱、色块及时进行整形修剪,保证整齐、美观; ③病虫害防治,重点是草坪地下害虫、刺蛾、袋蛾、夜蛾、黄杨尺蠖、介壳虫、天牛、白粉病、锈病、叶斑病、煤污病等; ④检查大树支撑情况,做好防台风和暴雨准备,及时排除绿地中积水; ⑤中耕除草
九月份	①清理死树、死枝,做好苗木补种计划; ②草坪和色块苗浇水工作不放松,保持土壤湿润; ③草坪和花灌木根据长势追肥; ④草坪、植物球类、绿篱、色块修剪一到两次,保证整齐、美观; ⑤病虫害防治,重点是大叶黄杨尺蠖、刺蛾、袋蛾、蚜虫、介壳虫、白粉病、锈病、叶斑病、煤污病等; ⑥九月中旬后,暖季型草坪可以播黑麦草,不要播得太密,播种前修剪一次草坪;

月份	主要养护工作内容
九月份	⑦草坪和色块内杂草防除; ⑧国庆节前对绿篱、色块和植物球类进行一次修剪,确保植物整齐美观; ⑨国庆节前更换花坛草花,营造节日喜庆气氛
十月份	①死苗、死树进行更换和补种,并注意养护; ②草坪和色块苗适时浇水; ③黑麦草播种不能过密,防止影响暖季草坪以后返青; ④草坪、色块根据长势进行追肥; ⑤植物球类、绿篱、色块修剪一到两次,保证整齐、美观; ⑥病虫害防治,重点是蚜虫、叶螨、网蝽、地下害虫等; ⑦草坪和色块内杂草防除
十一月	①植物更新补种任务可以继续进行; ②植物球类、绿篱、色块最后修剪一次,保证整齐、美观; ③树木开始进行冬季整形修剪,紫薇要强剪; ④草坪及时浇水,并清除杂草; ⑤草坪切边、大树根部翻土,发现越冬害虫要杀死; ⑥草坪和色块内杂草防除; ⑦树干刷白
十二月	①继续进行草坪切边和大树根部翻土工作,发现越冬害虫要杀死; ②大树施基肥,以有机肥为主,缓释性复合肥也可以使用; ③继续进行冬季树干刷白; ④怕冷的植物要及时用草包围护,防止冻害; ⑤下大雪时应及时清扫树上积雪,防止积雪压断树枝; ⑥清除越冬害虫的蛹、卵和茧

二、生产计划

园林养护工作计划是指导养护工作、完成工作目标的重要工具。

园林绿化养护工作计划分为周计划和月计划。制定养护工作计划有四个要素:季节、现状、能力、资源。季节是安排工作计划的依据,什么季节做什么事情是有规律可循的。现状是目前养护区的植物生存情况,看看有什么重要事情需要优先安排,比如缺水、病虫害严重、植物长得很乱等,哪个时间紧迫就重点安排好。能力是看手头上劳动力情况,有多少人就做多少事,不要超越他们的工作能力范围。资源就是知道工具和材料储备情况,没有就及时补充。

月度计划的制定可参考如下内容:

① 园林绿化养护标准 (参见表 9-1);

② 园林绿化养护工作月历 (参见表 9-2);

③ 病虫害防治月历表 (参见表 6-1);

④ 当前养护现状和存在问题;

⑤ 工作中急需解决事项；

⑥ 领导安排的任务。

月度工作计划属于指导性计划，应根据以上要点分清轻重缓急，统筹安排，把一个月内能完成的事情放到月度计划中，经领导审批后执行。

周工作计划属于实施性计划，要认真安排工人执行。制定周工作计划应紧跟园林绿化养护月度工作计划、园林绿化养护工作月历、当前形式和任务统筹安排，把一周内能完成的事情放在周计划当中，经领导审批后执行。可以根据上级要求和工作情况自行编制有特色的工作计划。

月度工作计划和周工作计划可采用建筑工程常用的横道图进度计划形式，也可采用下面园林绿化养护月工作计划（表9-3）和每周计划（表9-4）模板。

表9-3　园林绿化养护月工作计划_____月

单位：_____ 时间：_____

上月计划完成情况	
未完成原因	
主管签字	项目部领导签字
下月工作计划	
领导审核意见 签名	

注：本计划由绿化主管制定，主管是计划责任人，项目部领导是监督人。

表9-4　园林绿化养护周工作计划_____月_____周

单位：_____ 时间：_____

上周计划完成情况	
未完成原因	
班长签字	主管签字
下一周工作计划	
计划审核意见 主管签名	

注：本计划由物业公司项目部绿化班长制定，班长是计划责任人，主管是监督人。

三、工作记录表

常用的工作记录有每天工作日志、病虫害防治记录、修剪记录、施肥记录、巡检记录、机械维修保养记录、农药和肥料保管记录、工具保管记录、消杀记录、整改通知单等。

工作计划和工作记录要写明工作时间、工作地点、工作内容、工作结果、操作人等几个要素，便于今后检查和追踪。工作日志和工作记录表模式请参考表 9-5 至表 9-16。

表 9-5　绿化工作日志记录表

单位：＿＿＿＿＿＿＿＿＿　　　　　　　　　　　　　　　　　　　　＿＿＿年＿＿＿月

内容	日期													
	1	2	3	4	…	…	…	…	…	…	…	29	30	31
草坪修剪														
绿篱修剪														
乔灌木修剪														
病虫害防治														
浇水排涝														
中耕除草														
乔木施肥														
灌木施肥														
草坪施肥														
工具和机械保养情况														
工作计划执行情况														
劳动纪律执行情况														
问题整改														
责任人														
备注														

记录人：＿＿＿＿＿＿＿　　　　　　　　　　　　　　　　检查人：＿＿＿＿＿＿＿

表 9-6　绿化巡检工作记录表

单位：＿＿＿＿＿＿　　　　　　　　　　　　　　　　　　　责任人：＿＿＿＿＿＿

序号	时间	存在问题	发生原因	发生地点	处理结果

注：大风、大雨、大雪后必须增加巡检次数，不得无故停止，遇到紧急问题应立即报告上级。

表 9-7 病虫害防治记录表

单位：＿＿＿＿＿＿＿＿　　　　　　　　　　　　责任人：＿＿＿＿＿＿

序号	植物名称	发生病虫种类	发生地点	使用药品名	时间	防治效果

表 9-8 浇水工作记录表

单位：＿＿＿＿＿＿＿＿　　　　　　　　　　　　责任人：＿＿＿＿＿＿

序号	植物名称	浇水时间	浇水前情况	浇水后情况	浇水区域	浇水人

表 9-9 修剪工作记录表

单位：＿＿＿＿＿＿＿＿　　　　　　　　　　　　责任人：＿＿＿＿＿＿

序号	修剪时间	植物名称	修剪方式	区域	修剪人

注：修剪方式指整形修剪、移栽强剪、弱剪、抹芽等。

表 9-10 施肥工作记录表

单位：＿＿＿＿＿＿＿＿　　　　　　　　　　　　责任人：＿＿＿＿＿＿

序号	施肥时间	肥料名称	施肥量	植物名称	施肥区域	施肥结果

表 9-11 消杀工作记录表

单位：＿＿＿＿＿＿＿＿　　　　　　　　　　　　责任人：＿＿＿＿＿＿

序号	项目	消杀地点	用药量	药品名	时间	备注

表 9-12   机械维修保养记录表

单位：_____   责任人：_____

序号	机械名称	维修保养内容	时间	维保人	备注

表 9-13   农药保管记录表

单位：_____   责任人：_____

序号	农药名称	保质期	进货量	领用量	结存量	领用人

表 9-14   化肥保管记录表

单位：_____   责任人：_____

序号	化肥名称	保质期	进货量	领用量	结存量	领用人

表 9-15   工具材料登记表

单位：_____   责任人：_____

序号	工具名称	数量	配件情况	责任人	备注

表 9-16   整改通知单

检查时间：_____

检查部门		检查人		发单日期	
检查内容					
整改部门		责任人		接单日期	

整改内容、地点、期限

整改后检查记录

备注

四、管理工作主要时间节点

园林绿化养护管理工作不是独立的,要发扬团队合作精神,并且自觉接受业主方领导和监督,同时内部管理也要正规化、程序化,加强工作检查、指导、考核、培训等管理制度的建设,因此有必要事先规定一系列相关工作的时间节点。有了这些规定的时间节点,各单位就可以按时开展预定的管理事项。

园林绿化养护的管理工作主要时间节点见表 9-17。

表 9-17 绿化养护管理工作主要时间节点表

序号	工作内容	时　间	备　注
1	绿化巡检	每天一次	工人完成并向上司汇报有关信息,知会甲方
2	制定绿化工作周计划	每周五	养护技术员负责,报送甲方
3	制定绿化工作月计划	每月 25 日	养护技术员负责,报送甲方
4	参与物业公司交流沟通会	每周一次	物业有关负责人参加
5	养护日常检查指导	每周二次	技术员检查、指导,并掌握现场工作状态
6	绿化工作月度考核	每月 30 日	绿化方有关负责人参加,相关单位代表参加
7	绿化工岗位技能培训	每月一次	绿化方自行安排,必要时,甲方技术支持

五、主要工作频次表

根据植物生长规律和物业管理要求,园林绿化各项养护工作在一年中规定了一定的操作频次,这样可以提前制定全年工作计划和人员物质安排。园林绿化养护主要工作频次见表 9-18。

表 9-18 园林绿化养护主要工作频次表

序号	内　容	频　次	质量要求
1	绿篱色块修剪	生长季节每月一次	枝条长出 10cm 以上修剪,要求绿篱横平竖直,球类圆滑,色块层次清楚,整齐美观
2	乔灌木修剪	冬季修剪每年一次,生长季节按需修剪	无交叉枝、重叠枝、徒长枝,内膛不乱,通风透光,树形美观
3	草坪修剪	生长季节每月一次,生长旺季每月两次	百慕大留茬高度 2～4cm,平整美观。黑麦草留茬高度 3～8cm,平整美观
4	绿篱色块施肥	成活初期半年内不少于两次,以后按需施肥	长势良好,叶色正常,半年内郁闭度达到 80%

序号	内 容	频 次	质量要求
5	树木施肥	冬季施肥一次,其他季节适当追肥	树木长势良好,叶色正常
6	草坪施肥	每年施基肥一次,追肥两次	长势良好,施肥均匀,色泽统一
7	病虫害防治	发现病虫害及时防治	草坪在高温高湿时段修剪后必须喷洒杀菌剂一次,预防病害发生
8	浇灌水	根据天气和土壤情况	干透湿透,浇水不遗漏,叶子不能萎蔫
9	杂草防治	每月一次以上	控制杂草每平方米 3 株以下,高度10cm 以下
10	植物补种	春秋各一次	死树必须更换、绿篱、色块必须补齐,不能有空当和脱脚

第五节
检查考核

绿化养护检查和考核是组织管理的一个重要手段,可以督促工人提高工作质量,表扬先进,激励后进。检查考核形式分工人和班组两部分,打分方法可以按天或周进行检查考核打分。下面是对绿化工人和绿化班组的考核方法,仅供大家参考。

一、绿化工人考核

详情见表 9-19。

表 9-19 绿化养护工人考核评分表

序号	考核内容与评分标准	打分情况
1	服务规范及工作纪律(20 分)	
2	参加班前班后例会(5 分)	
3	工具检查准备(5 分)	
4	计划执行(20 分)	
5	作业记录(10 分)	
6	安全文明(10 分)	
7	绿化巡检(20 分)	
8	计划外工作(10 分)	

评分表说明

1. 服务规范及工作纪律（总分为 20 分，每发现一处不合格扣 3.5 分，扣完为止）

（1）未按规定着装、佩戴胸牌；

（2）在工作中或办公场所吸烟；

（3）在岗时语言、动作不规范，不主动为业主提供帮助和服务；

（4）上班前饮酒；

（5）在工作场所闲聊、读书看报、大声喧哗以及干其他与工作无关的事情；

（6）对同事无理闹矛盾。

2. 参加班前班后例会（总分 5 分，每发现一处不合格扣 1 分，扣完为止）

（1）无正当理由不参加会议；

（2）开会迟到；

（3）参加会议时无故中途退场；

（4）参加会议中聊天、看报纸、玩手机等；

（5）参加会议时未按要求做好准备工作，一问三不知。

3. 工具检查准备（总分 5 分，每发现一处不合格扣 2.5 分，扣完为止）

（1）工具丢失和人为损坏；

（2）未对绿化工具进行日常保养。

4. 计划执行（总分 20 分，每发现一处不合格扣 3 分，扣完为止）

（1）乔灌木、草坪等保存率达不到 95％以上，大乔木保存率达不到 98％以上；

（2）对室内花卉未及时浇灌、施肥、修剪、病虫害防治，使之枯萎、死亡；

（3）草坪未按计划修剪，草坪草高度大于 10cm；

（4）未按计划除草，杂草率超过规定要求；

（5）未及时对乔灌木、花坛植物进行修剪，修剪层次不清，造型不整齐、不美观，主侧面分枝分布不均匀，无法保证良好的形状与长势；

（6）草坪、花灌木、绿篱、球形植物等未按规定时间浇灌和排水；

（7）草坪、花灌木、绿篱、球形植物等未按规定时间进行施肥工作。

5. 作业记录（总分 10 分，每发现一处不合格扣 5 分，扣完为止）

（1）绿化档案资料归类不整齐、不完整；

（2）各项记录不清楚、漏记。

6. 安全文明（总分 10 分，每发现一处不合格扣 3 分，扣完为止）

（1）不遵守安全生产条例和操作规程；

（2）未按照规定文明操作机器，噪声大，现场脏、乱、差；

（3）私自把工具交给无关人员使用。

7. 绿化巡检（总分 20 分，每发现一处不合格扣 5 分，扣完为止）

（1）发现病虫害不及时采取措施，未按规定做好各类病虫害预防工作；

（2）绿化带里有纸屑、果皮、塑料袋、枯枝落叶等杂物；

（3）植物名称牌未按规定悬挂或丢失、损坏；

（4）绿化护栏破损没有及时维修。

8. 计划外工作（总分 10 分，每发现一处不合格扣 4 分，扣完为止）

（1）不配合物业公司其他部门工作；

（2）不服从领导调动和指挥；

（3）拒绝执行临时增加任务。

二、绿化班组考核

绿化班组考核内容及评分办法见表 9-20。

表 9-20　绿化养护班组考核表＿＿＿＿＿月份

序号	考核内容	分值	得分	备注
1	出勤率、安全文明施工、业主方投诉	18		每项 6 分
2	周计划和月计划执行情况，作业记录完整	12		每项 4 分
3	绿篱色块修剪整齐美观，枝叶茂盛，叶色正常，无明显病虫害症状	16		每项 4 分
4	乔灌木修剪分枝合理，外形丰满，内膛不乱，无死树枯枝，无明显病虫害症状	15		每项 3 分
5	草坪无杂草，无斑秃，无病虫害，表面平整，色泽鲜艳，修剪及时，切边清晰流畅	21		每项 3 分
6	树木无人为破坏，绿地无垃圾和石块	6		每项 3 分
7	新栽大树支撑牢固	2		
8	作业频率完成情况	10		根据作业记录和现场监测

检查时间：　　　　　　　　　　　　　　　　　　　检查人：

第六节
接管承接查验

物业公司接手新的绿化养护项目将会面对两种情况，一种是新建项目，另一种是已使用项目。在接手这两种项目时都会面临承接查验这道程序，目的就是了解绿化养护范围、植物生长现状、水源水压、存在问题等情况。了解这些情况后，对于今后划清责任、计算养护费、安排养护人员、购买肥料和农药都有数据可查。

一、绿化工程的前期介入

绿化工程前期介入是物业公司对新建项目的主动参与，使其设计合理、质量达标。因为绿化工程设计和施工质量的好坏将直接影响到后期绿化养护的成活率和景观绿化效果。为了协调绿化设计施工和绿化养护的质量关系，物业公司应当根据自己的养护经验提前介入图纸会审、施工过程和竣工验收阶段，对设计中不合理部分、施工中不符合操作规范等问题提出自己的意见，避免施工产生的大量问题转移到后期养护工作中去。

二、绿化工程的承接查验

绿化工程在竣工验收合格后，作为后期养护阶段的负责人应当会同施工单位进行现场交接。施工单位应对重点植物的苗木质量、苗木习性、栽植技术、土壤改良和注意事项向养护单位人员进行交底。

物业公司在接管新项目时，应当做好承接查验工作，防止施工单位把施工中存在的问题都转移到物业公司手上，造成物业公司今后管理困难。

养护人员承接查验主要工作有：

（1）现场查看和统计所有苗木名称、规格、数量，把树形不合格、枯死和缺株的苗木数量重点记录；

（2）查看现场绿地中有无建筑垃圾和未完工的施工项目；

（3）查看植物与建筑、道路、管线的距离是否合理，特别是业主的窗前屋后大树是否影响采光；

（4）查验大树的支撑是否有效和牢固；

（5）查验植物生长状况是否良好；

（6）查验绿篱、色块的种植密度是否合理；

（7）查验草坪排水是否通畅；

（8）查验喷灌系统的取水口分布是否合理，水压是否正常；

（9）工程资料的索取，主要有绿化工程竣工图、竣工报告、枯死和缺株苗木的补种计划。

为将来分清施工和养护责任，养护单位应对承接查验中发现的问题记录在案，特别是接手养护前的死苗和缺株数量一定要留下查询证据。

绿化工程接管验收资料的保存：

（1）建立绿化管理手册。管理手册包括绿化种植竣工图、树木品种、规格、数量、绿化设施及主体树和骨干树的位置，还有重点树种栽植时有关土壤、树形、生长、病虫害的记录。

（2）建立绿化养护手册，对养护工作日常情况进行记录。

三、苗木验收方法

绿化工程新建项目验收比较复杂，因为所有植物都是新种植的，时间不会超过两年，因此仍然会存在一些重大问题，必须在接手前仔细查清楚，对于其中没有达到设计图纸要求的或植物生长缺陷很大的，应当督促施工单位限期整改或拒绝验收通过。

对于能够提前介入施工的苗木、种植土和肥料等，均应在种植前由专业人员按其品种、规格、质量分批进行验收。对定点放线、苗木质量、施工质量、养护期也要严格监管，发现问题要及时提出来整改，达不到要求的拒绝接收，否则，这些问题将变成物业管理今后的难题。

绿化工程在招投标时就已经把质保期养护费用考虑进去了，包括水电费，所以移交时应当承担并结清施工单位在质保期内的水电费。

苗木部分验收方法见表9-21。

表9-21　苗木部分验收方法

序号	验收阶段	验收方法
1	工程中间验收工序	（1）种植植物的定点、放线应在挖穴、槽前进行； （2）更换种植土和施肥，应在挖穴、槽后进行； （3）草坪和花卉的整地，应在播种或花苗（含球根）种植前进行
2	工程资料移交	施工单位应于工程竣工验收前一周向绿化质检部门提供下列有关文件： （1）土壤及水质化验报告； （2）工程中间验收记录； （3）设计变更文件； （4）竣工图和工程决算； （5）外地购进苗木检验报告； （6）附属设施用材合格证或测试报告； （7）施工总结报告
3	竣工验收时间	（1）新种植的乔木、灌木、攀缘植物，应在一个年度生长周期满后验收； （2）地被植物，应在当年成活后，覆盖率达到80%以上进行验收； （3）花坛种植的一二年生花卉及观叶植物，应在种植15天后进行验收； （4）春季种植的宿根花卉、球根花卉，应在当年发芽出土后进行验收；秋季种植的应在第二年春季发芽出土后验收
4	工程质量验收	（1）乔、灌木的成活率应达到95%以上，珍贵树种和孤植树应保证成活； （2）强酸性土、强碱性土及干旱地区，各类树木成活率不应低于85%； （3）花卉地应无杂草、无枯黄，花卉生长茂盛，种植成活率应达到95%以上； （4）草坪无杂草、无枯黄，种植覆盖率应达到95%以上； （5）绿地整洁，表面平整； （6）种植的植物材料的整形修剪应符合设计要求

序号	验收阶段	验收方法
5	认真填写验收表单	(1)竣工验收后,填报竣工验收单; (2)新种树苗成活率大于98%,外地苗成活率大于95%; (3)新种树木,高度1m处倾斜超过10cm的树木不超过树木总数的2%,栽植一年以上的树木保存率大于98%; (4)遭受虫害的树木不超过树木总数2%,树木二级分枝枯枝不超过树木二级枝总数的2%; (5)围栏设施无缺陷,绿化建筑小品无损坏; (6)草坪无高大杂草,绿化无家生或野生的攀缘植物; (7)绿地整洁无砖块、垃圾; (8)绿化档案齐全、完整,有动态记录
6	养护接管	由物业公司确定绿化工程养护质保期满后的运作方式:自管或外包。绿化工程质保期满后,物业公司项目部经理组织制定接管计划,组织相关人员进行接管验收工作

四、硬质景观验收

硬质景观与软质景观施工属于不同的专业技术方向,通常硬质景观与软质景观是分开施工和管理的,但是在园林景观工程移交给物业公司的时候,同样要进行工程质量验收。作为物业公司园林绿化专业的技术人员,懂点硬质景观专业知识,不仅有利于工作管理,也有利于个人的成长。

1. 石材铺装

石材铺装是硬质景观验收的重点,涉及园路、广场、花坛、水景、挡土墙、背景墙等。园路石材铺装结构通常由碎石垫层、混凝土基层和石材面层组成。当验收成品的时候,只能看见面层,也就是最上面的石材铺装面,需要注意以下几点:

(1)平整度,指园路和广场表面平整,没有高低不齐和积水现象,园路线条、弧度自然顺畅;

(2)稳定性,指石材铺装面没有空鼓、松动现象,石材黏结牢固;

(3)技术性,指石材铺装对缝整齐、接缝大小深浅一致、图案清晰准确、坡度适当等;

(4)材料质量,指同样规格的石材大小一致,没有明显的色差和缺刻,更不能有水泥砂浆污染。

2. 假山、叠石、置石

这项验收比较专业,一般只要注意看假山石头是否稳定和牢固就可以了,再专业一点就是看看假山、叠石比例和尺度是否合理,石材质地、纹理、色泽是否一致,石材有无损伤、裂缝和剥落,还有假山的山洞是否有采光和通行安全。

3. 水景

检查给排水系统是否能正常运转，水池是否漏水，水泵和水景灯具电缆是否有漏电保护开关，石材铺装面有无吐碱现象，喷泉是否会溅水到路面，驳岸处理有无沉降和开裂现象，水景造型的线条是否流畅自然。

验收检查时，看得越仔细，越能发现问题，避免把这些问题留在后续工作中。

五、园林绿化养护接管流程

园林绿化养护接管只是物业公司全面接管物业管理的一部分内容，应当由绿化专业人员负责检查验收。接管过程除了按照规定流程进行外，应当仔细检查乔灌木生长情况，尤其是大树缺株和部分枝条枯死情况，绿篱、色块、植物球类都应当修剪整齐美观，草坪地被应当无光秃现象，杂草得到有效控制，所有植物应当无明显的病虫害。接管园林绿化养护流程内容见表 9-22。

表 9-22　接管园林绿化养护流程

序号	工作流程	管理内容	质量要求
1	接管准备	(1)接管方成立接管工作小组，任命组长； (2)制定接管工作计划，确定分工、准备工具； (3)与业主方和移交方沟通，协商相关事宜； (4)确定验收标准和验收方法	任务落实，责任到人； 考虑周到，准备充分； 接管工作能正常开展； 标准明确，方法可行
2	资料交接	(1)移交方提交绿化工程图纸、技术资料； (2)检查验收资料； (3)编制接收资料清单	符合档案管理要求
3	现场检查	参照设计、施工资料和验收标准进行现场检查核对	植物种植面积、规格、数量、种植效果是否满足要求
4	问题整改	对存在的问题请移交方整改，对不能及时整改的问题要编制问题遗留清单，由建设方、施工方和物业方确认签字	能解决的问题得到解决；不能解决清楚问题，有处理方案和时间表
5	物业接管	物业公司或承包方与移交方、业主办理交付手续后正式接管	手续齐全、相关方认可
6	绿化养护	养护方按既定的绿化养护方案和计划执行	符合养护计划和方案，符合质量标准
7	检查考核	绿化主管定期进行检查考核	每周检查、每月考核有记录

六、绿化工程验收常用表格

(1) 绿化工程竣工验收单见表9-23；

(2) 绿化项目接管移交单见表9-24；

(3) 问题苗木清单见表9-25。

表 9-23　绿化工程竣工验收单

建设单位		验收日期	
施工单位		竣工日期	
树木成活/%			
花卉成活/%			
草坪覆盖/%			
整洁及平整			
整形修剪			
附属设施评定意见			
全部工程质量评定			
验收意见			

施工单位签字： 公章：	建设单位签字： 公章：	物业部门签字： 公章：

表 9-24　绿化项目接管移交单

施工单位：　　　　　　　　　　　　　　　　　物业公司：

工程项目	
验收时间	

参加人员名单：

验收项目的基本情况：

存在问题及解决办法：

问题解决情况：

接管意见：

施工单位负责人签字：　　　　　　　　　物业公司负责人签字：

表 9-25　问题苗木清单

序号	名称	规格	数量	问题描述	区域	解决办法

参考文献

[1] 徐爱民，温秀红．物业管理概论．北京：北京理工大学出版社，2017.

[2] 中国农业百科全书总编辑委员会林业卷编辑委员会．中国农业百科全书林业卷．北京：农业出版社，1989.

[3] 董丽，包志毅．园林植物学．北京：中国建筑工业出版社，2013.

[4] 崔爱萍，李永文，林海．植物与植物生理．武汉：华中科技大学出版社，2012.

[5] 骆世明．农业生态学．北京：中国农业出版社，2001.

[6] 黄昌勇，徐建明．土壤学．北京：中国农业出版社，2010.

[7] 陈有民．园林树木学．北京：中国林业出版社，1998.

[8] 岳桦．园林花卉．北京：高等教育出版社，2006.

[9] 王友国，庄华蓉．园林植物识别与应用．重庆：重庆大学出版社，2015.

[10] 刘德良，廖富林．园林树木栽培学．北京：中国林业出版社，2014.

[11] 于宝民．园林植物栽培．西安：世界图书出版西安有限公司，2018.

[12] 孙会兵．园林植物栽培与养护．北京：化学工业出版社，2017.

[13] 王运兵．现代草坪养护实用技术．北京：化学工业出版社，2016.

[14] 郑智龙．园林植物病虫害防治．北京：中国农业科学技术出版社，2013.

[15] 董祖林，高泽正，杜志坚，等．园林植物病虫害识别与防治．北京：中国建筑工业出版社，2015.

[16] 马国胜．园林植物保护技术．苏州：苏州大学出版社，2015.

[17] 骆焱平，曾志刚．简明农药使用手册．北京：化学工业出版社，2016.

[18] 李月华．园林绿化实用技术．北京：化学工业出版社，2015.

[19] 中华人民共和国住房和城乡建设部．园林绿化工程验收规范．北京：中国建筑工业出版社，2013.

[20] 徐慧风，金研铭．室内绿化装饰．北京：中国林业出版社，2008.

彩图1 白粉病

彩图2 煤污病

彩图3 锈病

彩图4 炭疽病

彩图5 叶斑病

彩图6 霜霉病

彩图7 合欢枯萎病

彩图8 大叶黄杨枯萎病

彩图 9　杨树花叶病

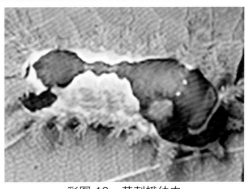

彩图 10　黄刺蛾幼虫

彩图 11　褐刺蛾幼虫

彩图 12　袋蛾幼虫

彩图 13　斜纹夜蛾幼虫

彩图 14　葱兰夜蛾幼虫

彩图 15　尺蠖幼虫

彩图 16　黄杨绢野螟幼虫

彩图 17　樟巢螟幼虫虫巢

彩图 18　毒蛾幼虫

彩图 19　叶蜂幼虫

彩图 20　蚜虫

彩图 21　粉虱

彩图 22　吹绵蚧

彩图 23　红蜡蚧

彩图 24　龟蜡蚧

彩图 25　网蝽

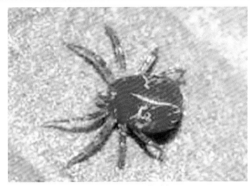

彩图 26　红蜘蛛

彩图 27　天牛幼虫

彩图 28　小木蠹蛾幼虫

彩图 29　蛴螬

彩图 30　小地老虎幼虫

彩图 31　蝼蛄

彩图 32　草坪褐斑病